Klaus Semsroth, Mario Schwarz, Stefan Kubin (Hg.)

Über die „Schönheit“ der Stadt

Stadt- und Regionalforschung

Band 16

FORMA URBIS

Internationale Reihe der Stadt- und Landesgeschichte

International series of urban and territorial history

IV

LIT

Klaus Semsroth, Mario Schwarz und Stefan Johannes Kubin (Hg.)

Über die „Schönheit“ der Stadt

Geschichte, Wahrnehmung, Wandlungen

LIT

Gefördert von der Stadt Wien Kultur

Stadt Wien | Kultur

Mit Unterstützung von

TU WIEN architektur + raumplanung

Städtebau TU Wien

Camillo Sitte Gesellschaft

Gestaltung: Stefan Johannes Kubin
Lektorat: Rosanna Grimaudo Schwarz, Mario Schwarz, Stefan Johannes Kubin

Bibliographische Informationen der Deutschen Nationalbibliothek
Die Deutsche Nationalbibliothek verzeichnet diese Publikation in der Deutschen Nationalbibliographie; detaillierte bibliographische Daten sind im Internet über http://dnb.d-nb.de abrufbar.
ISBN 978-3-643-51154-6 (br.)
ISBN 978-3-643-66154-8 (PDF)

Wien 2023
Garnisongasse 1/19
A-1090 Wien
Tel. +43 (0) 1-409 56 61 Fax +43 (0) 1-409 56 97
E-Mail: wien@lit-verlag.at https://www.lit-verlag.at
Auslieferung:
Deutschland: LIT Verlag, Fresnostr. 2, D-48159 Münster
Tel. +49 (0) 2 51-620 32 22, E-Mail: vertrieb@lit-verlag.de

In Memoriam
Christoph Luchsinger
1954–2019

LIT

Inhalt
Contents

Über die „Schönheit" der Stadt

Klaus Semsroth

Vom 25. bis 27. November 2016 fand auf Einladung der Camillo Sitte Gesellschaft und der Architekturfakultät für Architektur und Raumplanung der Technischen Universität Wien eine internationale Fachtagung „Über die Schönheit der Stadt" statt.

Diese Veranstaltung reihte sich in eine bestehende Veranstaltungsreihe wissenschaftlicher Fachtagungen über die Geschichte des Städtebaues ein, die 2010 vom seinerzeitigen emeritierten Ordinarius für Städtebau, Professor Aldo Casamento, an der Architekturfakultät der Universität Palermo unter dem Titel „Forma Urbis" ins Leben gerufen wurde.

Die erste Tagung dieses Formats fand an der Universität in Palermo im Dezember 2010 unter dem Titel: „Fondazioni urbana – Citta nuovo europee al Malediovo al Novecento" statt.

Zwei Jahre später im Dezember 2012 lud Professor Aldo Casamento zu einer weiteren Tagung an der Universität Palermo ein. Dieses Mal unter dem Titel "Il cantiere della citta".

Das Interesse an dieser Art von Fachtagungen zum Thema Geschichte des Städtebaues fand in zahlreichen europäischen Ländern wie Frankreich, Spanien, Portugal, Deutschland, Malta und Österreich so großen Widerhall, dass 2014 Professor Dany Sandron vom Centre Andre Chastel der Universität Sorbonne in Paris zur dritten „Forma Urbis" Tagung mit dem Thema: „Le passe dans la ville" einlud.

Bereits bei den beiden Tagungen in Palermo und dann in Paris wurde von den Teilnehmern der Wunsch geäußert, eine der folgenden Veranstaltungen dieser Reihe in Wien, der Stadt des weltberühmten Theoretikers des Städtebaues Camillo Sitte, abzuhalten.

Hinzu kam, dass das Institut für Städtebau, Landschaftsplanung und Entwerfen der Architekturfakultät der TU Wien gerade das sechsbändige Gesamtwerk über Camillo Sittes Schaffen abgeschlossen hatte.

Die Architekturfakultät, das Institut für Städtebau, Landschaftsplanung und Entwerfen sowie die Camillo Sitte Gesellschaft nahmen diese Anregung gerne auf und luden zu einer Fachtagung „Über die Schönheit der Stadt" vom 25. bis 27. November 2016 ein.

Die Fachtagung, an der zwanzig Städtebaufachleute aus mehreren europäischen Ländern teilnahmen, brachte ein überaus weites Spektrum an Beiträgen zum Tagungsthema.

Die inhaltliche Breite der Vorträge reichte von den Anfängen des Städtebaues, stadtgestalterischen Perspektiven, über die Analyse historischer Beispiele bis zu stadtarchäologischen Betrachtungen und städtebaulichen Entwicklungen der jüngsten Vergangenheit.

Camillo Sittes Wahrnehmung der „Schönheit der Stadt“ – mit seinen Worten „Das Malerische“ – wurde vielfältig interpretiert, beleuchtet und bewertet.

Die Beispiele an denen sich das Bestreben nach „Schönheit der Stadt“ vom Beginn des Entstehen der Städte über die Beiträge der Antike in Griechenland und Rom, über das Mittelalter, der Renaissance, bis in die Neuzeit nachweisen lassen, sind so vielfältig und haben die Entwicklung der Städte in ihren gesellschaftlichen, philosophischen, wirtschaftlichen und sozialen Zielsetzungen vielfach beeinflusst.

Das 20. Jahrhundert war besonders durch Projekte politischer Machthaber geprägt; die Form und die Gestaltung der Schönheitsvorstellungen folgte jedoch vielfach weltanschaulichen Vorstellungen.

Die geplanten Städte der nahen Vergangenheit versuchten, trotz restriktiver wirtschaftlicher Rahmenbedingungen, immer wieder auch ästhetische Grundprinzipien umzusetzen; soziale, ökonomische und Probleme des ökologischen Umfelds standen im Vordergrund.

Es scheint zusammenfassend aber, als wäre die Ausstrahlung der Schönheit der Stadt ein – wenn auch nicht oft – doch ein wichtiges, anzustrebendes Planungsziel gewesen zu sein.

Der Fakultät für Architektur und Raumplanung und hier namentlich dem Dekan Univ.-Prof. Rudolf Scheuvens gilt der besondere Dank für die damalige zur Verfügungstellung der organisatorischen und räumlichen Rahmenbedingung.

Die inhaltliche Vorbereitung der Fachtagung wurde von einer fachbezogenen Gruppe von Professoren der Universität Wien und der Technischen Universität Wien unter der Leitung des seinerzeitigen Vorstandes des Institutes für Städtebau, Landschaftsplanung und Entwerfen und Vorsitzenden der Camillo Sitte Gesellschaft Univ.-Prof. Christoph Luchsinger (+) sowie dem seinerzeitigen Vorstand des Forschungsbereichs für Kunstgeschichte Univ.-Prof. Dr.phil. Mag.art. Robert Stalla getragen, wobei Univ.-Prof. Dr. Mario Schwarz von der Universität Wien wesentlich die inhaltliche Vorbereitung geleitet hat.

Dass ausgewählte, unterschiedliche Blickrichtungen auf die „Schönheit der Städte“ hier nun verspätet, in einer Publikation zusammengetragen erscheinen hat viele Ursachen: Die Latenz der Herausgabe wurde vor allem durch finanzielle Randbedingungen, wesentlich durch die Corona-Pandemie und nicht zuletzt durch das plötzliche, unerwartete Ableben Christoph Luchsingers bewirkt.

Letztlich waren die Herausgeber jedoch der festen Überzeugung, dass die Beiträge der Vortragenden zeitlos von besonderer Bedeutung sind und den Blick schärfen, welche Auswirkung fehlende stadtgestalterischer Qualität – „Das Malerische“ – auf das Wohlbefinden der Stadtbewohner_innen haben kann.

An dieser Stelle ist Dipl.-Ing. Stefan Kubin, der nicht nur die Tagung organisatorisch leitete, sondern auch für die sehr umfangreiche, inhaltliche und redaktionelle Abwicklung der nun vorliegenden Publikation verantwortlich zeichnet, zu danken.

Ein besonderer Dank gilt den Subventionsgebern, die die Herausgabe dieses Bandes mitfinanziert haben: dem Dekanat für Architektur und Raumplanung der TU Wien, dem Institut für Städtebau, Landschaftsarchitektur und Entwerfen, der Camillo Sitte Gesellschaft sowie der Stadt Wien für die großzügige Gewährung einer Druckkostenförderung, ohne derer der vorliegende Band nicht zustande gekommen wäre.

Schließlich richten die Herausgeber ihren Dank noch an Timna Holzer MA für die sorgfältige Betreuung der Vorbereitung dieser Publikation und den Verleger Dr. Wilhelm Hopf, vom LIT Verlag Wien.

On the "Beauty" of the City

Klaus Semsroth

From 25th to 27th November 2016, the international symposium "On the Beauty of the City" took place at the invitation of the Camillo Sitte Society and the Faculty of Architecture and Spatial Planning at the Technische Universität Wien.

This event was part of an existing series of scientific conferences on the history of urban planning, which was initiated in 2010 by Professor Aldo Casamento, at that time emeritus professor of urban planning, at the Faculty of Architecture of the University of Palermo under the title "Forma Urbis".

The first conference of this format was held at the University in Palermo in December 2010 under the title "Fondazioni urbana – Citta nuovo europee al Malediovo al Novecento".

Two years later, in December 2012, Professor Aldo Casamento organised another conference at the University of Palermo. This time under the title "Il cantiere della citta".

The interest in this type of conference on the history of urban planning was so great in many European countries such as France, Spain, Portugal, Germany, Malta and Austria that in 2014 Professor Sandro from the Centre Andre Chastel of the Sorbonne University in Paris invited participants to the third "Forma Urbis" conference with the theme "Le passe dans la ville".

Already at the two conferences in Palermo and then in Paris, participants expressed the wish to hold one of the following events of this series in Vienna, the city of the world-famous urban planning theorist Camillo Sitte.

In addition, the Institute for Urban Planning and Landscape Planning, Department of the Faculty of Architecture at the Technische Universität Wien had just published the six-volume complete work on Camillo Sitte's oeuvre.

The Faculty of Architecture, the Institute for Urban Planning, Landscape Planning and Design, and the Camillo Sitte Society were happy to take up this suggestion and invited to the symposium "On the Beauty of the City" from 25th to 27th November 2016.

The conference, which was attended by twenty urban planning experts from several European countries, brought an extremely broad spectrum of contributions to the conference topic.

The content of the presentations ranged from the beginnings of urban development, urban design perspectives and the analysis of historical examples to urban archaeological considerations and recent urban developments.

Camillo Sitte's perception of the "beauty of the city" – in his words "The Picturesque" – has been interpreted, illuminated and evaluated in many ways.

The examples in which the striving for "beauty of the city" can be traced range from the beginning of the emergence of cities to the contributions of antiquity in Greece and Rome and to the Middle Ages and the Renaissance, up to modern times, are very diverse and have influenced the development of cities in their social, philosophical, economic and social objectives in many ways.

The 20th century was particularly marked by projects of political rulers; however, the form and design of the ideas of beauty often followed ideological ideas.

Despite restrictive economic conditions, the planned cities of the near past repeatedly attempted to implement basic aesthetic principles; social, economic and problems of the ecological environment were in the foreground.

In summary, however, it seems that the radiance of the city's beauty was – if not often – nevertheless an important planning goal to strive for.

Special thanks go to the Faculty of Architecture and Spatial Planning, and in particular to the Dean, Prof. Rudolf Scheuvens, for providing the organisational and spatial framework conditions at the time.

The content of the conference was prepared by a group of professors from the University of Vienna and the Vienna University of Technology under the leadership of Univ.-Prof. Christoph Luchsinger (+), at that time head of the Institute for Urban Development and Landscape Planning and chairman of the Camillo Sitte Society, and Univ.-Prof. Dr. phil. Mag.art. Robert Stalla, with Univ.-Prof. Dr. Mario Schwarz from the University of Vienna essentially leading the preparation of the content.

The fact that selected, different perspectives on the "beauty of the city" are now appearing belatedly in a publication has many reasons: The latency of the publication was primarily caused by financial constraints, to a large extent by the Corona pandemic and, last but not least, by the sudden, unexpected death of Christoph Luchsinger. Ultimately, however, the editors were firmly convinced that the contributions of the speakers are of timeless and special significance and sharpen the view of the effect that a lack of urban design quality – "The Picturesque"– can have on the well-being of city dwellers.

At this point, we would like to thank Dipl.-Ing. Stefan Kubin, who not only organised the conference, but was also responsible for the very comprehensive content and editing of this publication.

Special thanks are due to the donors who helped finance the publication of this volume: the Dean‘s Office for Architecture and Spatial Planning of the Technische Universität Wien, the Institute for Urban Planning, Landscape Architecture and Design, the Camillo Sitte Society (in particular for the support contribution by the members Klaus Semsroth and Mario Schwarz) as well as the City of Vienna for the generous granting of a printing cost subsidy, without which the present volume would not have come into being.

Finally, special thanks are due to Timna Holzer MA of LIT Verlag Wien for her careful supervision of the preparation of this publication.

Erste Abteilung
Von der Antike bis zum 18. Jahrhundert

Die Schönheit der Stadt in der Reiseliteratur des 18. Jahrhunderts

Jörg Garms

Die Reiseliteratur als Gattung ist weitgehend ein Produkt des 18. Jahrhunderts und erlebte wohl auch in diesem Jahrhundert ihren Höhepunkt – ob sie nun über das Gesehene bzw. zu Sehende berichtet und belehrt oder sich primär mit gesellschaftlichen, politischen, wirtschaftlichen und religiösen Verhältnissen und deren historischen Ursprüngen kritisch auseinandersetzt.

Das bahnbrechende Werk des nach England emigrierten Hugenotten Maximilien Misson, *Nouveau Voyage d'Italie*[1] erschien 1691 und wurde – mehrmals neu aufgelegt – durch das ganze 18. Jahrhundert viel benützt. Es ist nicht nur informativ, sondern auch polemisch. Die ausführlichsten und objektivsten Reise-Handbücher kamen in kurzem Abstand heraus: 1766 die *Description historique et critique de l'Italie* des Abbé Richard[2], 1769 der *Voyage d'Italie* des Astronomen Lalande[3] und 1770 deren deutscher Ableger, die *Historisch-kritische*[n] *Nachrichten* ... von Johann Jakob Volkmann[4], den Goethe mit sich führte. Um 1786/1787, als Goethe reiste, machte sich nicht nur bei ihm selbst ein betont subjektiver Zug bemerkbar, wofür auch *England und Italien* des preußischen Hauptmanns Archenholtz, 1785[5], oder die *Lettres sur l'Italie en 1785* des Präsidenten am Parlament von Bordeaux Dupaty, 1788[6], stehen mögen. In den Jahrzehnten zwischen dem Ende des Siebenjährigen Krieges und der französischen Revolution kulminiert die als Grand Tour bekannte Art der Reise.

Ob man Reise/ Voyage/ Travel oder Briefe/ Lettres/ Letters, ob Beobachtungen/ Observations/ Observations titelt, ob für die Publikation geschrieben und alsbald gedruckt oder – wie Goethe – Jahrzehnte später bzw. vielfach erst nach dem Tod des Autors – zumindest hinsichtlich der Aussagen zu Architektur und Städtebau zeichnet die Werke durch die ganze Periode, über Sprach- und Nationengrenzen hinweg eine beachtliche Konformität aus. Dies hat über die gemeinsame Grundgegebenheit der Kultur der Aufklärung hinaus mehrere Gründe: Italien mit seiner ausgeprägten städtischen Kultur war das wichtigste Ziel des Grand Tour; weiters: man benutzte die Werke der Vorreisenden bzw. schrieb eifrig aus ihnen ab; und vorallem: das Bild der Stadt wird meist kurz und oberflächlich abgehandelt.

Gerne schildern die Autoren die Umgebung bzw. Lage der Stadt, schon seltener den Blick auf die Stadt; in deren Inneren dann sind die Straßen ein wichtiges Thema, auch Häuser und Paläste – es fehlt jedoch weitestgehend eine organische Zusammenschau. Kirchen und Paläste werden getrennt aufgeführt und meistens nach dem Alphabet gereiht – also nicht in Form von Itineraren oder sonstigen Zusammenhängen. Einer organischen Gesamtvorstellung – die sich nicht in einer ein- bis zweisätzigen Kurzcharakterisierung erschöpft – nähert man sich erst gegen Ende des Jahrhunderts, so in der Beschreibung seines Reiseziels Nizza durch den Ästhetiker Johann Georg Sulzer (*Tagebuch*, 1775/1776).[7]

Wurde um die Mitte des 18. Jahrhunderts Urbanismus zu einem Gegenstand öffentlichen Interesses und theoretischer Diskussionen – man denke besonders an Paris, an Voltaire oder La Font de Saint-Yenne und Laugier sowie die zahlreichen Wortmeldungen eines breiten Publikums zur Gestaltung der Place Louis XV – fehlt in der Reiseliteratur eine eingehendere Bezugnahme zwischen Monumentalbau und Platz oder Straße (höchstens findet man die Bemerkung, dass da ein schöner Brunnen stehe).

Noch einmal zurück zur Annäherung an die Stadt: Erstaunlicherweise wird die Umgebung der Stadt fast immer als schön bezeichnet (sogar in der Po-Ebene). Der als Entdecker der Rhein-Landschaft gerühmte Aurelio de' Giorgi Bertola (*Il viaggio sul Reno e ne' suoi dintorni*, 1795) begnügt sich zumeist mit der Lage der Siedlung, wirft jedoch im Falle von Basel und Mainz einen Blick auf die Stadt und beurteilt deren Anlage eben aus seinem panoramatischen Blick von außen.[8] Der Blick auf die Stadt ist sonst fast nur bei den szenographisch über einer Meeresbucht ansteigenden Orten Genua und Neapel ein Thema, wobei sie in Konkurrenz gesetzt und gleich auch zusätzliche innerstädtische Aussichtpunkte genannt werden können. Von Beschreibungen in der Art spätmittelalterlich-frühneuzeitlicher Stadtdarstellungen in der Druckgraphik, als charakteristische Silhouetten von Häusermassen und herausragenden Türmen innerhalb einer zusammenfassenden Stadtmauer, findet sich jedenfalls keine Spur. Wien – abseits der Routen des Grand Tour und deshalb nur selten erwähnt – wird eben auf Grund des bekannten Handicaps von Montesquieu (*Mes voyages*, 1728) auf überraschende Art apostrophiert: „Eine kleine, durch ihre Mauern behinderte Stadt [...] scheint vor allem von außen betrachtet schön zu sein, c'est en vérité un très bel objet".[9]

Das Wort „schön" zur Gesamtcharakterisierung wird vorwiegend bei Städten mittlerer Größe eingesetzt, über die man sonst nicht viel zu sagen hat: explizit im Satz des schon genannten Abbé Richard „Verona kann als größte und schönste

Stadt Italiens im zweiten Rang gelten."[10]

Derartige summarische Urteile fallen selten bei den bedeutendsten Städten: zu Rom sind es immer wieder Worte wie „Magnifizenz" und „Herrscherin der Welt"; zu Mailand, Venedig und Neapel sind Kurzcharakterisierungen kaum anzutreffen; bei Florenz erwähnen einige Autoren den schmückenden Beinamen „Firenze la Bella", auch ohne ihn zu diskutieren. Der eben genannte Richard stellt da eine Ausnahme dar: „Die Schönheit der Lage, die Magnifizenz und das Regelmaß ihrer Gebäude ließen ihr den Beinamen ‚Florenz die Schöne' geben, die sie in vielerlei Hinsicht verdient";[11] Neapel befindet sich in den Worten des selben Autors „in der schönsten und reichsten Lage der Terra di Lavoro oder Campania Felice"[12]; „Venedig ist eine einzigartige Stadt, einzig in der Welt ob ihrer Lage, und man erhebt sie rechtens in den Rang der schönsten bekannten Stadt";[13] endlich „Die Stadt Rom kann noch immer als die schönste der Welt gelten".[14]

Die Kriterien, auf Grund derer Florenz in der Vergangenheit den Namen „la Bella" erhielt – so wie Genua „la Superba" – bleiben ungewiß: Keyßler (*Neueste Reisen ...*, 1751) meint, es müsse wohl die Reinlichkeit und das Pflaster sein, denn weder die Paläste noch die Straßen rechtfertigten den Anspruch;[15] und Archenholtz spricht gar von einem trügerischen Vorurteil, denn weder die Ansicht von außen, noch Anlage und Pflasterung der Straßen, noch die Paläste kämen dafür in Frage.[16]

Wie Verona eine schöne und große, ist Bologna eine „schöne und reiche Stadt". Schön, groß, reich und volkreich gehören für die meisten Autoren zusammen. Wählen wir zwei Beispiele bei Misson: Basel ist „die größte Stadt, die schönste und die reichste aller Kantone" und Frankfurt am Main ist im Vergleich zu Mainz „größer, [...], reicher, schöner und bevölkerter".[17] Größe, Reichtum und Bevölkerungsdichte werden geradezu zu Bedingungen der Schönheit. Dünne Besiedlung kann einem positiven Urteil trotz möglicher Schönheiten in einzelnen abträglich sein. Der immer wieder aufgeführte Fall einer bei aller Schönheit von Straßen und Bauten durch ihre Leere gewissermaßen verunstalteten Stadt ist Ferrara,[18] und Piacenza wäre für Grosley (*Observations sur l'Italie*, 1764) die schönste der Lombardei, „wenn sie nicht der Mangel an Bewohnern der ersten Schönheit berauben würde, auf die eine Stadt Anspruch erheben kann".[19] Kleine Städte riskieren überhaupt das Adjektiv „häßlich"[20] – in der Umkehrung kommt dies gut bei Gibbon (*Journey from Geneva to Rome ...*, 1764) zum Ausdruck, wenn er schreibt: Reggio (Emilia) „ist nicht schön, obwohl ziemlich groß."[21]

Zuerst trifft der Reisende auf die Stadtmauern. Diese werden vorwiegend hinsichtlich ihrer Funktionsfähigkeit bewertet, ästhetisch am ehesten gelobt, wenn sie zu Promenaden ausgestaltet sind (z. B. Straßburg, bei Keyßler[22]). Stadttore können durchaus Gegenstand eines ästhetischen Urteils sein (das Paradebeispiel: Verona mit den Toren Sanmichelis) – doch sollen sie als architektonische Einzelobjekte außerhalb unserer Betrachtung bleiben.

Mit Betreten der Stadt sind die Straßen die erste Erfahrung und werden gewöhnlich auch als erste besprochen: zunächst einmal in ihrer technischen Beschaffenheit: Belag, Wasserabfluß und Reinigung. Der Belag mit Steinplatten – wie vielfach in der Toskana – kann durchaus als auch optisch erfreulich empfunden werden. Als häufigstes – positives – zusammenfassendes, und oft einziges Urteil liest man jedoch: breite und gerade Straßen, gut bebaut. Umgekehrt disqualifizieren krumme, gewundene oder winkelige sowie enge Straßen jede Stadt.

Das Ideal: wenn man durch eine Stadt quasi hindurchschauen kann, von einem Stadttor durch das gegenüber liegende, wie es bei Livorno der Fall ist (Keyßler[23]) und bei Ferrara nur an der großen Distanz scheitert. Da treffen ein Mal jüngste städtebauliche Maßnahmen mit deren begeisterten Beschreibung im Tagebuch eines Reisenden und sogar ihrer sofortigen Umsetzung in gemalte Veduten zusammen: in Tours war die Achse der *rue Royale* (heute: *Nationale*), von der Loire-Brücke durch die Stadt gebrochen und mit eindrucksvollen Kopfbauten geschmückt, noch nicht vollendet, als der bedeutende Agronom Arthur Young (*Travels in France during the years 1787, 1788 and 1789*) niederschrieb „Der Eingang [=entrance] von Tours ist wahrhaft großartig, durch eine neue Straße mit großen Häusern, gebaut aus weißem Haustein, mit regelmäßigen Fassaden", ein solcher Durchbruch sei „insgesamt eine edle Anstrengung für den Schmuck einer Provinzstadt",[24] und im selben Jahr 1787 der führende Pariser Vedutenmaler De Machy die Ansicht vom gegenüber liegenden Ufer malte.[25] Um Regelmaß und Transparenz zu erzielen, war natürlich eine Lage in der Ebene eine wichtige Voraussetzung – hügelige oder Hanglagen werden mehrfach bedauernd hervorgehoben.[26]

Gut bebaut/ well built/ bien bâtie ist als Kategorie schwerer zu fassen. Sie oszilliert zwischen einer rein anschaulichen Qualität und solidem Bauen, besseren (bzw. schlechteren) Materialien, endlich dem Erhaltungszustand.

Auch die Höhe der Häuser wird vielfach als positives Bewertungskriterium hervorgehoben, besonders bei Neapel; niedrige Häuser hingegen gelegentlich als negativ (z. B. Misson zu Piacenza[27] oder Pöllnitz, *Mémoires,* 1735, zu London[28]).

Portiken rufen zwiespältige Reaktionen hervor: ihre Annehmlichkeit zum Schutz gegen Sonne und Regen steht außer Frage – besonders wenn sie wie in Bologna gut gebaut sind; allein, die verbleibende Straße wird eng und so verhindern sie, Fassaden und Portale zu würdigen (Keyßler; Grosley).[29]

Die Architektur selbst – und Kirchen (abgesehen vom Petersdom) ausschließlich – werden vorwiegend in der Liste der Einzelbauten abgehandelt. Relativ wenige Reisende geben zu ihr ein zusammenfassendes Urteil ab. Selbstverständlich fällt der Marmorprunk der Genueser Paläste auf, erweckt aber keine besondere Begeisterung, abgesehen vielleicht von Pöllnitz, der sie als Produkte einer adeligen Kultur gegenüber den Bürgerbauten des doch noch reicheren Amsterdam preist,[30] wohingegen Archenholtz in ihnen eben nur das Zeugnis des „Stolz[es] und nicht die Liebe zur Baukunst" erkennt.[31] Auch sonst herrscht nicht immer Einigkeit bei der Bewertung von Architektur: An den Palästen des Canal Grande meint Richard, die Schönheit der alten griechischen Architektur wiederzufinden,[32] während Misson nur „grobe Massen" sieht, die „keinerlei Schönheit hätten ohne diese Masken", nämlich die Fassaden; und der Rest der Stadt sei sowieso „ohne Ordnung und unangenehm";[33] für Charles de Brosses sind diese Fassaden prunkvoll, aber geschmacklos.[34] Durchaus ungewöhnlich ist es, wenn Grosley ein Gesamturteil zur Architektur der Palast- bzw. Hausfassaden zweier Städte – positiv im Fall von Florenz, negativ in dem von Neapel – neben den Baumaterialien auch aus der Beschreibung der stilistischen Mittel entwickelt.[35]

Ein einziges Mal fällt – meiner Kenntnis – das Wort „Qualität": Young hörte schon, daß Nancy die hübscheste (=prettiest) Stadt von Frankreich sei, und findet das bestätigt: „Bordeaux ist bei weitem prächtiger, Bayonne und Nantes lebhafter, doch in Nancy ist mehr Qualität; fast alles ist gut; und die öffentlichen Gebäude sind zahlreich. Der Königsplatz und seine Umgebung sind superb".[36]

Hier klingt schon an, daß eine gewisse durchschnittliche Qualität den eigentlichen Wert einer Stadt ausmachen kann. Explizit wird diese Meinung seltener vorgetragen, etwa, wenn Pöllnitz schreibt „Obwohl Straßburg unter die schönsten Städte Frankreichs gereiht werden darf, kann man nicht sagen, daß es ein einziges prachtvolles oder ansehnliches [=d'apparence] Haus besitzt",[37] oder de Brosses zu dem leider verlassenen Ferrara, daß es schön sei, „nicht wegen seiner prächtigen Häuser, sondern weil keines häßlich ist".[38] Geradezu ein Chor weitgehend gleich lautenden Lobes des Mittelmaßes ertönt bei der Beschreibung Neapels – von Misson bis zum Marquis de Sade.

Ich zitiere ausführlicher und beginne chronologisch mit Misson: „Trotz vieler

Umwälzungen ist sie noch immer eine der edelsten Städte der Welt und vielleicht die gleichmäßig [=également] schönste"; es folgt ein Lobpreis der Pflasterung mit Steinplatten, der geraden und breiten Straßen, der hohen und flach gedeckten Häuser. Diese sind von einheitlichem Aufbau (=d'une structure uniforme). London, Paris, Rom, Wien, Venedig und noch viele andere berühmte Städte mögen in Wahrheit schönere Paläste haben; aber diese Paläste sind mit armseligen (=vilaines) Häusern vermischt, während Neapel ganz allgemein schön ist".[39] Rogissart (*Les Délices de l'Itali*e, 1709) hat eindeutig von Misson abgeschrieben, er bringt die selben Vergleiche und verwendet ebenfalls die Worte „maisons [...] uniformes" und „bâtimens également grands & également beaux"; er schließt: „Nehmen Sie noch die Lage Neapels hinzu und den Überfluß der umgebenden Flur, und Sie werden keine Schwierigkeit haben, zu glauben, daß es die schönste Stadt der Welt ist".[40] Keyßler betont, es fehlten so prächtige Bauten wie in Rom oder Genua, „hingegen [gebe es] auch nicht viele gar schlechte Gebäude"[41]. Richard variiert etwas: „Das Innere der Stadt Neapel, obwohl im allgemeinen von schöner Bauart [=construction], hat keine dieser auffälligen Schönheiten, dieser prunkvollen Gebäude und dieser Monumente der Größe, die man in anderen Städten Italiens bewundert, und vorallem in Rom. Die Stadt ist generell und gleichmäßig gut gebaut, die Architektur der Häuser, ganz ohne regelmäßig [=régulier] zu sein, hat in allen Hauptstraßen eine Art Symmetrie, die nur eine Wirkung der Polizei [im Sinne des 18. Jh.] sein kann. Man sieht keine Hütte [=bicoque] neben einem Palast. Die Häuser sind von annähernd gleicher Höhe, oft von vier bis fünf Stockwerken".[42] Endlich Sade: er schreibt von einer „vollständigen Regelmäßigkeit", einem „fast überall gleichen und infolgedessen angenehmen Anblick".[43] Die einzige abweichende Stimme ist die des Président de Brosses: Die Lage sei schön, aber schöner die Genuas, „es gibt nicht ein schönes Stück Architektur"; „armselige [=mesquines] Brunnen, enge und schmutzige Straßen, viel gelobte und wenig lobenswerte Kirchen"; „die via di Toledo [noch heute die Hauptarterie] ist sicherlich die längste und schönste Straße einer europäischen Stadt; aber was! Sie wird von einem halben Fuß Schmutz und zwei Reihen infamer Läden und Fleischhauereien, welche sie in ihrer ganzen Länge begleiten und die Häuser verdecken, unwürdig verunstaltet";[44] Montesquieu hingegen stimmt in den Chor ein.[45]

Noch einhelliger sind die Meinungen zu Turin, der modernen Planstadt par excellence. Es soll wieder der Président de Brosses zu Wort kommen: „Turin scheint mir die hübscheste [=jolie] Stadt Italiens und – scheint mir – Europas, auf Grund der Ausrichtung [=alignement] ihrer Straßen, des Regelmaßes ihrer

Bauten und der Schönheit ihrer Plätze"; sie entbehrt „des hohen Geschmacks der Architektur [...]. Aber es gibt auch nicht den unangenehmen Anblick von Hütten neben Palästen; hier ist nichts besonders schön, aber alles ist gleich und nichts ist mittelmäßig"[46]. Unerwarteter Weise erheben sich aber gerade zu Turin zwei aus dem Chor herausfallende Stimmen: Nachdem Grosley die selben Qualitäten mit zusätzliche Details gelobt hat, meint er „ein wiederholtes Bild, das nicht variiert, eine konstante Uniformität langweilt bald, mögen die Details, welche das Ensemble bilden, noch so sehr mit Geschmack behandelt sein – wovon sie im übrigen weit entfernt sind";[47] und Archenholtz gibt es noch grundsätzlicher: „Da Regelmäßigkeit in diesem Lande gleichsam einheimisch ist, so ist auch die Residenzstadt in ihrer Bauart ein Muster derselben, das man aber glücklicherweise nirgends nachahmt; denn diese große Einförmigkeit ist zwar anfangs auffallend, ermüdet aber bald".[48]

Von einem solchen Regelmaß kann bei Rom – abschließend – nicht die Rede sein. Schon der Gegensatz von „Roma antica" und „Roma moderna" (die in italienischen Führern meist getrennt behandelt werden) steht dem entgegen und Archenholtz kommt zu dem einleuchtenden Schluß, daß Rom zwar im einzelnen Teilen schön sei, nicht aber als Ganzes.[49]

Eine Vielfalt der Motive, von denen bisher die Rede war, kommt gleich bei Betreten der Urbs zur Sprache. Denn nirgends sonst wird ein Itinerar in gleicher Weise vorgegeben und nur in diesem Fall gehen die Autoren auf die Beschreibung und Diskussion einer organischen Abfolge von Bauwerken und Freiräumen ein. Es geht also um die Sequenz Porta del Popolo – Piazza del Popolo – Tridente, d. h. den die Innenstadt erschließenden Dreistrahl der Straßen.

Man kann mit einem Paukenschlag beginnen, aber er bleibt vereinzelt und damit nur eine Kuriosität: für den englischen Militär Breval (*Remarks on several parts of Europe* ..., 1726) hat die Porta del Popolo in ihrer Einfachheit „mehr wahres Verdienst, Schönheit und Geschmack als all der Schmuck des Rathauses von Amsterdam oder des Palastes von Versailles".[50] „Keine Stadt der Welt" glaubt de Brosses „nimmt bei Betreten zu Land so sehr für sich ein" – wenn man nur immer geradeaus schaut, denn seitlich beginnen die Probleme.[51] Ganz ähnlich wie der Parlaments-Präsident aus Dijon äußert sich der Baron Pöllnitz (*Memoire* ..., 1735): die Piazza del Popolo ist in der Achse eine „großartige Theaterdekoration", seitlich „Dorf", nämlich „üble Häuser und Baracken" links und „Scheunen" rechts.[52] De Brosses resümiert: das ist „keineswegs ein schöner Platz. Solch eine Ungereimtheit [=une telle disparate] ist hier ein allgemeiner Fehler" und er setzt fort „alles ist Palast oder Hütte, ein großartiges Bauwerk ist von hundert Häuschen umgeben, einige große Hauptstraßen, unendlich lang, wunderbar ausgerichtet, fast immer in schönen Sichtpunkten endend [dies eine Beobachtung, die nur de Brosses anstellt!] erlauben zum Glück, sich inmitten eine Unmenge von Sackgassen, gewundenen Gässchen oder schlechten Kreuzungen zurechtzufinden".[53] Ähnlich erlebt der Dominikanermönch Labat (*Voyage* ..., 1731) die Straßen des Tridente: schöne Häuser, bedeutende Paläste, großartige Kirchen, bemerkenswerte Plätze, aber dazwischen armeselige Häuser, niedrig und schlecht gebaut, die alles Schöne und Geschmackvolle verderben. Man bringe vor, daß dieser Kontrast die Wirkung der schönen Gebäude verstärke, wie Schatten in einem Gemälde; er sei aber nicht dieser Meinung, und bringt damit zweifellos einen spezifisch französischen und aufklärerischen Konsensus zum Ausdruck.[54] Doch es ist auch der Eindruck von Archenholtz, „Pracht und Armuth sehr seltsam vereinigt".[55]

Ganz auf dem Paradox der Kontraste baut Hester Lynch Piozzi (*Observations and Reflections* ..., 1789) ihre Rom-Erfahrung auf: „daß die allgemeine Erscheinung einer Stadt, die solche Schätze enthält, so mies und grauslich [=mean and disgusting] sei, während man wörtlich auf Granit geht und mit den Füßen auf rotem Porphyr trampelt, das ist für mich eines der größten Wunder, in einer Stadt, deren Wunder zahllos scheinen; daß sie über alles Sagbare, über alles Erträgliche hinaus schmutzig [=nasty] sei, bei solchen Läufen immer fließenden, reinsten Wassers, das freizügig und triumphal überall ausgegossen wird, ist ein weiteres, unfassbares Wunder; daß es so vielen Armen erlaubt sei, in den Straßen zu betteln [...]".[56] Da sind Misson und Sharp (*Letters from Italy* ..., 1765–1766) ausgewogener, für die sich nach einem ersten negativen Eindruck mit der Zeit die Qualitäten der Urbs erschließen.[57]

Endlich gründet der Abbé Richard die Meinung, daß Rom noch immer als die schönste Stadt der Welt zu gelten habe, auf die simple Aufzählung von Schönheiten: von eindrucksvoller Pracht der Zugang durch die Porta del Popolo; die Straßen, die Plätze, die Vielzahl von soliden und eleganten öffentlichen Gebäuden und Palästen; die Obelisken und Triumphsäulen; die mit Geschmack und Noblesse geschmückten Brunnen, welche alle Stadtteile andauernd und reichlich mit Wasser versorgen; die Sorgfalt, mit der man das Pflaster unterhält und über die Sauberkeit der Straßen wacht; die alten und neuen Kunstwerke; das milde Klima; die Schönheit der Gärten; der Pomp der Repräsentation – all das trage dazu bei.[58]

Jedoch, ist das alles noch als Teil der Schönheit der Stadt zu betrachten? Oder, lassen wir anders herum die streitbare Lynch Piozzi auf ihrer Heimreise in Berlin und Potsdam noch einmal zu Wort kommen: Berlin ist gesund [=wholesome], die Häuser nicht zu hoch, sodaß Luft zwischen ihnen sei; wenige lange, gerade und breite Straßen, ein großzügiger Umgang mit dem Baugrund – aber keine Attraktionen! sie flieht! In Potsdam dann wirken die gewöhnlichsten Gebäude wie die besten von Grosvenor-Square in London oder Queens-Square in Bath; keine Straße so eng wie Oxford-Road; jedes Wohnhaus überreich geschmückt, aber – letztes Zitat – „wenn es Berlin an Geschmack und Prunk mangelt, ist Potsdam absichtlich gebaut, um zu zeigen, daß sogar mit beiden, mit taste and magnificence, ein Ort trostlos und sehr unangenehm sein kann“ – denn Potsdam ist leer.[59]

So bleiben die Wege der Schönheit unergründlich, auch für das rationale 18. Jahrhundert.

1. MISSON, Maximilien, Nouveau Voyage d'Italie. La Haye (van Bulderen) 1691 (hier 4. Auflage 1702).
2. RICHARD, Abbé (Jérôme), Description historique et critique de l'Italie. Dijon (Des Ventes) 1766.
3. DE LALANDE, Joseph-Jérôme, Voyage d'un François en Italie, fait dans les année 1765 et 1766. Venise (Desaint) 1769.
4. VOLKMANN, Johann Jakob, Historisch-kritische Nachrichten von Italien. Leipzig (Caspar Fritsch) 1770.
5. VON ARCHENHOLTZ, Johann Wilhelm, England und Italien. Leipzig (Dyk) 1785.
6. DUPATY, Charles-Marguerite-Jean-Bapiste , Lettres sur l'Italie. Paris (Desenne) 1788.
7. SULZER, Johann Georg, Tagebuch einer von Berlin nach den mittäglichen Ländern von Europa in den Jahren 1775 und 1776 gethanen Reise und Rückreise. Leipzig (Weidmann und Reich) 1780, 177–183 (bes. 181).
8. BERTOLA DE GIORGI, Aurelio, Diari del viaggio in Svizzera e in Germania (1787), hg. STÄUBLE, Michèle und Antonio. Firenze (Olschki) 1982, 138 und 230. Die Übersetzung nicht deutschsprachiger Texte erfolgt im weiteren durch den Autor des vorliegenden Aufsatzes.
9. MONTESQUIEU, Mes voyages (Oeuvres complètes, Bd. 10). Paris (Garnier) 2012, 11–12. Schon ein Dutzend Jahre zuvor schrieb Lady Montagu von ihrer Enttäuschung ob der kleinen und engen Hauptstadt und wie sich bei Vereinigung mit den Vorstädten alles in wunderbarer Weise verändern würde: MONTAGU, Mary Wortley, Complete Letters, hg. HALSBAND, Robert. Oxford (Clarendon) 1965, 261.
10. RICHARD 1766, Bd. 2, 539.
11. RICHARD 1766, Bd. 3, 20.
12. RICHARD 1766, Bd. 4, 86.
13. RICHARD 1766, Bd. 2, 253.
14. RICHARD 1766, Bd. 5, 1.
15. KEYSSLER, Johann Georg, Neueste Reisen durch Deutschland, Böhmen, Ungarn, die Schweiz, Lothringen und Italien. Hannover (Förster) 1751, Bd. 1, 399.
16. VON ARCHENHOLTZ 1785, Bd. 4, 119.
17. MISSON 1702, Bd. 3, 94 und Bd. 1, 63.
18. z. B. MISSON 1702, Bd. 1, 184; WRIGHT, Edward, Some Observations made in travelling through France, Italy. &c in the years 1720, 1721 and 1722. London (Ward and Wicksteed) 1730, Bd. 2, 104; de Brosses, Bd. 1, 345; G(ROSLEY), (Pierre Jean), Observations sur l'Italie et sur les Italiens données en 1764, sous le nom de deux Gentilhommes Suédois. London 1764. Bd.1, 376; VON ARCHENHOLTZ 1785, Bd. 4, 105; GOETHE, Johann Wolfgang, Italienische Reise, hg. BEYER, Andreas / MILLER, Norbert. München (Hanser) 1992, 115. Mehrfach Bemerkungen zur Entvölkerung auch zu Padua und Pisa, in diesen Fällen verbunden mit dem generellen Niedergang dieser Städte; vereinzelt zur Bevölkerungsarmut von Verona, Cremona, Pavia, Piacenza, Parma und Ravenna, ja sogar zu Mailand und Turin.
19. GROSLEY 1764, Bd. 1, 164.
20. z. B. KEYSSLER 1751, Montefiascone Bd. 1, 416; Spoleto Bd. 2, 883; Narni Bd. 2, 887 und Ancona Bd. 2, 912. Eine Ausnahme bildet MONTESQUIEU 2012, 101–102, wenn er Laibach (Ljubliana), Görz (Gorizia) und Gradisca (d'Isonzo) als „assez jolies petites villes" bezeichnet.
21. (Edward) GIBBON's Journey from Geneva to Rome, hg. BONNARD, Georges A., London (Nelson) 1961, 103; bei ihm kann diese Verbindung ausnahmsweise auch einen Platz betreffen: der Domplatz von Piacenza ist „d'une belle grandeur", 88.
22. KEYSSLER 1751, Bd. 1, 110.
23. KEYSSLER 1751, Bd. 1, 329.
24. YOUNG, Arthur, Travels in France

during the years 1787, 1788, 1789, hg. BETHAM-EDWARDS, Matilda. London (Bohn's) 1889, 74.
25. JOIN-LAMBERT, Sophie, Peintures françaises du XVIIIème siècle: catalogue raisonné. Tours, Musée des Beaux-Arts. Milano (Silvana) 2008: die Veduten von Pierre Antoine Demachy, Kat.Nr.35, 98–99 und Charles-Antoine Rougeot, Kat.Nr.131, 306–307.
26. z. B. KEYSSLER 1751, Bd. 2, 883, 912 zu Spoleto und Ancona; (ROLAND DE LA PLATIÈRE, Jean Marie), Lettres écrites de la Suisse, d'Italie, de Sicile et de Malthe ... en 1776, 1777 & 1778. 6 Bde. Amsterdam 1780, Bd. 1, 73 zu Basel.
27. MISSON 1702, Bd. 3, 7.
28. PÖLLNITZ, Charles-Louis, Mémoires de Charles-Louis Baron de Pöllnitz contenant les Observations qu'il a faites dans ses voyages. Amsterdam (2. Auflage) 1735, Bd. 4, 192.
29. KEYSSLER 1751, Bd. 2, 944; GROSLEY 1764, Bd. 1, 217 und 221.
30. PÖLLNITZ 1735, Bd. 3, 102.
31. VON ARCHENHOLTZ 1785, Bd. 4, 178.
32. RICHARD 1766, Bd. 2, 257.
33. MISSON 1702, Bd. 1, 234.
34. DE BROSSES, Charles, Lettres familières, hg. NORCI CAGIANO D'AZEVEDO, Letizia. Naples (Centre Jean Berard) 1991, Bd. 1, 297.
35. GROSLEY 1764, Bd.3, 262, 219–220 und 227.
36. YOUNG 1889, 201.
37. PÖLLNITZ 1735, Bd. 2, 73.
38. DE BROSSES 1991, Bd. 1, 345.
39. MISSON 1702, Bd. 1, 28.
40. ROGISSART, Alexandre de, Les Delices de l'Italie. Leide (van de Aa), 1706, Bd. 3, 34.
41. KEYSSLER 1751, Bd. 2, 768.
42. RICHARD 1766, Bd. 4, 90.
43. SADE, Donatien marquis de, Viaggio in Italia. Italienische Ausgabe: Roma (Newton Compton) 1977, 227–228.
44. DE BROSSES 1991, Bd. 1, 505 und 511–512.
45. MONTESQUIEU 2012, 302.
46. DE BROSSES 1991, Bd. 2, 1213–1214.
47. GROSLEY 1764, Bd. 1, 69.
48. VON ARCHENHOLTZ 1785, Bd. 4, 95.
49. VON ARCHENHOLTZ 1785, Bd. 4, 205.
50. BREVAL, John Durant, Remarks on several parts of Europe. London (Printed for Bernard Lintot) 1726, Bd. 2, 242.
51. DE BROSSES 1991 Bd. 2, 635.
52. PÖLLNITZ 1735, Bd. 2, 230–231.
53. DE BROSSES 1991, Bd. 2, 636–637.
54. LABAT, Jean-Baptiste, Voyages du P(ère Jean-Baptiste) Labat de l'ordre des F(rères) Precheurs en Espagne et en Italie. Amsterdam 1731, Bd. 3, 46.
55. VON ARCHENHOLTZ 1785, Bd. 5, 39.
56. LYNCH PIOZZI, Hester, Observations and Reflections made in the Course of a Journey through France, Italy and Germany, hg. BARROWS, Herbert. Ann Arbor (University of Michigan) 1967, 212–213.
57. MISSON 1702, Bd. 2, 120; SHARP, Samuel, Letters from Italy describing the Customs and Manners of the Country in the years 1765 and 1766. London (Henry and Cave) s.d. (1767), 50.
58. RICHARD 1766, Bd. 5, 1–2.
59. LYNCH PIOZZI 1967, 399 und 401.

Embellir et aménager la ville, Lyon 1395 et 1680.

Des mots et des techniques partagés, des esthétiques différentes

Bernard Gauthiez

En 1395, une visite de la zone centrale de Lyon, alors une ville de taille moyenne, avec 10–15,000 habitants, fut faite. L'objectif était de dégager les rues des empiètements qui les encombraient, mais bientôt, il devint évident que la beauté de la ville était en jeu, et le projet fut redimensionné en conséquence, ce que traduit une ordonnance.

Trois siècles plus tard, en 1680, une nouvelle visite fut faite, cette fois de toutes les rues de la ville, pour en rectifier les alignements et régulariser leur largeur. Le “Règlement général d'alignement” écrit à cette occasion consistait en fait en un vaste projet d'urbanisme.

Dans les deux cas, les mesures prises développaient des pratiques préexistantes, ce qui est très bien documenté pour 1680.

Cet étude examine les circonstances des visites et la façon dont les textes règlementaires qui les suivirent donnaient corps à une conception de la beauté dans l'espace urbain, de même que les solutions techniques adoptées pour poursuivre ce but. Si en 1680 la beauté reposait sur des techniques baroques bien établies, elle avait un sens assez différent en 1395. L'ordonnance de 1395 a cependant nourri la réflexion menée en 1680. Dans ces remarquables exemples de pensée urbanistique, de plus, la beauté ne peut être séparée de considérations politiques et juridictionnelles.

Dégager les rues en 1395

Le 20 juillet 1395, le sergent du roi à Lyon, Jehan Cristin[1], conduisit une visite de la ville, accompagné par Pierre de Chateauvieux, procureur de la ville, Girard de Cuisel et Jehan de Mures, responsables des travaux publics et des bâtiments pour le Consulat, le gouvernement municipal. Girard de Cuisel, *lathomus* c'est à dire architecte, était probablement *voyer* de la ville, en charge des alignements des constructions nouvelles. Le but matériel de la visite était de supprimer tous

Fig. 1: Les bancs au Moyen Âge dans une ville du nord de la France (BnF, Bibliothèque de l'Arsenal ms 5062, début XVIe siècle, France ; Gilles Romain, Livre du gouvernement des princes, f° 149v°).

Fig. 2: Banc et râteau de boucher (Bnf, nal 1673, vers 1400, Italie; Albucasis, observations sur la nature et les propriétés de divers produits alimentaires… »).

les obstacles récents, nuisances et empiètements, dans les rues. Son but légal était de faire respecter le droit du Roi et de la ville sur les espaces publics, leur bonne police (*pollicia*), enfin leur beauté (*decor*). Pendant la visite, on décida tout d'abord de la destruction (immédiate) de seulement 17 bancs, des dispositifs commerciaux placés dans l'espace de la rue (Fig. 1), de deux évacuations d'eau et d'un escalier, tous récemment construits. Une nouvelle visite intervint les 14–19 août, impliquant 9 personnes en plus, des ouvriers chargés de l'immédiate destruction et rectification des dispositifs empiétant. Trois membres du Consulat furent encore ajoutés à cette compagnie le 16. L'examen des rues fut alors beaucoup plus attentif, et au minimum 420 bancs durent être rectifiés et 19 démolis, en sus de 20 escaliers, 18 auvents (en général au-dessus de bancs), 10 gouttières et divers éléments en nombre réduits, dont un cheval de bois. La boucherie près de l'église St-Paul à l'ouest de la Saône (côté Royaume) devait être démolie du fait de son état délabré, l'autre, côté Empire, seulement rectifiée.

On se demande pourquoi une visite avec un objectif limité s'est transformée en immense entreprise portant sur toutes les rues du centre de la ville (Fig. 2). Pour comprendre ce qui s'est passé, et d'abord pourquoi la visite a été décidée, il nous faut replacer l'événement dans son contexte. Cette compréhension nous conduira à mieux situer la conception de la beauté à cette époque à Lyon.

Pendant la visite limitée de juillet, ce qui justifiait la démolition immédiate des empiètements était clairement le respect des droits du roi et de la ville à Lyon. Ce faisant, on a supprimé avec une certaine brutalité (*viriliter*) ce qui était apparu pendant les 30 mois précédents.[2] En effet, le 3 Avril 1392, l'archevêque avait obtenu un jugement du parlement de Paris révoquant les droits du roi sur Lyon.[3] Cette décision intervenait après une période de guérilla juridique conduite par l'archevêque pour revenir au statut de Lyon avant 1320, avant son rattachement au royaume de France. En parallèle, le bailli de Mâcon, représentant du roi à Lyon, cherchait à œuvrer pour un nouvel ordre urbain. Entre avril 1392 et le 5 octobre 1394, quand le Parlement jugea à nouveau, cette fois pour la réaffirmation des droits du roi, les officiers royaux avaient eu à quitter la ville, redevenue de facto indépendante pendant cette période.[4] Cette situation explique certainement un certain niveau d'anarchie dans l'administration quotidienne, illustrée par le fait que d'aucuns pouvaient établir des bancs et d'autres installations empiétant sur l'espace public, sans contrôle. Ceci explique aussi pourquoi le nombre de dispositifs à supprimer était faible, dans un premier temps.

Nous ne savons pas pourquoi la nature de l'action conduite par le bailli et la ville changea ensuite radicalement, passant d'une correction limitée après plus de deux ans de relative anarchie à une prise en compte à grande échelle de la ville mettant l'accent sur son decor (sa beauté). Le grand nombre de bancs concernés par la visite en août laisse penser que pendant des décennies le voyer de la ville a eu des difficultés à exercer sa tâche. En fait, deux douzaines de bancs nouvellement établis en 1392–1394 sont une moyenne plausible des nouvelles constructions pendant une période assez peu active dans l'histoire de la ville, même si on n'était certainement pas en crise. Dans ce contexte, les Nommées de 1388 mentionnent 6 maisons neuves. La visite de 1395 n'en mentionne que deux, mais là n'était pas son objectif central.[5] Une telle visite aurait de plus difficilement pu prendre place dans un contexte économique difficile, du fait des coûts engendrés.

L'ordonnance spécifie que c'est le sergent du roi qui était en charge de l'affaire, pour faire respecter une décision du bailli de Macôn, et selon des considérations techniques précisées par le Consulat, et plus particulièrement probablement Girard de Cuisel. Le bailli était alors en soutien du Consulat, puisque la juridiction des rues dépendait de ce dernier (à l'exception de l'enclos canonial de St-Jean).[6] On peut donc penser que le Consulat avait eu pendant plusieurs décennies diverses difficultés, causées par le chapitre de Lyon, dans l'exercice de ses compétences. Sa réaction après 1394 aura été exacerbée par le comportement de l'archevêque et du chapitre lors des deux années précédentes. La réaffirmation des droits du roi et de la ville fut donc l'occasion de corriger les désordres intervenus alors. Le roi avait été continûment l'allié du Consulat après l'unification avec le royaume de France. Le développement d'un projet d'urbanisme à grande échelle, à partir du mois d'août, allait bien au-delà de simples mesures portant sur des événements strictement limités à une courte période, et montrait un esprit d'opportunisme probablement non dénué de revanche.[7]

Nous pouvons maintenant considérer la nature du projet et la façon dont la beauté (*decor*, en latin) était conçue, au travers de quelles réalités matérielles. La police et la beauté sont mentionnées dans l'introduction de l'ordonnance de 1395 et quand le projet voit son échelle grandement élargie. Mais elles n'apparaissent plus dans le détail des opérations, seulement lorsque la boucherie « côté royaume » est examinée. Ses dispositifs (*rattellos et edificationes* […] *columnas grossas*) sont dits au préjudice et détriment du bien commun, et contre la beauté de la ville (f°21v°) (Fig. 2). Il est alors clair dans le texte que les modifications imposées sont spécifiées par les agents du Consulat et mises en œuvre par le sergent royal (*ut referant dicti jurati erant nimis prejudiciabiles rei publice et universitatis Lugduni*). Dans la première partie du texte, lorsqu'on ne traite que d'un nombre limité d'objets, on trouve « un banc trop long et large au regard de la coûtume (*ultra modum largam et amplam*), empiétant sur la rue (*supra carreriam protendentem*). On détruit aussi une gouttière parce qu'elle déverse des eaux puantes dans la rue (*aquas fetentes and corruptas in carreriam* […] *mittentem*). Peu de choses concernent donc la beauté, mais cela change lors de la seconde visite d'août. Le texte devient alors plus précis, il mentionne des repères (*signa*), probablement tracés sur les bancs pour indiquer de combien on devait les reculer ou les couper. Les bancs furent mis aux dimensions dues par les ouvriers présents, selon « les mesures » (*restringi ad statum debitum secundum mensuras*), ce qui probablement ne pouvait être fait immédiatement que parce qu'ils étaient en bois. Rue Gourguillon, on dut ainsi couper 4 doigts d'une pierre empiétant sur la rue. Un pilier de bois gênant le trafic (*prejudiciabilem itineri et vico*) dut être retiré avant le samedi suivant. On devait aussi corriger des escaliers menant à des entrées de maisons selon un repère (*signum*) ou une certaine dimension (*mensuram*), des détails significatifs des techniques employées. Un peu plus loin (f° 16v°), un banc pour s'asseoir devait être placé contre le mur d'une maison (*usque quod tangat parietem* [...] *domus*). Les dispositifs pour suspendre des objets, les râteaux (*rattelli*) devaient être limités à une saillie d'un pied, mesuré à partir de l'alignement de la maison.

Il semble qu'on a spécifié avec plus d'attention la disposition et la mesure des bancs (commerciaux) quand on a traité des rues à l'est de la Saône, après s'être occupé jusque-là du côté ouest. On a donné alors des références à d'autres faits spatiaux, comme la ligne d'une maison à respecter (ad equitatem domus [...]), ou celle d'autres banc (f° 28), ou de l'angle d'une maison (f° 31 r°). Un peu plus tard dans la visite, et les trois hommes ajoutés à la compagnie ont eu probablement un rôle en ce sens (ils apparaissent f° 29r°), tous les bancs d'une même rue ont été considérés ensemble (rue de la Panneterie[8]) (f° 30 v°), de même que les auvents et les bancs autour et dans la boucherie « côté empire » (f° 32v°–33v°). Pour la première fois on a tiré une ligne pour tous les bancs d'une rue, Rue Mercière, ligne définie par des repères (f°33v°), de même en dehors de la porte de la Lanterne (f° 34r°), sur le pont de Saône (f° 36r°), rues Ecorchebeuf et de La Veysseleri (f° 36v°)[9]. Les bancs et marches d'escalier outrepassant la ligne devaient être coupés ou retirés.

Le secteur autour de la Maison Ronde, un îlot de maisons quadrangulaire entre le pont de Saône, la rue mercière et la boucherie, fut examiné avec une grande attention, pour régulariser les lignes à partir des angles (*lineaturam dicti quadri datam per dictos visitatoris et hoc idem fecit de quadro domus* [...] *quam scindi fecit ad equitatem quadri* [...] *banchas Domus Rotunde omnes totam lineanturam vel lineam existentem tam in quadris quam alias secundum mensuras restringi fecit* [...], f° 34v°-35r°). Dans un cas unique, qui témoigne que le but de la visite n'était pas la seule police, on put avancer un banc d'un pied et demie (50 cm) pour se conformer à une ligne tirée à partir de l'angle d'un bâtiment (f° 36v). La beauté de la régularité est ici recherchée.

Les experts du Consulat se sont manifestement enhardis au fur et à mesure du progrès de la visite. Un premier pas fut fait lorsque la visite fut étendue à tous les bancs et à tous les dispositifs empiétant, et quand la compagnie examina les rues à l'ouest de la Saône, où l'archevêché était situé et son pouvoir probablement plus fortement ressenti. On a donné alors des dimensions, localement, et des lignes. Mais, quand il s'est agi d'examiner les rues à l'est de la Saône, non loin du siège du Consulat, les visiteurs allèrent jusqu'à tracer des lignes pour des sections entières de rues, en particulier pour celles qui donnaient sur la Maison Ronde au pied du

Fig. 3: Cartographie des opérations de réaménagement menées dans le centre de la ville de Lyon en 1395 (GAUTHIEZ 2017).

pont de Saône. Sans surprise, ce secteur était le centre du commerce dans la ville, où les plus grands marchands avaient leurs bancs et leurs locaux.

Un projet beaucoup plus vaste a donc progressivement été conçu, grâce à la protection du sergent royal, en élaborant de nouvelles solutions techniques au fur et à mesure de l'avancement de la visite (Fig. 3).

Examinons maintenant l'esthétique de l'opération. Pendant la seconde partie de la visite, la boucherie (côté ouest de la Saône) est explicitement décrite comme une tache dans la beauté de la ville. Le texte ne donne pas de détails sur ce qui choquait la vue, mais le désordre de l'ensemble, particulièrement des colonnes et des râteaux (de suspension des pièces de viande), était évident. Par la suite, l'esthétique est nettement fondée sur des lignes droites à établir au long des rues principales, tirées à partir de l'angle des îlots, et sur la dimension régulière des dispositifs empiétant sur les rues, bancs, auvents et volées de marches. On s'en assure en traçant des repères au coin des bâtiments et probablement sur les bancs et escaliers eux-mêmes. On ne sait cependant si cette esthétique fondée sur la ligne droite et la dimension régulière existait antérieurement dans la ville. Un voyer donnait déjà l'autorisation d'établir les façades au moins depuis le début du XIIIe siècle.[10] Mais la beauté était en 1395 aussi recherchée, outre la régularisation de l'espace des rues, au travers d'aspect fonctionnels comme un trafic facilité, le respect de la propriété publique et des droits seigneuriaux.

Il faut ici mettre l'accent sur deux faits saillants : d'abord, la beauté ne peut être séparée de l'ordre, le *decor* de la *pollicia*, un ordre physique fait de lignes, de mesures répétées et d'angles droits; un ordre légal dans le respect de la juridiction du roi et du Consulat sur les rues, un ordre olfactif avec la suppression des décharges d'eau malodorantes. Ensuite, l'opportunité de cette remise en ordre de l'espace public après peut-être des décennies de relative négligence et deux années de quasi anarchie s'est comme imposée aux agents publics, particulièrement au voyer, Girard de Cuisel, membre d'une famille de l'oligarchie lyonnaise. Le voyer définissait les alignements des constructions nouvelles et reconstructions avec un cordeau, l'outil dont son nom de *correarius*, était issu au XIIIe siècle. Le nombre de nouvelles constructions par année avait certainement baissé pendant la première moitié du XIVe siècle, et chuté après 1348, ce qui avait pu conduire à l'affaiblissement de son rôle. Le nombre de bancs concernés en 1395, au minimum 439, changeait l'échelle de son action. Il n'était peut-être pas très éloigné au nombre total de bancs existants à cette date.[11]

La façon dont l'opération fut conduite, par association du sergent royal, d'experts et d'ouvriers chargés de la mise en oeuvre immédiate des mesures prises, en a assuré l'effectivité. Dans certains cas, l'amende à payer en cas de désobéissance est mentionnée, 10 marcs d'argent, ce qui n'était pas négligeable. Cette opération ne semble pas avoir eu de descendance dans la façon de traiter l'espace public pendant les décennies qui suivirent. Plusieurs crises importantes intervinrent peu après,[12] et il fallut attendre vers 1450 pour que la prospérité revienne à

Lyon. Il semble ensuite que les bancs devinrent de plus en plus rares jusqu'à leur disparition au début du XVIe siècle. Seules quelques dizaines en sont mentionnées en 1493, surtout pour des bouchers et des drapiers.[13] Ils furent remplacés, comme dispositifs commerciaux, par les *ouvreurs*, des espaces de vente situés dans les maisons, au rez-de-chaussée. L'opération de 1395 eut probablement un rôle majeur dans ce processus de remplacement d'espaces de ventes placés dans la rue par les ouvreurs, mais ce processus reste à bien documenter. Le document de 1395 ne mentionne que quelques rares ouvreurs.

Le *Règlement général d'alignement* de 1680

Il fut édicté le 31 décembre 1680 par le Consulat.[14] Sa préparation avait duré plusieurs mois,[15] selon une visite systématique des rues et places, examinées une par une à partir des portes de la ville. L'objectif principal était de supprimer les difformités et irrégularités contraires à la décoration publique, et les empiètements sur le domaine public et royal qui rendaient le passage des carrosses et des charrettes très difficile, au préjudice du commerce et du service du roi.[16] La compagnie chargée de visiter la ville était conduite, du moins en principe, par le premier magistrat municipal, le *Prevôt des Marchands* Thomas de Moulceau, seigneur du Mas, en réponse à une demande instante de l'archevêque, Lieutenant Général du roi à Lyon et dans le Lyonnais. Il était accompagné des magistrats des quartiers ou de leurs officiers et de *notables bourgeois*.[17] Chose curieuse, le voyer et son assistant n'étaient pas présents,[18] mais un architecte et ingénieur royal, Henri François Popinet, conduisait le travail de terrain.[19] On s'inspirait de ce qui avait été fait à Paris, où l'architecte Bullet avait en mars 1675 présenté un plan des modifications à apporter aux rues et places au Bureau de Ville.[20] Le choix de Popinet, si l'on ose combler les silences des archives, était certainement dû à l'archevêque. En effet, Popinet avait travaillé au plan de Bullet pour Paris. A Lyon, la liste des personnes payées par le Consulat pour établir le *Règlement* incluait aussi Claude Verrier pour le ravitaillement, Claude Bourgeys secrétaire du prévôt et Jean Chenevier caporal des arquebusiers.[21] Le voyer Berthaud n'a semble-t-il contribué que pour aider au ravitaillement.[22]

Si donc le *Règlement général d'alignement* de 1680 à Lyon ne fut pas formellement ordonné par le roi, il le fut de fait par son représentant dans la ville, qui y était aussi archevêque, le cardinal de Villeroy, et le Consulat n'avait eu qu'à s'exécuter. L'architecte chargé de l'opération, Popinet, avait été choisi pour sa capacité à transférer un savoir-faire élaboré peu auparavant pour la capitale. Ce choix permettait aussi d'échapper à la propension des autorités municipales à être complaisantes envers les personnages importants, réduisant notamment les reculements imposés au détriment de la largeur des rues et de leur beauté. Ce point est clairement spécifié dans les attendus du *Règlement*. La mise à l'écart du voyer Berthaud, dont la rémunération avait été réduite après la crise financière consulaire de 1677, était certainement due au fait qu'il avait été un acteur de cette complaisance maintenant condamnée.

Techniquement, le règlement de 1680 reposait presqu'exclusivement sur la ligne qui devait être donnée aux rues lors des nouveaux alignements, et sur quelques espaces à dégager des bâtiments qui les occupaient pour former des places. Les dimensions à respecter étaient données avec une précision d'un pouce, voire parfois un demi-pouce (6 lignes). Le règlement ne se référait pas à un plan, mais à des repères placés aux angles des maisons et sur des piliers communs à deux maisons voisines. On plaçait ainsi le nouvel alignement à respecter pour toutes les nouvelles constructions en général en reculement des constructions existantes. Le reculement pouvait atteindre 20 pieds, comme rue Ste-Catherine, et les avancées autorisées étaient rares. Les repères placés sur les bâtiments aux dimensions spécifiées étaient donc le principal outil du règlement, en dehors de tout plan.

L'opération de 1395 avait consisté en une action ponctuelle immédiate de régularisation, menée a posteriori. Le règlement de 1680 en différait en ce qu'il définissait une référence à respecter pour l'action du voyer sur le terrain, en donnant les lignes de toutes les constructions à venir, interdisant donc a priori tout arrangement particulier. De plus, à la différence probable de 1395, le règlement de 1680 reposait sur des pratiques qui avaient déjà été suivies pour beaucoup de modifications dans la ville depuis le début du XVIIe siècle. Le reculement des façades à l'occasion de leur reconstruction était déjà commun, de même que la volonté de régulariser l'espace des rues. Le règlement de 1680, quand on le met en regard des autorisations de construire antérieures et des données du terrain, est remarquablement implicite. L'espace de la ville avait déjà été considérablement modifié, et amélioré sous l'angle de la beauté, dans les décennies précédentes, selon des procédés et pratiques bien établis. En fait, le règlement entendait parfaire une tâche déjà bien avancée, même si parfois un peu désordonnée (Fig. 4). On peut ainsi mettre en parallèle ces pratiques avec ce que spécifie le règlement :

Pour les rues, des lignes régulières pour leurs bords, parfois établies sur la

Fig. 4: Cartographie des constructions érigées avant le Règlement général d'alignement de Lyon, édicté en 1680, et jusqu'à 1720, détail (GAUTHIEZ 2017).

ligne de constructions récentes, à généraliser.[23] Le règlement ne précise jamais ainsi cette intention, pourtant évidente si l'on tient compte des autorisations de construire précédemment données, souvent utilisées pour asseoir les nouveaux alignements.

Pour les constructions nouvelles ordinaires : une façade maçonnée peinte en blanc, des fenêtres avec des meneaux formant croisée (jusque vers 1693, date de la mort de l'archevêque[24]) et couronnées d'entablements. Ce traitement était systématiquement appliqué.

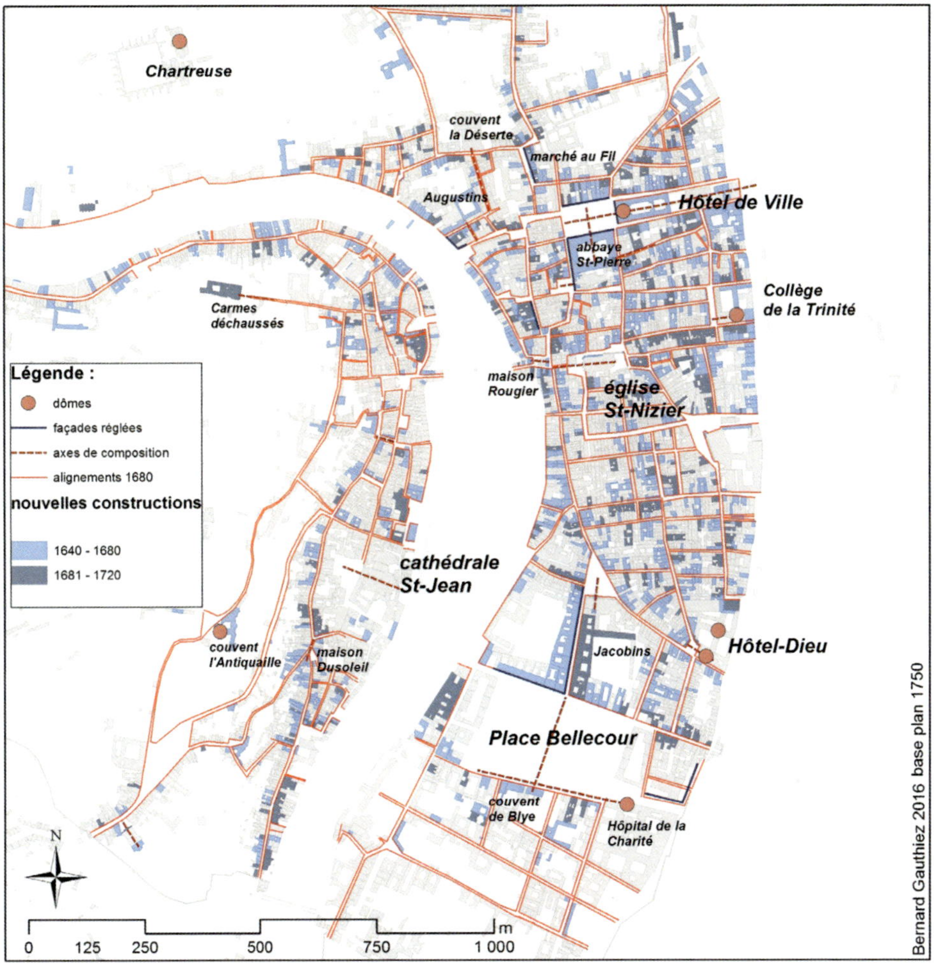

Fig. 5: Carte des embellissements de Lyon entre 1640 et 1720 : faire la ville baroque (GAUTHIEZ 2017).

Pour les places et autant que possible ailleurs dans les rues importantes, et même au long de la Saône[25] ici considérée comme une sorte de place : des façades de même hauteur avec des cordons de pierre entre des étages de hauteur égalisée et des saillies de toit uniformes. Dans le règlement était aussi concernée la rue du bastion de Villeroy.[26] Avaient été ainsi traitées avant 1680 : la rue Ste-Catherine ou du Marché au Fil,[27] la place des Terreaux à partir de 1645, comme en témoignent les maisons sur place. La rue de l'Enfant-qui-Pisse en 1693, le quai des Augustins et la place de la Feuillée. La place Bellecour, avait aussi des façades égalisées.

Création, autant que possible, de vues axiales sur les édifices importants, souvent des églises, parfois en association avec de petites places : dans le *Règlement* devant l'entrée de l'Hôtel-Dieu.[28]

Aménagements particuliers traités dans le cadre de conventions, l'abbaye St-Pierre à l'occasion du début de sa reconstruction en 1655, place Croix-Paquet avec le séminaire St-Irénée.[29]

Création de plusieurs petites places par destruction d'immeubles, réalisées en fait beaucoup plus tard : place d'Albon, place St-Nizier, place du Petit Collège ...

Dégagement de la vue à partir de l'Hôtel-de-Ville vers le paysage au-delà du Rhône vers l'est.[30]

Manifestement, toutes les belles constructions récentes, à l'alignement parfois âprement discuté, devaient être maintenues : maison Rougier au pied du pont de Saône sur l'Herberie,[31] maisons Boesse près de St-Nizier,[32] etc.

La beauté, dans le programme de 1680, toujours associée au besoin de facilitation du traffic et du commerce, devait être en fait recherché par tous les moyens possibles (Fig. 5).[33]

Il est possible maintenant de comparer les programmes de 1395 et 1680. On l'a vu, ils ne peuvent être complètement compris qu'en examinant les constructions contemporaines et les autorisations de construire. Les différences entre les deux dates sont ici immenses. Les sources écrites sont rares pour 1395, assez abondantes pour 1680. Il ne subsiste aucun bâtiment de 1395, ils sont nombreux pour 1680. Et, bien sûr, les nouvelles constructions du XVIIe siècle avaient remplacé une bonne part des constructions médiévales. En outre, l'ordonnance de 1395 était semble-t-il une pratique complètement nouvelle à Lyon, certes très efficace dans son traitement de dispositifs faciles à modifier, mais sans suite directe sur les bâtiments eux-mêmes. Au contraire, le *Règlement* de 1680 était fondé sur des pratiques déjà anciennes et bien au point, et s'insérait dans un programme d'embellissement sur la longue durée. Il fut respecté assez systématiquement jusqu'au milieu du XVIIIe siècle.

Cependant, dans les mots utilisés, la conception de la beauté est étonnament similaire. Le tableau suivant, qui met en regard les mots utilisés et les instruments du contrôle géométrique de l'espace, le montre :

1395 (Latin)	1680 (français)
decor/dispositio regimen et ordinatio civitatis (*beauté/règles de disposition et mise en ordre de la ville*) bona pollicia rei publique (*bonne police de la chose publique*)	décoration publique/beauté et commodité police et voirie
res prejudiciabiles (*choses gênantes*) nocumenta (*empiètements*)	préjudices/incommodités au commerce et à la voirie difformités/irrégularités
Signum	repaire marqué
equitas/quadrum	même ligne/angle
equitas domum	alignement sur la face d'une maison
mensura	mesure
Linea/lineatura	alignement

Les mots utilisés sont très proches et témoignent d'une façon assez similaire de penser l'espace, usant des mêmes outils dans la pratique. La culture de l'urbanisme au XVIIe siècle est nettement dans le fil d'une tradition antérieure, médiévale. Ce sentiment de continuité est renforcé par le fait que l'ordonnance de 1395 fut copiée à la fin du XVIIe siècle, dans un document qui figure dans un dossier portant sur les alignements. Son contenu était donc clairement connu par ceux qui, en 1680, eurent à s'occuper de l'esthétique de l'espace urbain.

Umberto Eco a insisté dans ses études sur l'esthétique médiévale sur le fait que la beauté ne pouvait être séparée de la fonctionnalité,[34] que tout était conçu en termes de mesures et nombres, d'ordre; des idées que nous retrouvons en 1395 avec *ordinatio, regimen, aequitas, mensura, linea*, des mots utilisés au XIIIe siècle pour traiter de la beauté. Les pratiques urbaines ne pouvaient toutefois traduire des idées de l'ordre de la philosophie et de la théologie que de façon atténuée. Le fait de retrouver à la fin du XVIIe siècle ces mêmes concepts, avec de légères variations, signifie que la pensée esthétique était alors dans une forte continuité par rapport à celle de la fin du Moyen Âge.

Cela devait ensuite changer, et était déjà en train de changer. Bientôt, la forme des espaces urbains ne serait plus déterminée sur le terrain, mais sur des plans, et de nouvelles idées sur la fonctionnalité dans la ville et sur la façon de remédier à ses défauts sociaux allaient émerger, des idées qui conduiraient plus d'un siècle plus tard à des pratiques radicalement nouvelles.[35] Mais l'esthétique urbaine baroque, si présente dans le Règlement d'alignement à Lyon en 1680, était encore de façon dominante fondée sur la vérification de ses effets sur le terrain.

1. Archives municipales de Lyon (AML), DD 18, 84 pages. Le document est une copie faite à la fin du XVIIe siècle par Martin. Les démolitions sont aussi connues par des textes contemporains, Archives Départementales du Rhône (ADR) 10 G 717.

2. Les consuls voulaient aussi démolir les portes de l'enceinte de l'enclos canonical, ADR 10 G 717.

3. PARADIN DE CUYSEAULX, Guillaume, Mémoires de l'histoire de Lyon, Lyon (Antoine Gryphus) 1571, 230. Voir aussi CHARANSONNET, Alexis / GAULIN, Jean-Louis / MOUNIER, Pascale / RAU, Susanne (dir.), Lyon, entre Empire et Royaume, (843-1601), Paris (Garnier) 2015, 265-447.

4. ADR 10 G 692. PÉRICAUD, Antoine, Notes et documents pour servir à l'histoire de Lyon, 1350-1610, Lyon (Pelagaud) 1838, 29. Deux conseillers furent envoyés de Paris en 1395 pour enquêter sur la situation et régler le conflit, ADR 10 G 717.

5. L'une d'entre elles, construite par Ennemondus (Enemon de Syvreu) rue Mercière, est mentionnée en 1388 et 1395. C'était certainement une construction remarquable. En 1388, Ennemondus possédait trois maisons dans cette même rue (PHILIPON, Edouard, ed., Le livre du Vaillant des habitants de Lyon en 1388, Lyon (Imprimerie M. Audin et Cie) 1927, 35).

6. DURAU, Jeanne-Marie / BRUYÈRE, Gérard / CHIRON, Noëlle, *Guide provisoire des sources sur les plans généraux de Lyon aux Archives Municipales*, in: Forma urbis, les plans généraux de Lyon, XVIe-XXe siècles, Lyon (Archives Municipales) 1997, 164. La juridiction des rues était sans ambiguïté à l'archevêque avant 1320 (quand encore son voyer Johannes Bertrandi donne l'alignement d'un escalier extérieur, avec l'aide de l'architecte de la cathédrale, Johannes de Longo Monte, AML DD 18). C'est au moment du rattachement au royaume de France, à la même date, qu'elle fut transférée au Consulat.

7. Même Jacobus de Bellijoco (Jacques de Beaujeu), architecte de la cathédrale, travaillant pour le chapitre de St-Jean et l'archevêque, eut à modifier l'escalier conduisant à la porte de sa maison, Rue Mercière.

8. Place St-Nizier, rue disparue.

9. Rue de la Pêcherie actuelle.

10. GAUTHIEZ, Bernard, *Le rôle du contrôle de l'espace public et l'urbanisme au XIIIe siècle en France*, in: DE BOE, Guy / VERHAEGHE, Frans (dir.), Urbanism in Medieval Europe, Papers of the 'Medieval Europe Brugge 1997' Conference, Vol. 1, (Zellik) 1997, 183–188, ici 184.

11. Les dimensions à respecter, pour les bancs, étaient peut-être celles qu'on a précisées plus tard, par exemple en 1499 pour Claude De Larbent : un pied de largeur et quatre pieds de longueur (AML, BB 24, 14 Mai 1499).

12. En 1400, le peuple de la ville s'est rebellé contre les riches et les puissants, et il fallut reprendre militairement Lyon (PARADIN DE COYSEAULX 1571, 234–235). Dans un document du début des années 1420, le nombre des habitants est dit être le quart de son importance jadis : "il n'y a pas de présent, en facultés ni en personnes, la quarte partie de ce qui était auparavant. Et ce appert manifestement, car la plus grande partie des maisons et habitations de la ville sont vides et inhabitables, gâtées, ruineuses et dépéries par défaut, car sont faillis les gens et tènementiers et ainsi ne se sont pas réparées » (AML, CC 291).

13. Mais la source n'est pas aisée à interpréter sur ce point, AML, CC 4-5-6-7-8.

14. AML, DD 56, 270 pages.

15. Le travail sur le terrain commença probablement en septembre 1680. Popinet, architecte en charge, arriva à Lyon au plus

tard le 27 de ce mois (AML, BB 237, f° 118r°)

16. AML, DD 56, f°2.

17. Ils ne sont pas nommés dans le document.

18. Paul Berthaud était alors voyer, AML, BB 237, f° 34r°. La beauté n'est pas listée dans les responsabilités du voyer quand elles sont (re)précisées à la fin de 1680 (ibid., f° 238 r°-v°).

19. AML, BB 237, f° 172, 31 Déc. 1680.

20. Ce plan concernait seulement les faubourgs de la ville (Yoann *Brault*, « Le plan de Pierre *Bullet* (1673-1675) », Les *grands Boulevards*, *Paris*: Action artistique de la ville de *Paris*, 2000, 29-37, ici 29).

21. AML, BB 237 f° 172r°-v°.

22. Ibid., f° 174r°.

23. Exemples : f° 17 façade de la maison De La Meure; f° 23 maison Thomey, la seule qualifiée de belle dans la ville.

24. GAUTHIEZ, Bernard, *Les fenêtres à Lyon entre 1650 et 1900, des dispositifs techniques qui transforment la ville*, in: CASAMENTO, Aldo, (dir.), Il cantiere della città. Strumenti, maestranze e tecniche dal medioevo al Novecento, [Forma Urbis II] Rome (Edizioni Kappa) 2014, 221–248, ici 227.

25. AML, BB 237, f° 268.

26. AML, DD 56, f° 106 : « que toute cette face soit bâtie de maison coûtumées et élevées de même hauteur ».

27. AML, BB 237, f° 36r°, « suivant le même cordon, le même rehaussement des couverts et la même avancée des forgets (saillie des toits), ce qui sera observé par tous ceux qui bâtiront ensuite dans la même face sur ladite rue ».

28. AML DD 56, f° 125-128.

29. AML, DD 56, f° 196; f° 253.

30. Ibidem, f° 202-203 : « ledit jardin de l'hôtel de ville sera continué ainsi que son mur de clôture en élevant une voûte et terrasse au bout d'icelui portant sur les murailles de la ville et ayant ses vues sur le Rhône et sur la province du Dauphiné ». Les maisons à détruire ne le furent jamais. L'idée d'une vue sur le paysage trouve un parallèle dans Menestrier, en 1669, quand il décrit la vue similaire de la bibliothèque du collège de la Trinité sur le Rhône et la campagne (MENESTRIER, Claude François, Eloge historique de la ville de Lyon et sa grandeur consulaire sous les Romains et sous nos rois, Lyon (Benoist Coral) 1669, 82–83.

31. Ibidem, f° 185.

32. Ibidem, f° 158.

33. Ibidem, f° 268.

34. ECO, Umberto, Ecrits sur la pensée au Moyen-Âge, Paris (Grasset) 2016, 274 (pulchrum et aptum ; decorum et honestum).

35. On lit, dans l'introduction du Règlement de 1680 : « les avenues des places, des ponts, de la maison de ville et des églises paroissiales et autres les plus fréquentées, même des ports de la ville, sont presque bouchées aux carrosses et charrettes qui n'en peuvent approcher qu'avec difficultés et incommodités très grandes, qui retardent pareillement les voitures des denrées et marchandises au grand préjudice d'un commerce aussi considérable qu'est celui de la ville, où aborde et passe incessamment soit pour le service de sa majesté ou autrement de tous les pays étrangers et même de la plupart des autres provinces du royaume tout ce qui peut être nécessaire pour son voyage et sa consommation » (f° 3).
Et, à la fin : « Le tout sauf les plus grandes décorations publiques qui pourront être faites par des quais, portes ou places nouvelles ou par l'agrandissement des places et quais et ports qui sont déjà faits, et autres espaces dans ladite ville pour une plus grande beauté et commodité » (f° 268). En février 1680, la création de la place

du Marché au Fil par expropriation de 20 pieds de largeur (7 m) au long de la rue Ste-Catherine était justifiée par ces mots : "espaces cédés au public aux fins de laisser une place libre devant lesdites maisons pour un marché aux fils, et pour d'autres usages publics, particulièrement pour la décoration et commodité de ce quartier habité par beaucoup de menu peuple et situé à la descente d'une côte d'où les eaux coulent souvent très abondamment, auxquelles on ne saurait donner des décharges et passages trop étendus, ni trop élargir ladite rue pour rendre lesdites habitations plus saines et plus éclairées, et éviter les incommodités et infections qui arrivent ordinairement quand elles sont pressées et qu'on ne respire qu'un air étouffé dans des rues ainsi remplies de populace, et qui se trouvent étroites et obscures… » (AML, BB, f° 35r°).

Filaretes Sforzinda.

Von der Schönheit des Kosmos zur Ordnung der Stadt

Berthold Hub

Die italienische Renaissance ist geprägt von einem Ungleichgewicht zwischen Architekturtheorie und -praxis. Nach der ökonomischen und demographischen Krise des 14. Jahrhunderts ist es im folgenden 15. Jahrhundert – mit der Ausnahme von Pienza – weder zu größeren urbanistischen Eingriffen in die bestehenden Städten noch zur Gründung neuer Städte gekommen. In der Theorie hingegen – bei Alberti, Filarete, Francesco di Giorgio Martini – steht der Städtebau in der Hierarchie der Aufgaben an erster Stelle. Zudem gehen die Architekturtraktate des 15. Jahrhunderts immer von der Vorstellung neu gegründeter Städte aus, um alle Aspekte ihrer Gestaltung in die Hände des Architekten legen zu können.

Am interessantesten in dieser Hinsicht ist zweifellos der Florentiner Bildhauer und Architekt Antonio di Pietro Averlino, genannt Filarete, der in seinem zwischen 1460 und 1465 in Mailand verfassten *Libro architettonico* die Planung, Gründung und Errichtung einer neuen Stadt nicht nur als höchstes Ziel für Bauherrn wie Architekt nennt und fordert, sondern ausführlich von einer solchen erzählt: von der nach ihrem Bauherrn Francesco Sforza benannten Stadt Sforzinda.[1]

Filaretes *Libro architettonico* (Abb. 1) ist kein Architekturtraktat im späteren Sinne. Am besten charakterisiert man die Schrift als großen Erziehungsroman, in dessen Verlauf die Gesprächspartner Filaretes, insbesondere sein Mailänder Auftraggeber Francesco Sforza und dessen Sohn Galeazzo Maria Sforza, von der gotischen Bauweise zum Bauen all'antica bekehrt und von der Bedeutung des Architekten und seiner Architektur für seine Herrschaft, für seine Untertanen, ja für die Entwicklung der Menschheit insgesamt überzeugt werden. Dabei tritt neben jene Passagen, die die Rationalität und Funktionalität der Architektur verfolgen, eine zweite Linie symbolischer und magischer Natur, geprägt von einer utopischen Imagination, die sich kosmologischer, astrologischer und alchemistischer Traditionen ebenso bedient wie Tierfabeln, mittelalterlicher Mirabilienliteratur und zeitgenössischer Reiseberichte.

Abb. 1: Filarete, *Libro architettonico*, I, f. 1r. Das 5 x 9 cm große Bildfeld, welches die Initiale umfasst, zeigt Filarete, der zwei Arbeitern Anweisungen zur Errichtung und Profilierung eines Pfeilers gibt. Unten das Wappen der Medici. (Biblioteca Nazionale Centrale di Firenze, Ms. II.I.140 © Su concessione del Ministero dei Beni e delle Attività Culturali e del Turismo).

Von dieser doppelten Kodierung ist auch die Befestigungsanlage der Stadt Sforzinda geprägt, auf die wir uns im Folgenden beschränken müssen. Einerseits werden ihre Funktion, ihre Mauern und Türme, die verwendeten Materialien und die benötigten organisatorischen Schritte und Arbeitsabläufe ausführlich beschrieben (vgl. Abb. 1). Andererseits bildet sie im Grundriss eine Figur ab, welche weit über ihre architektonische Funktion und Materialität hinaus weist.

Gleich zu Beginn seines *Libro architettonico* kündigt Filarete an, dass er denjenigen, der eine neue Stadt gründen und errichten will, darüber belehren werde, wie er das zu tun habe, damit sie „schön, gut und von langem (ewigen) Leben“ sein wird, und zwar „nach dem Vorbild der Natur“.[2] Die folgende Erzählung handelt zunächst von der Auffindung eines in jeder Hinsicht idealen Bauplatzes, in einem fernen, abgeschiedenen, von Bergen eingeschlossenen, von einem Fluss durchzogenen, klimatisch begünstigten und äußerst fruchtbaren Tal (Abb. 2). Sodann wird der Grundriss der Stadt ausgesteckt, und zwar entlang der Außengrenze zweier regelmäßig miteinander verschränkter Quadrate.[3]

Mehr sagt Filarete zum Grundriss seiner Stadt nicht. Dafür bildet er ihn jedoch gleich dreimal ab und mahnt seinen herzoglichen Dialogpartner bzw. den Leser, auf die Abbildungen zu schauen, „um zu verstehen“; und im weiteren Fortgang des Textes setzt er explizit voraus, dass der Herzog bzw. der Leser die Zeichnungen ja gesehen hat.[4] Das erste Diagramm Sforzindas (Abb. 2), von geringer Größe, ist in einen Kreis eingeschrieben und unverzerrt in eine Landschaft platziert. Derselben Figur begegnen wir etwas später im Text (Abb. 3), diesmal aber weitaus größer abgebildet und mit einem doppelten Umkreis versehen. Das dritte Schema (Abb. 4) kommt einem regelrechten Grundriss etwas näher: Während die beiden übereinandergelegten Quadrate nur leicht angezeichnet sind, ist der achteckige Stern, den diese als Umriss ergeben, sowie der sie umschreibende Kreis dick nachgezogen.

Dem diese Abbildungen begleitenden Text zufolge entspricht dem sternförmigen Umriss die Stadtmauer, während entlang des Kreises ein Wassergraben angelegt wird, der zugleich als Verteidigungsring, aber auch als Verbindung der einzelnen, in die Stadt führenden Wasserwege dient.[5] Die acht Hauptstraßen und acht Kanäle, die von den Stadttoren an den Kreuzungspunkten der Quadrate bzw. von den Ecktürmen an ihren Spitzen zu einem Gefüge von drei Plätzen im Zentrum der Anlage führen, werden etwa auf halber Länge von einer Ringstraße gekreuzt; an den Kreuzungspunkten befindet sich je ein weiterer Platz. Die Stadt soll sich gegen das Zentrum hin erheben, wo ein Wasserreservoir die Wasserversor-

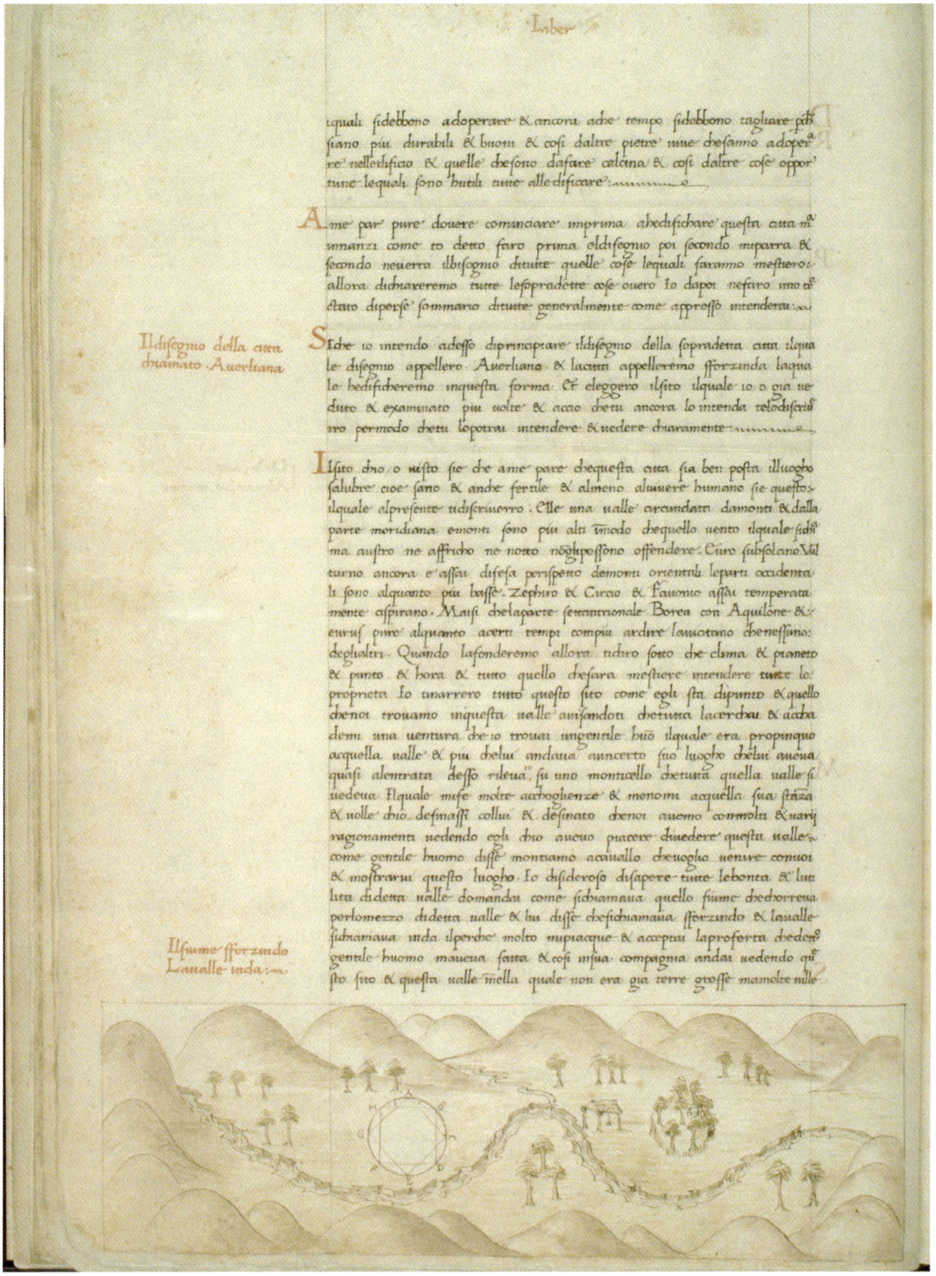

Abb. 2: Filarete, *Libro architettonico*, II, f. 11v: Bauplatz Sforzindas. (Biblioteca Nazionale Centrale di Firenze, Ms. II.I.140 © Su concessione del Ministero dei Beni e delle Attività Culturali e del Turismo).

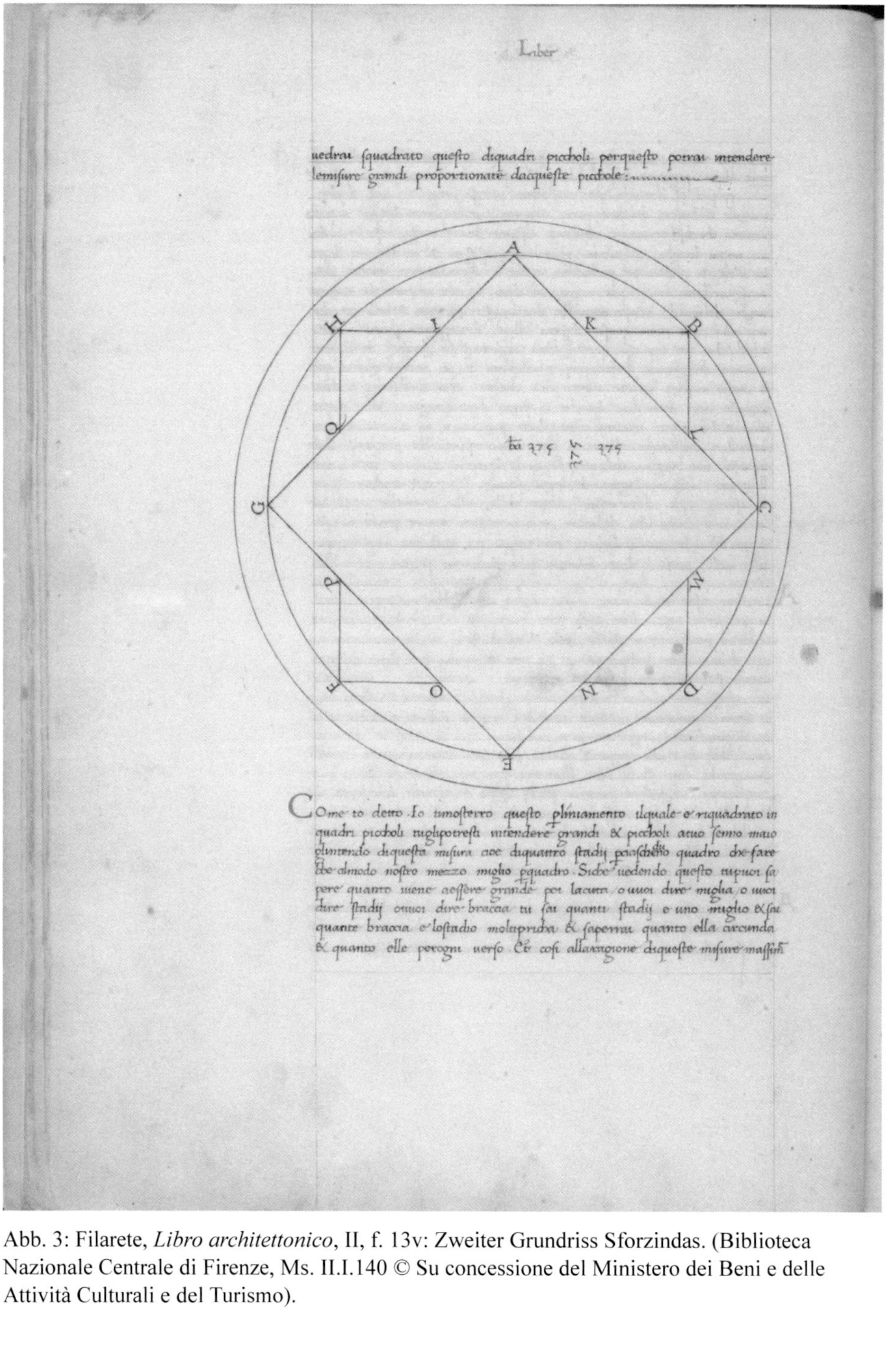

Abb. 3: Filarete, *Libro architettonico*, II, f. 13v: Zweiter Grundriss Sforzindas. (Biblioteca Nazionale Centrale di Firenze, Ms. II.I.140 © Su concessione del Ministero dei Beni e delle Attività Culturali e del Turismo).

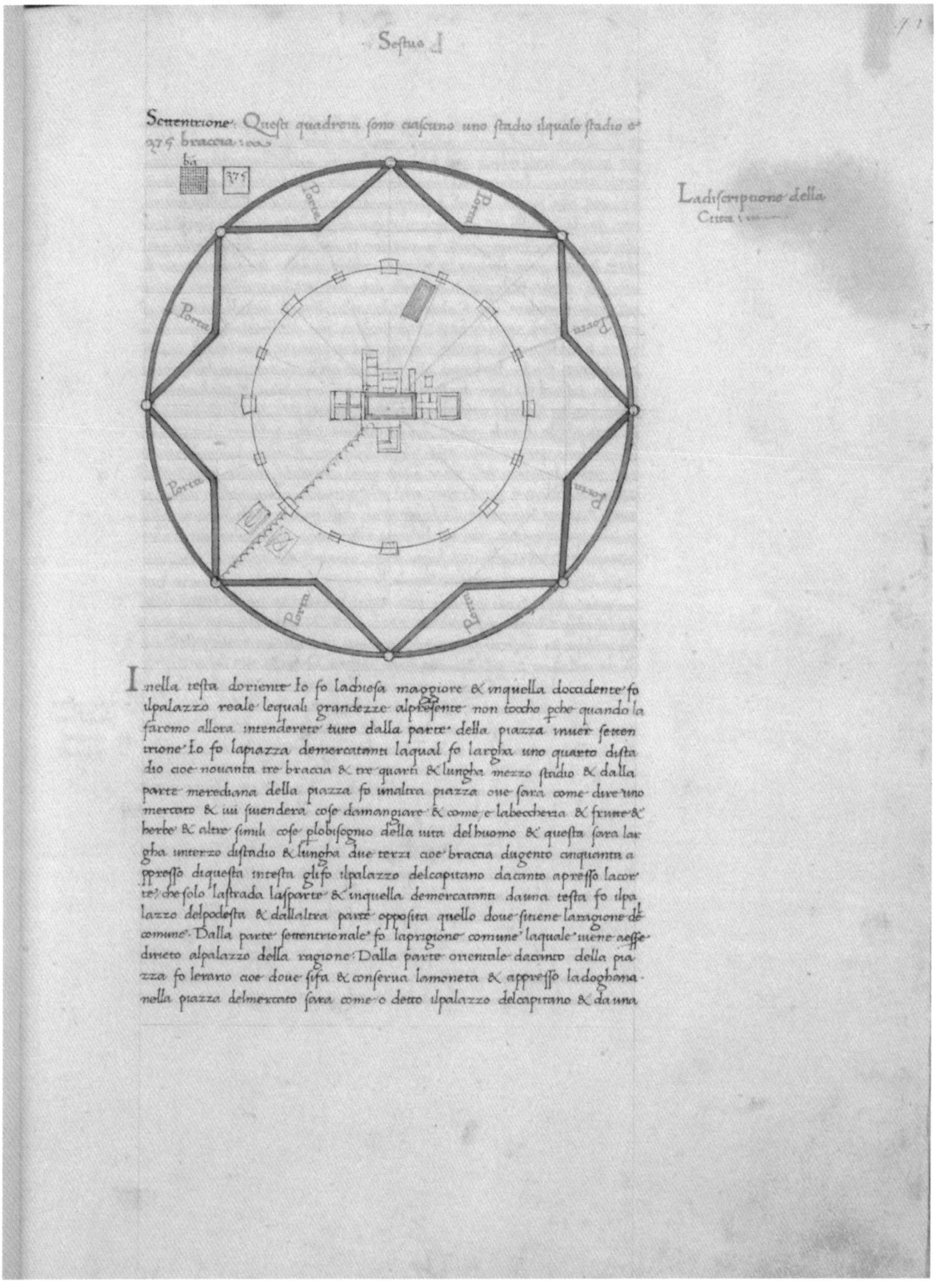

Abb. 4: Filarete, *Libro architettonico*, VI, f. 43r: Dritter Grundriss Sforzindas. (Biblioteca Nazionale Centrale di Firenze, Ms. II.I.140 © Su concessione del Ministero dei Beni e delle Attività Culturali e del Turismo)..

gung der Bevölkerung, die Schiffbarkeit der Kanäle sowie bei Bedarf die Hygiene der Straßen durch ihre Überflutung garantieren soll.[6] Ursprünglich hatte Filarete auch vorgehabt, das Zentrum durch einen hohen Turm auszuzeichnen, von dem noch die Rede sein wird.[7]

Man hat in der Vergangenheit in dem Grundriss der Stadt Sforzinda eine (naive) Anwendung oder Demonstration des neuen exakten Entwurfs der Renaissance gesehen, der die Architektur als Wissenschaft ausweisen und aus dem Stand der *artes mechanicae* in jenen einer *ars liberalis* heben soll. Andere haben den Grundriss von Sforzinda als Beleg für die Vorliebe der Renaissance für Regelmäßigkeit und geometrische Gesetzmäßigkeit im Allgemeinen oder als erstes Beispiel eines geometrisch geordnete Planstadtentwurfs im Besonderen gelesen, und in diesem Sinne fehlt er in keinem Überblickswerk der Kunst- und Architekturgeschichte (der Renaissance).[8]

Doch Filaretes Grundriss bildet keinen Stadtplan ab. Auch im Falle der dritten Version des Grundrisses (Abb. 4), in welchem sich das zentrale Platzgefüge, die Ringstraße mit ihren Plätze und einzelne Anlagen eingetragen sowie die Tore und Rundtürme der Stadtmauer bezeichnet bzw. angedeutet finden, steht die geometrische Figur deutlich im Vordergrund. In allen drei Varianten bleibt der Grundriss Diagramm im platonischen Sinne einer geometrischen Figur, die auf anschauliche Weise etwas Unanschauliches vermittelt, nämlich ideale, ewig gültige Gesetzlichkeit.

Die folgenden Ausführungen versuchen zu belegen, dass es Filarete nicht nur um einen geometrisch konstruierten und praktikablen Stadtentwurf gegangen ist, sondern vielmehr um die durch die Stadtgestalt vermittelte Bedeutung im Kontext seines Handelns und Selbstverständnisses als Architekt der Renaissance: Durch die schöpferische Erneuerung oder Neuschöpfung der ersten Grundlage jeder Verbesserung des Menschen, nämlich seiner gebauten Umwelt, vermag der Architekt nicht weniger als die ursprünglich gute, aber inzwischen korrumpierte Schöpfung wieder herzustellen bzw. den göttlichen Schöpfungsakt zu wiederholen.

Hier wäre zunächst von der metaphysischen Funktion der Geometrie im Allgemeinen, der man neben ihrem praktischen Nutzen stets auch Einsicht in die göttliche Schöpfung zugesprochen hatte, sowie von der Bedeutung der geometrischen Figuren des Kreises und des Quadrates im Besonderen zu handeln. Der Kreis und die Kugel sowie alle quaternären Figuren und Körper wie der Würfel, das Quadrat oder das Kreuz, wie die Zahl Vier, sind als Abstraktionen der essentiellen Struktur des Kosmos und Chiffren der Schöpfungsordnung historische Konstanten in der westlichen wie der östlichen Tradition.[9] Dabei wurde im Kreis beziehungsweise der Kugel als der vollkommensten geometrischen Figur, in der es weder Oben und Unten noch Anfang und Ende gibt und in der alle Punkte der Peripherie gleich weit vom Zentrum entfernt sind, die Gestalt des ganzen, von Gott geschaffenen Kosmos oder des Himmels im Gegensatz zur diesseitigen Welt des Materiellen gesehen, die im Bild der Vierheit erscheint. In den vier Himmelsrichtungen kommt die räumliche Ordnung der Welt zum Ausdruck, wie in den vier Jahreszeiten die zeitliche und in den vier Elementen die stoffliche. Daran schloss sich eine ganze Vierersystematik, die besonders im christlichen Mittelalter weiter entfaltet wurde und die zur Zeit des Filarete noch hoch aktuell war.

Wer also die Quadratur des Kreises suchte, suchte die göttliche Perfektion, Unendlichkeit, Ewigkeit und Einheit zu verräumlichen, verzeitlichen und verstofflichen, und so im Diesseits operant zu machen. Umgekehrt sucht das Kreisen des Quadrates (wie etwa in der Kuppel über der Vierung eines Gotteshauses) ein Transzendieren der materiellen Vierheit, eine Vergöttlichung der menschlichen Ebene, und darin eine Vereinigung und Versöhnung des menschlichen mit dem göttlichen Bereich. Immer wieder hat der Mensch Kreis und Quadrat als Symbole der essentiellen Struktur des Kosmos auf die Architektur, sowohl auf einzelne Gebäude als auch auf den Grundriss von Städten, angewandt, um Anteil zu gewinnen an einer höheren Ordnung und Harmonie.[10]

Filarete reiht sich in diese Tradition zunächst dadurch ein, dass er die Baukunst im Anschluss an Vitruv anthropomorph grundiert.[11] Der römische Architekt hatte angenommen, dass die Zahlenverhältnisse und Harmonien des Kosmos auch im Menschen zu finden seien, weshalb dessen Gesetzmäßigkeiten die Grundlage der Baukunst bilden sollten. Zu Beginn seines Buches über den Tempelbau erklärte Vitruv, dass ein wohlgebildeter Mann (*homo bene figuratus*) mit ausgestreckten Armen und Beinen in einen Kreis eingeschrieben werden kann und mit ausgebreiteten Händen jener Fläche entspricht, die nach dem Winkelmaß des Architekten quadratisch ist.[12] Neben den verschiedenen Gebäudetypen, den Säulenordnungen und den aus dem Verhältnis der Körperteile zueinander im Allgemeinen und der Maße des Kopfes im Besonderen gewonnenen Modulsystem, sind es deshalb auch bei Filarete vor allem Kreis und Quadrat, die aus dem Zusammenhang des Menschen mit dem Kosmos abgeleitet werden.[13]

Vitruv selbst hatte diese Korrespondenz von Mensch und Kosmos in Maß und geometrischer Figur nicht ausdrücklich benannt, doch wurde er im 15. Jahrhundert allgemein in diesem Sinne verstanden. Bruno Reudenbach hat ganz zu recht betont, dass die Renaissance die Vitruvianische Figur des *homo ad circulum et ad quadratum* im Lichte der mittelalterlichen Tradition des *homo minor mundus* rezipierte, die die Bildformel des *homo bene figuratus* unabhängig von Maß- und Proportionsangaben mit der Darstellung der in der Vierelementenlehre wurzelnden substantiellen Entsprechung von Mensch und Welt bei Isidor von Sevilla, Hugo von St. Victor, Hildegard von Bingen, Thomas von Cantimpré u.a. verbunden hatte.[14]

Dieser Überlagerung der Traditionen schlug sich übrigens in der ersten erhaltenen Illustration der vitruvianischen Proportionsfigur noch deutlich nieder (Abb. 5). Sie stammt aus dem 1433 vollendeten Maschinenbautraktat *De ingeneis* des sieneser Künstler-Ingenieurs Mariano Taccola und zeigt unter Zirkel, Senkblei und Winkelmaß einen Mann derart in Kreis und Quadrat eingefügt, dass die traditionelle Lehre von den qualitativen und funktionalen Entsprechung von Makro- und Mikrokosmos um die Dimensionen der Maße und der geometrischen Figuren erweitert ist.[15]

Doch Filarete bildet nicht Kreis und Quadrat nach dem Schema des vitruvianischen *homo bene figuratus* ab, sondern zwei übereinandergelegte Quadrate im Kreis. Auf ein solches, mit dem Stadtgrundriss Filaretes identische Schema als Verbildlichung der Grundstruktur des Kosmos begegnen wir zahlreich in den kosmographischen und astronomisch-astrologischen Traktaten seit dem 13. Jahrhundert, beispielsweise in der *Image du Monde* des Gossouin de Metz (Abb 6) oder im *Tesoro* des Brunetto Latini (Abb. 7).

Doch was stellt diese Figur genauerhin dar? Zur Beantwortung dieser Frage können wir auf das Zitieren der umständlichen Formulierungen alter Handschriften verzichten und stattdessen eine der zahlreichen später gedruckten Illustrationen heranziehen, die das Gemeinte auch im Bild weiter verdeutlichen, beispielsweise jene aus dem Kommentar des Christophorus Clavius zu *Sacroboscos Liber de Sphaera*, dem am meisten benutzten Lehrbuch der Astronomie und Kosmographie im 15. Jahrhundert (Abb. 8): Die Figur stellt die diagrammatische Disposition der vier ersten Elemente und der vier grundlegenden Qualitäten dar. Die vier grundlegenden Qualitäten sind zu einem Quadrat angeordnet, die Gegensätze einander diagonal gegenüber: heiß zu kalt und trocken zu feucht. Die vier Elemente, die an diesen Qualitäten teilnehmen, formen eine weitere Tetrade und sind wieder als zwei Gegensatzpaare gekennzeichnet: Feuer – Wasser und Luft – Erde. Das Ergebnis ist ein harmonisches und stabiles System, denn die aus-

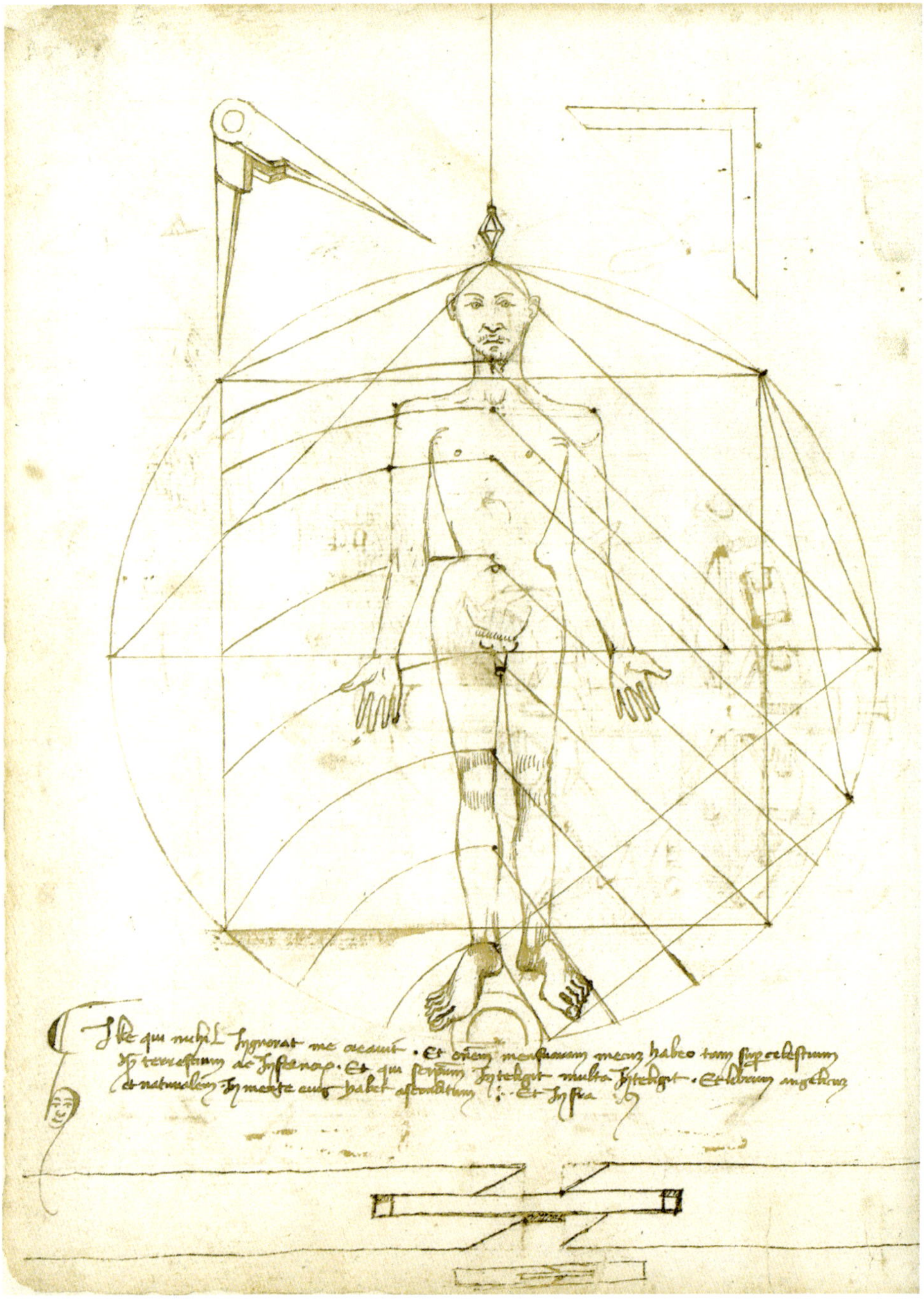

Abb. 5: Mariano Taccola, *De Ingeneis*, 1433. (München, Bayerische Staatsbibliothek, Clm 197, II, f. 36v. © Bayerische Staatsbibliothek München).

einander strebende Kraft der Gegensätze wird ausgeglichen durch die vereinigende Kraft der Teilhabe: Erde und Wasser haben die Eigenschaft der Kälte gemeinsam, Wasser und Luft Feuchtigkeit, Luft und Feuer Hitze, und Feuer und Erde Trockenheit. Diese perfekte Balance zwischen den Elementen bildet eine stabile, harmonische Einheit, die im Kreis versinnbildlicht ist, der dem aristotelischen fünften, himmlischen Element entspricht.

Die Figur der beiden verschränkten Quadrate im Kreis stellt also die geregelte Anordnung eines harmonischen Ganzen, die geometrische Exposition des Kosmos, ein Diagramm universeller Ordnung dar, das Pythagoras selbst zugeschrieben wurde, von Aristoteles vertreten, von jeder größeren mittelalterlichen Autorität wiederholt, und von den meisten Naturwissenschaftlern bzw. -philosophen der Renaissance bis einschließlich Paracelsus akzeptiert wurde.[16]

Nun, zugegebenermaßen enthalten die Abschnitte in Filaretes Libro architettonico, die sich auf den Grundriss der Stadt beziehen, nichts, was explizit auf die Absicht hinweisen würde, mit dem Diagramm der zwei verschränkten Quadrate im Kreis den geordneten Kosmos abzubilden. Dass jedoch genau dies des Architekten Absicht war, versuche ich im folgenden zu begründen, indem ich, erstens, von außen Beispiele beibringe, die zeigen sollen, dass unsere Figur zur Zeit des Filarete allgemein, d.h. auch von Künstlern, in diesem Sinne verstanden wurde; zweitens, indem ich innerhalb der Schrift des Filarete auf eine von vielen Stellen verweise, die – um die konkrete Stadtgestalt angesiedelt – makrokosmische Bezüge hervorheben und die Gründung der Stadt in Analogie zur göttlichen Schöpfung setzen.

Abgesehen von den erwähnten Schriften begegnet unsere Figur – zwei verschränkte Quadrate, umschrieben von einem Kreis – buchstäblich an tausenden von Orten, im Westen wie im Osten, und in allen Jahrhunderten unserer Zeitrechnung. Hält der aufmerksame Tourist etwa in Italien oder Spanien, oder in Istanbul, danach Ausschau, so wird er unsere Figur so häufig entdecken, dass es ihm nahe liegt, sie immer als rein dekoratives Motiv aufzufassen. Doch das ist keineswegs der Fall. Es trifft zwar zu, dass unser Diagramm in vielen Fällen wohl nur der Dekoration dient (zu einer solchen abgesunken ist), und ebenso trifft es zu, dass dort, wo sie einen kosmographischen Sinn zu haben scheint, sich dies durch fehlenden Textkommentar nicht beweisen lässt.

Doch zeigt eine Aufstellung der zahlreichen Beispiele eines deutlich: Der allergrößte Teil ist im religiös-kirchlichem oder im politisch-repräsentativen Bereich zu finden, und zwar oft in einer Art und Weise angebracht, die eine bloß dekorative

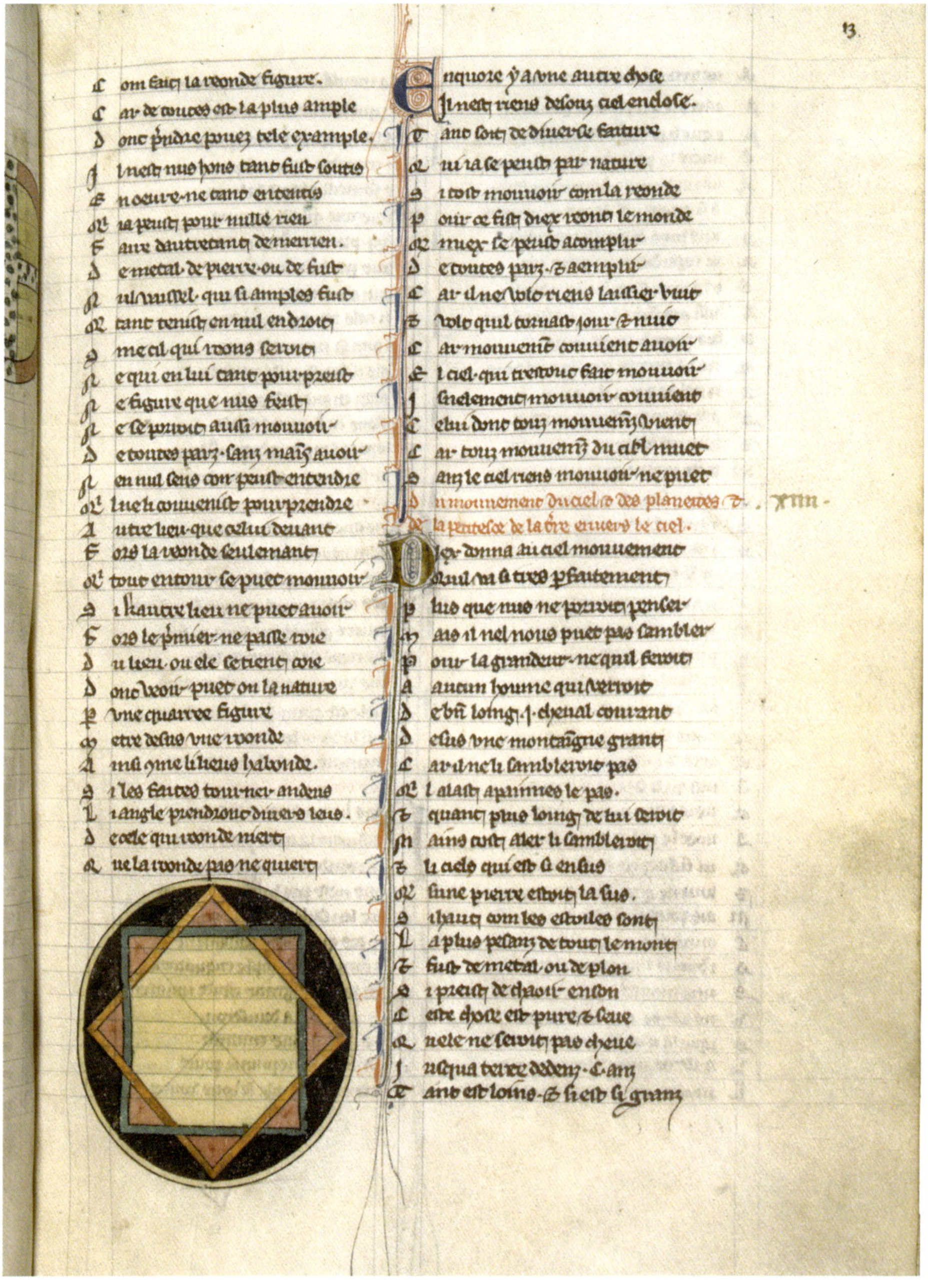

Abb. 6: Gossouin de Metz, *Image du Monde*, 2. H. 13. Jh. (Florenz, Biblioteca Medicea Laurenziana, Ashb. 114, f. 14r. © Su concessione del Ministero dei Beni e delle Attività Culturali e del Turismo).

Abb. 7: Brunetto Latini, Tesoro, A. 14. Jh. (Oxford, Bodleian Library, Ms. Douce 319, f. 2. © The Bodleian Libraries, The University of Oxford).

Ioan. de Sacro Bosco. 33

DE NVMERO ET ORDINE ELEMENTORVM.

QVONIAM vero auctor noster docuit, quatuor esse elementa, non abs re fuerit, paucis aperire, quibus potissimum rationibus philosophi colligant, quatuor elementa esse: Deinde nonnihil de ordine, ac situ eorundem referre. Prima igitur ratio, qua philosophi probant, quatuor esse elementa, sumitur ex qualitatib. primis, quas dicit Aristoteles 2. de Generatione esse quatuor, duas actiuas, nempe caliditatē, & frigiditatē: duas vero passiuas, nimirum siccitatem, & humidita-

Quatuor esse elemēta, ꝓbatur ex cōbinationibus primarū qualitatū.

tem. Est autē ratio talis. Tot sunt elementa, quot sunt combinationes harum quatuor primarum qualitatum possibiles, idest, quot modis primæ hæ quatuor qualitates inter se possunt coniungi, seseque mutuo compati, vt loco citato ait Aristoteles: Atqui sunt solum quatuor combinationes possibiles, igitur & quatuor erunt elementa. Minor patet, quia ad summum inter quatuor illas qualitates, si binas semper sumpserimus, sex tantum fieri possunt combinationes, vt caliditatis cum siccitate, ex qua constituitur. Ignis, qui calidus est in summo gradu, siccus vero in remisso: humiditatis cum caliditate, ex qua habemus aerem, qui summe humi

C dus,

Abb. 8: Christophorus Clavius, In Sphaeram Ioannis de Sacro Bosco Commentarius, Venedig 1601, f. 33r. (© Stiftung Bibliothek Werner Oechslin, Einsiedeln).

Absicht ausschließt. In diesen Fällen spricht die Figur als Welt- bzw. Kosmosbild von der weltweiten bzw. universalen (Erde und Himmel verbindenden) Herrschaft der derart gekennzeichneten Personen. Was den pagan-herrschaftlichen Bereich betrifft, sei hier nur auf den berühmten sogenannten Krönungsmantel Heinrichs II. verwiesen, wo unsere Figur in Repetition als Einfassung der verschiedenen Sternzeichen dient, begleitet von der Inschrift DESCRIPCIO TOCIUS ORBIS.[17] Was den kirchlich-religiösen Bereich betrifft, so begegnet uns unsere Figur in der Bezeichnung von Gewölben, von Fußböden, Mobiliar und Wandschmuck insbesondere im Bereich der Vierung und des Presbyteriums, oder im Schmuck von Bibeleinbänden und -frontispizen, insbesondere aber in Darstellungen Christi und Mariens. Ein Besuch der Bostoner Museen führt dem Besucher gleich fünf solcher Beispiele vor, etwa die Mystische Hochzeit der Hl. Katharina des Barna da Siena um 1340, wo das Schema in der zwischen Christus und Katharina dargestellten Szene die Thron-Bank an zahlreichen Stellen schmückt, auf der Christus (ein zweites Mal dargestellt) zwischen der sitzenden Mutter Maria und Großmutter Anna steht.[18] Filarete mag diese Darstellung ebenso bekannt gewesen sein wie die 1333 für die Kapelle des Sant'Ansano des Domes von Siena geschaffene Verkündigung Mariens von Simone Martini und Lippo Memmi, wo das Schema den Thron der Gottesmutter mehrfach ziert, oder Pietro Lorenzettis 1342 für den Altar des heiligen Savinus im Dom von Siena gefertigte Geburt Mariens, wo unser Diagramm in Repetition die Truhe ziert, die halb unter das Bett geschoben ist, auf dem Anna ruht, und das so die Folie abgibt für das Marienkind, das im Vordergrund gewaschen wird, um nur die beiden bekanntesten Beispiele anzuführen. Am deutlichsten ist die mit diesem Zeichen verbundene Aussage aber von Piero della Francesca in seiner um 1470 – also wenige Jahre nach der Fertigstellung des Libro Architettonico – für den Herzog von Urbino, Ludovico da Montefeltro geschaffenen Altarpala ins Bild gesetzt, wo Maria auf einem Teppich thront, den zwei große, übereinandergelegte Quadrate schmücken (Abb. 9).[19] Unsere Figur bedeutet in diesem Zusammenhang die Weltherrschaft der Gottesmutter, heute würden Theologen von der universalen Heilsbringerschaft Mariens sprechen.

Von Filarete können wir zumindest einmal dasselbe behaupten: Der Architekt stellt Anspruch auf universelle Gültigkeit und Wirksamkeit seiner architektonischen Erfindungen. Gleichzeitig gibt er seinen umworbenen Auftraggebern Francesco und Galeazzo Maria Sforza die Möglichkeit, die Figur auf die Universalität und Ewigkeit ihrer Herrschaft hin zu lesen. Doch damit ist der Sinn dieser Stadtgestalt noch keineswegs ausgeschöpft.

Abb. 9: Piero della Francesca, Pala Montefeltro, Urbino, um 1470. (Mailand, Pinacoteca di Brera. © Su concessione del Ministero dei Beni e delle Attività Culturali e del Turismo).

Blicken wir nun, zweitens, in Filaretes Libro architettonico, so wird uns des Architekten Interesse an der Astrologie und an mikro-makrokosmische Bezüge reich bezeugt. Der Verbindung von makrokosmischer Ordnung und dem Mikrokosmos der Stadt begegnen wir beispielsweise in Filaretes Beschreibung der herzoglichen Burg im 6. Buch, unmittelbar nach dem Bau der Stadtmauern und noch vor der Errichtung des zentralen Platzgefüges. Die Anlage, die von einem Labyrinth umschlossen wird, ist unterteilt in drei mal drei gleich große Quadrate, über dessen mittlerem sich ein Turm erhebt, der auf verschiedene Weise den Ablauf des Jahres versinnbildlicht (Abb. 10).[20] Seine vier aufeinandergestellten Baukörper repräsentieren die vier Jahreszeiten, ebenso die vier verschiedenen Fensterformen (rechteckig, rund, achteckig und zwölfeckig); von diesen Fenstern gibt es so viele wie das Jahr Tage hat; und auch der Turm ist 365 braccia hoch (ca. 183 Meter); schließlich ist das gesamte Gebäude alle 30 braccia durch ein Gesims gegliedert, wodurch auch die 12 Monate des Jahres dargestellt sind.

Bei diesem Gebäude handelt es sich wahrscheinlich um jenen Turm, den Filarete im 2. Buch noch für die Mitte des zentralen Platzes und also für die exakte Mitte der zentralsymmetrischen, zur Mitte hin ansteigende Stadtanlage projektiert hatte und der dort an die alte Idee der axis mundi am Weltenberg erinnert hätte,[21] welchen er dann aber bei der ausführlicheren Beschreibung des zentralen Platzes bzw. des Platzgefüges im 6., 8. und 10. Buch nicht mehr erwähnt.[22] Offenbar hat Filarete den ursprünglichen idealen Plan zugunsten einer Orientierung an realen Vorbildern aufgegeben. Dieses Zugeständnis an die städtischen Wirklichkeit und deren Bedürfnisse hat zu einer Unterdrückung der ursprünglichen Idee geführt, aber nicht zu deren Aufgabe. Das Projekt wird verwirklicht als zentraler Baukörper einer Burg, deren Funktion und genaue Lage innerhalb der Stadt nicht zufällig unbestimmt bleiben.

An dieser Stelle sei an die etwas späteren Anweisungen Marsilio Ficinos zur Herstellung von Talismane erinnert. In dem Kapitel „Sulla costruzione della figura dell'universo" (*De fabricandi universi figura*) seines dritten *Liber de vita* (*De vita coelitus comparanda* – „Sui modi di acquistare vita dal cielo", 1489) empfiehlt der berühmteste und einflussreichste Neuplatoniker der Renaissance, eine „archetypische Form des Universums" in Bronze zu gießen und dann in einer dünnen Silberplatte abzudrücken, aber unbedingt zum richtigen Zeitpunkt, nämlich dem Geburtstag bzw. der Geburtsstunde der Welt.[23] Mit Hilfe dieses Makro-Kosmogramms soll sich der Mikrokosmos-Mensch in Einklang bringen mit dem Universum und dadurch wiedergeboren werden, seine ursprünglich vollkomme-

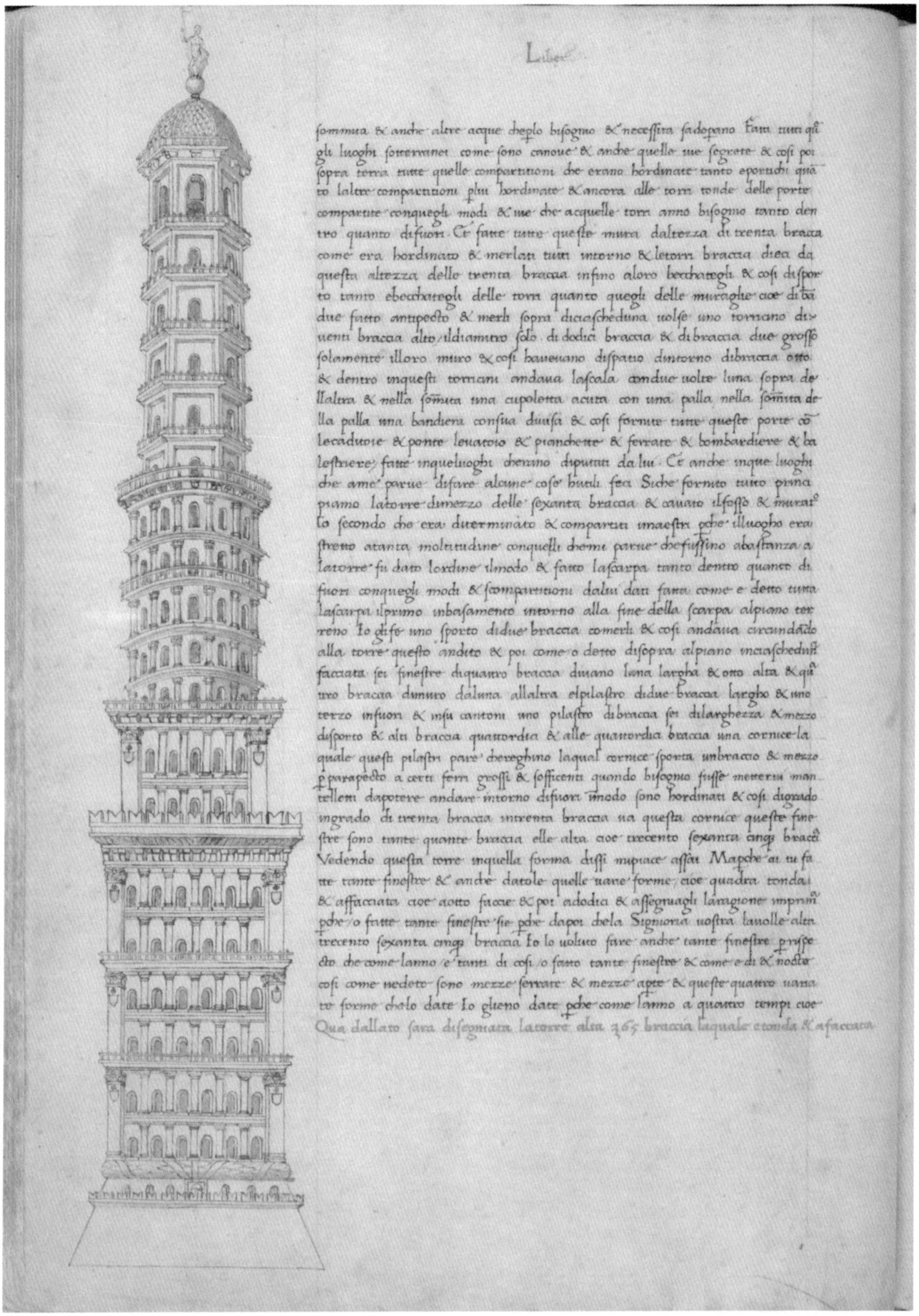

Abb. 10: Filarete, *Libro architettonico*, VI, f. 41v: Kastell Francesco Sforzas, zentraler Turm. (Biblioteca Nazionale Centrale di Firenze, Ms. II.I.140 © Su concessione del Ministero dei Beni e delle Attività Culturali e del Turismo).

ne Harmonie wiedergewinnen, (wieder) so werden, wie er von Gott zu Beginn der Zeiten geschaffen worden war.

Wie dieses „archetypische" Weltbild, mithilfe dessen die kosmische Harmonie auf Erden (wieder) operant gemacht werden soll, genauerhin auszusehen hat, wird uns von Ficino leider nicht verraten. Setzt der Philosoph dessen Kenntnis als selbstverständlich voraus? Dann könnte es sich durchaus um jene von uns hier verfolgte Figur der von einem Kreis eingeschlossenen und übereinandergelegten Elementen- und Qualitätentetragramme handeln, wie sie uns auch in den astronomischen Traktaten und in Filaretes Stadtgrundriss begegnen.

Dass es auch Filarete nicht nur um die Herstellung eines Abbildes der konzeptuellen Struktur des Kosmos ging, wie wir ihm in den astronomischen Traktaten der Zeit begegnen, sondern um eine durch das Wissen um diese Struktur ermöglichte Reaktualisierung der ursprünglich guten göttlichen Schöpfung bzw. um eine Neuschöpfung, zeigen schließlich auch die ausführlichen Beschreibungen der Riten und Ereignisse, die zum festgesetzten Zeitpunkt die Zeremonie der Grundsteinlegung begleiten.[24] Neben verschiedener propiziatorischer Omen und exorzistischer Riten, die die Mächte des Chaos aus dem städtischen Kosmos ausschließen und der Gründung Bestand und Wohlstand sichern sollen, sind es vor allem Bilder einer Kosmogonie, die diesen Gründungsakt charakterisieren, wie etwa das stellvertretende Menschenopfer, die Schlange als Hüterin des Lebenszentrums am Weltenbaum, oder die kosmische Hierogamie (Vermählung) von Himmel und Erde in der Vereinigung von Adler und Schlange. Filarete bedient sich hier auffallenderweise nicht den seinen Zeitgenossen wohlbekannten etruskisch-römischen Ritualen der Stadtgründung, wie die Vogelschau der Auguren oder das Ziehen des *sulcus primigenius*, sondern greift auf weitaus ältere und universalere Mythen der Weltenschöpfung zurück. Damit wird noch einmal eindrücklich inszeniert, was der Grundriss der idealen Stadt darstellt. Alle diese Bilder zielen darauf ab in realsymbolischer Form den göttlichen Schöpfungsakt zu wiederholen beziehungsweise die geschichtliche Gründung der Stadt in die mythischen Dimensionen der göttlichen Weltenschöfpung an den Ursprüngen der Zeit zu versetzen. Die Reaktualisierung der Kosmogonie soll zu einer Rückkehr in die primordiale Einheit, Ganzheit und Harmonie führen und dem neuen Kosmos Schönheit, Weisheit, Reichtum und Stabilität sichern. Dabei geht es um nicht weniger als das Selbstverständnis des Architekten der „Renaissance", darum, was der neue, allseits gebildete Architekt als Wirkung für seine Architektur in Anspruch nimmt: die grundlegende und bleibende Erneuerung der Gesellschaft durch die Erneuerung seiner gebauten Umwelt als der Vorraussetzung und fortwirkende Bedingung der Verbesserung des einzelnen Menschen und der menschlichen Gemeinschaft.

Setzen wir nun abschließend den Grundriss der Stadt Sforzinda nocheinmal in ein Verhältnis zu den Grundrissen der nachfolgenden architekturtheoretischen Literatur, so lässt sich dieser Grundriss wohl nicht mehr einfach als erster Ausdruck des neuen Strebens nach Verwissenschaftlichung des architektonischen Entwurfs lesen oder als erstes Beispiel für die Vorliebe der Renaissance für geometrisch geordnete Planimetrien. Selbst dort, wo wir in den folgenden Architekturtraktaten und Zeichnungen auf Filaretes Schema treffen, etwa bei Francesco di Giorgio Martini[25], Antonio da Sangallo il Giovane[26], Francesco de Marchi oder Girolamo Maggi & Jacomo Castriotto[27], selbst dort deutet nichts darauf hin, dass sich auch nur ein Bruchteil der reichen inhaltlichen Bezüge erhalten hätte, die den Grundriss bei Filarete auszeichnen, ganz zu schweigen von den nun folgenden Entwürfen immer komplizierter werdender Muster, hinter denen meist nicht mehr als ein sich verselbständigt habender Regelästhetizismus steht, der sich oft die Bauaufgabe der militärischen Befestigung einer Stadt nur zum Vorwand für eine ›schöne‹ Grundrissfigur nimmt.

Bei Filarete liegt die Schönheit der Stadt nicht in der Figur selbst, sondern allein in der ideellen Übereinstimmung dieser Figur mit der abstrakten Grundstruktur des in vollendeter Schönheit von Gott geschaffenen Kosmos.

1. Filaretes monumentales Werk ist nur in späteren Abschriften überliefert. Am besten und am vollständigsten erhalten – sowohl was den Text als auch die Abbildungen betrifft – ist der noch aus dem 15. Jahrhundert stammende Codex II.I.140 der Biblioteca Nazionale Centrale di Firenze, der – in insgesamt 25 Libri unterteilt – aus 192 Papierblättern im Format 29 x 40 cm besteht, die mit jeweils einer Textspalte und insgesamt 215 Illustrationen versehen sind (im Folgenden Libro architettonico); Antonio Averlino detto il Filarete, Trattato di Architettura, 2 Bde., hrsg. von Anna Maria Finoli und Liliana Grassi, Mailand 1972 (im Folgenden Trattato). – Die folgenden Ausführungen stellen eine stark gekürzte Version eines Kapitels der Habilitationsschrift des Autors dar, eine umfassende Monographie zu Filarete Libro architettonico, welche 2020 unter dem Titel »Filarete: Der Architekt der Renaissance als Demiurg und Pädagoge« im Böhlau Verlag Wien erschienen ist. Vgl. auch HUB, Berthold, *La planimetria di Sforzinda: un'interpretazione*, in: Ders. (Hg.), Architettura e Umanesimo. Nuovi studi su Filarete, Mailand 2009 (Arte Lombarda 155,1), 81–96. Eine gute erste Einführung zu Filaretes Werk bietet GIORDANO, Luisa, *On Filarete's Libro architettonico*, in: Paper Palaces: The Rise of the Renaissance Architectural Treatise, hrsg. von Vaughan Hart und Peter Hicks, New Haven und London 1998, 51–65.

2. Libro architettonico, I, f. 2r; Trattato, I, 12.

3. Libro architettonico, II, f. 13r; Trattato, I, 60.

4. Libro architettonico, II, f. 13r–14v; Trattato, I, 61–64.

5. Libro architettonico, II, f. 14r–14v (Trattato, I, 62–64); VI, f. 42v–44r (I, 165–168); VIII, f. 60v–61r (I, 235–237).

6. Libro architettonico, VI, f. 43v–44r; Trattato, I, 167–168.

7. Libro architettonico, II, f. 14r; Trattato, I, 63.

8. Davon auszunehmen ist nur Susi Lang, welcher das Folgende die Richtung verdankt. Siehe LANG, Susi, *Sforzinda, Filarete and Filelfo*, in: Journal of the Warburg and Courtauld Institutes 35 (1972), 391–397.

9. Siehe beispielsweise BRONDER, Barbara *Das Bild der Schöpfung und der Neuschöpfung der Welt als orbis quadratus,* in: Frühmittelalterliche Studien 6 (1972), 188–210; LURKER, Manfred, Der Kreis als Symbol im Denken, Glauben und künstlerischen Gestalten der Menschheit, Tübingen 1981; FINCKH, Ruth, Minor Mundus Homo. Studien zur Mikrokosmos-Idee in der mittelalterlichen Architektur, Göttingen 1999, 88–115.

10. Siehe beispielsweise MÜLLER, Werner, Die Heilige Stadt. Roma quadrata, Himmlisches Jerusalem und die Mythe vom Weltnabel, Stuttgart 1961; MANN, Albrecht, Ringwälle, Atlantis und Utopien. Kreisförmige und andere zentrierte Siedlungs- oder Stadtstrukturen in den gesellschaftlichen Umbrüchen von der Urgeschichte über Platon zur Neuzeit, Aachen 1983.

11. Die anthropomorphe Auffassung von Architektur durchzieht die gesamte Schrift Filaretes, besonders aber das 1., 2. und 7. Buch.

12. Vitruv, De architectura libri decem, III, 1, 3–4.

13. S. v.a. Libro architettonico, I, f. 3v–4r; Trattato, I, 20–21.

14. REUDENBACH, Bruno, *In mensuram humani corporis. Zur Herkunft der Auslegung und Illustration von Vitruv III,1 im 15. und 16. Jahrhundert*, in: Text und Bild. Aspekte des Zusammenwirkens zweier Künste in Mittelalter und früher Neuzeit, hrsg. von MEIER, Christel / RUBERG, Uwe, Wiesbaden 1980, 651–688.

15. Die Bildlegende verlautet: »Jener, dem nichts unbekannt ist, hat mich geschaffen. Und jegliches Maß habe ich mit mir. So der himmlischen Dinge oben wie der irdischen und unterirdischen Dinge. Und wer sich selbst erkennt, erkennt vieles. Und er hat in dessen Geist verborgen das Engelbuch und das Naturbuch.« Zit. nach FRINGS, Marcus, Mensch und Maß. Anthropomorphe Elemente in der Architekturtheorie des Quattrocento, Weimar 1998, 344–346, 344.
16. HENINGER, Simeon K. Jr., The Cosmographical Glass. Renaissance Diagramms of the Universe, San Marino/ Calif., 1977. Zur hinter dem Diagramm stehenden aristotelischen Materietheorie siehe beispielsweise LINDBERG, David, Die Anfänge des abendländischen Wissens, München 1994, 49–71.
17. Um 1000 n. Chr., heute Diözesanmuseum Bamberg. S. zuletzt GANZ, David, *Pictorial Textiles and their Performance: The Star Mantle of Henry II*, in: Dressing the Part: Textiles as Propaganda in the Middle Ages, hrsg. von DIMITROVA, Kate, Turnhout 2014, 13–29.
18. A Guide to the Collections of the Museum of Fine Arts, Boston, hrsg. von WOHLAUER, Gilian / ROGERS, Malcolm Boston 1999, 176 und 178; HENDY, Philip, The Isabella Stewart Gardner Museum: Catalogue of the Exhibited Paintings and Drawings, Boston 1931, 17, 43 und 59; oder GOLDFARB, Hilliard T. , The Isabella Stewart Gardner Museum: A Companion Guide and History, Boston 1995, 60, 65, 90.
19. Dass es sich dabei keineswegs um eine zufällige Konstellation handelt, sondern um eine bewusste Zusammenstellung, die eine bestimmte Aussage beabsichtigt, zeigt nicht nur der Umstand, dass die Madonna exakt im Zentrum unserer Figur sitzt, sondern auch ein Vergleich, einerseits mit anderen Darstellungen, die Maria auf einem Teppich thronend zeigen, andererseits mit den Teppichen selbst, meist mamlukkischer Herkunft, die derartigen Darstellungen als Vorbild gedient und sich in großer Zahl erhalten haben. Beiderseits findet sich kein Beispiel, das einen mit Pieros Teppich vergleichbaren Abstraktionsgrad aufweist. Die Darstellung im Altar der Montefeltro weicht demonstrativ von einem Teppichmuster ab.
20. Libro architettonico, VI, f. 41v–42r; Trattato, I, 161–162.
21. Libro architettonico, II, f. 14r; Trattato, I, 63. Zur Tradition des Omphalos und der Axis mundi s. v.a. KAUHSEN, Bruno Omphalos. Zum Mittelpunktsgedanken in Architekur und Städtebau dargestellt an ausgewählten Beispielen, München 1990.
22. Libro architettonico, VI, f. 42v–43v (Trattato I, 165-168); VIII, f. 60v–61r (I, 235–237); X, f. 70v–76v (I, 272–279).
23. FICINO, Marsilio, De vita libri tres, III, 19; FICINO, Marsilio, De vita, lat.-ital., hrsg. von BIONDI, Albano / PISANI, Giuliano, Padua 1991, 349–350. Es handelt sich hierbei um ein medizinisches Traktat, dessen ersten beiden Kapitel von Gesundheit bzw. langem Leben handeln.
24. S. dazu ausführlich HUB, Berthold *Founding an Ideal City in Filarete's Libro Architettonico*, in: Foundation, Dedication, and Consecration Ritual in Early Modern Culture, hrsg. von SCHRAVEN, Minou / DELBEKE, Maarten, Leiden 2012, 17–57.
25. GIORGIO MARTINI, Francesco di, Trattati di architettura ingegneria e arte militare, hrsg. von MALTESE, Corrado, Mailand 1967, Bd. 2, Taf. 258, vgl. Taf. 231.
26. LA CROIX, Horst de, *Military Architecture and the Radial City Plan in Sixteenth Century Italy*, in: The Art Bulletin 42 (1960), 263–290, Abb. 13.
27. HALE, John Rigby, Renaissance Fortifications: Art or Engineering?, London 1977, Abb. 42, 52 und 53.

Stadtgestaltung im römischen Imperium

Friedmund Hueber

Vorgeschichte

Die imposanten Stadträume des antiken und des neuzeitlichen Rom sind bekanntlich nicht aus dem Nichts entstanden. Sie sind ein Höhepunkt einer Entwicklung, die im Vorderen Orient ihren Anfang nahm.

Nach der Zerstörung der minoisch/archäischen und der hetitischen Fürstensitze im Ägäischen Raum, im ausgehenden zweiten Jahrtausend v. Chr. und den darauffolgenden Jahrhunderten des „Dunklen Zeitalters", setzten quer über die Ägäis von Griechenland zur West- und Südwestküste Anatoliens die Äolische, die Ionische und die Dorische Wanderung ein. Die Gruppen junger Griechen, die in kleinen Flotten aufbrachen, um sich in Anatolien eine neue Heimat zu gründen, hatten in der Regel einen Anführer oft adeliger Herkunft. Die Einwanderer fanden eine unter einfachen Verhältnissen, schriftlos lebende Bevölkerung vor und siedelten, in mehr oder minder friedlichem Neben- und Miteinander, auf ihren Lebensgewohnheiten entsprechenden Plätzen.

Siedlungsplätze

Dem Handel über das Meer und ins Landesinnere dienend, waren geschützte, tiefe Mündungsbuchten größerer Flüsse bevorzugt. Ein geschützter Hafen und eine „Agropolis" waren eine conditio sine qua non. Zwischen diesen beiden liegend, sollte das Siedlungsgebiet ein Gefälle aufweisen, welches die Entwässerung erleichtert. .Fruchtbare Böden in unmittelbarer Nähe zu den Siedlungsplätzen waren für die Versorgung mit Nahrungsmitteln unverzichtbar.

Demokratie

Anfangs bildeten sich in den neuen Kolonien monarchische Gesellschafts- und Siedlungsformen. Jedoch spätestens im 6. Jh. v. Chr. entwickelten sich demokratische Strukturen. Jeder freie Bürger erhielt, möglichst gleichwertig mit den anderen, seinen Platz in der Gesellschaft und in der Stadt.

Um das Gleichgewicht zu erhalten, erbte nur der älteste Sohn. Viele Nachgeborene schlossen sich periodisch zusammen, bauten Schiffe, segelten los und gründeten sich ihren eigenen Stadtstaat. So ist z.B. von der Stadt Phokaia (nördlich von Izmir) überliefert, dass von ihr aus über 90 Städte gegründet worden sind. Odessa am Schwarzen Meer und Marseille in Frankreich waren zwei davon.

Städtebau

Dieses Verlangen nach absoluter Gleichberechtigung aller Bürger fand auch im Städtebau seinen Niederschlag. Hippodamos (498–408 v. Chr.), einem Staatstheoretiker und Städtebauer aus Milet, wird zugeschrieben, im Zuge eines Wettbewerbes für die Hafenstadt Piräus durch die Anordnung von parallel und sich im rechten Winkel dazu kreuzend angeordneten Straßenzügen einen Raster von gleich großen, gleichförmigen, Grundstücken entwickelt zu haben, für welche er auch reihenhausartige Haustypen geplant haben soll.[1] (Abb. 1)

Von den gleich großen Grundstücken wurden mehrere, nach stadthygienischen, strategischen, verkehrstechnischen und akustischen Gesichtspunkten vereint, öffentlichen Einrichtungen vorbehalten. Dieses Straßenraster haben sich, besonders für Wohnviertel, von der griechischen Stadt über römische Lagerstädte, gegründete Städte im Mittelalter und der frühen Neuzeit in Europa und der Neuen Welt bis hin zur Gründerzeit durchgesetzt. Diese antike bis gründerzeitliche Wohnviertel fanden mehrfach durch – von der Rasteranlage scheinbar unberücksichtigte – alte Straßenzüge eine bereichernde und belebende Komponente. Wie z.B. die Kuretenstraße in Ephesos, oder der Broadway in New York.

Von der griechischen Antike bis zu den Provinzstädten des Hellenismus standen die Wohnbauten und Wirtschaftsgebäude der (Acker)bürger, nach außen hin recht einfach und einheitlich gestaltet, in freier Anordnung auf den eingezäunten Grundstücken. Da kein Bürger über die anderen herausragen durfte, waren die Wohnviertel im Klassischen Griechenland gestalterisch noch monoton und sehr schlicht.

Repräsentativer Aufwand wurde nur bei den Tempeln der Götter und manchen öffentlichen Gebäuden betrieben. An den Kultbauten erfolgte der Gestaltungsaufwand nicht mit der Absicht, eine besondere Wirkung beim Betrachter zu erzielen. Es galt, ein ausgereiftes Gestaltungsprinzip mit kanonisch festgelegten Baugliedern und Proportionen bis ins letzte Detail ausgearbeitet zu Ehren der Gottheit umzusetzen. Dies auch in Bereichen, die für das Auge des Betrachters nicht erreichbar sind. Der griechische Monumentalbau hat in Umsetzung hölzerner Konstruktionen in Bauwerke aus beständigem Stein einen festen Formenkanon entwickelt. Neben der Art und Abfolge der Bauglieder (Stylobat, Basis, Säule,

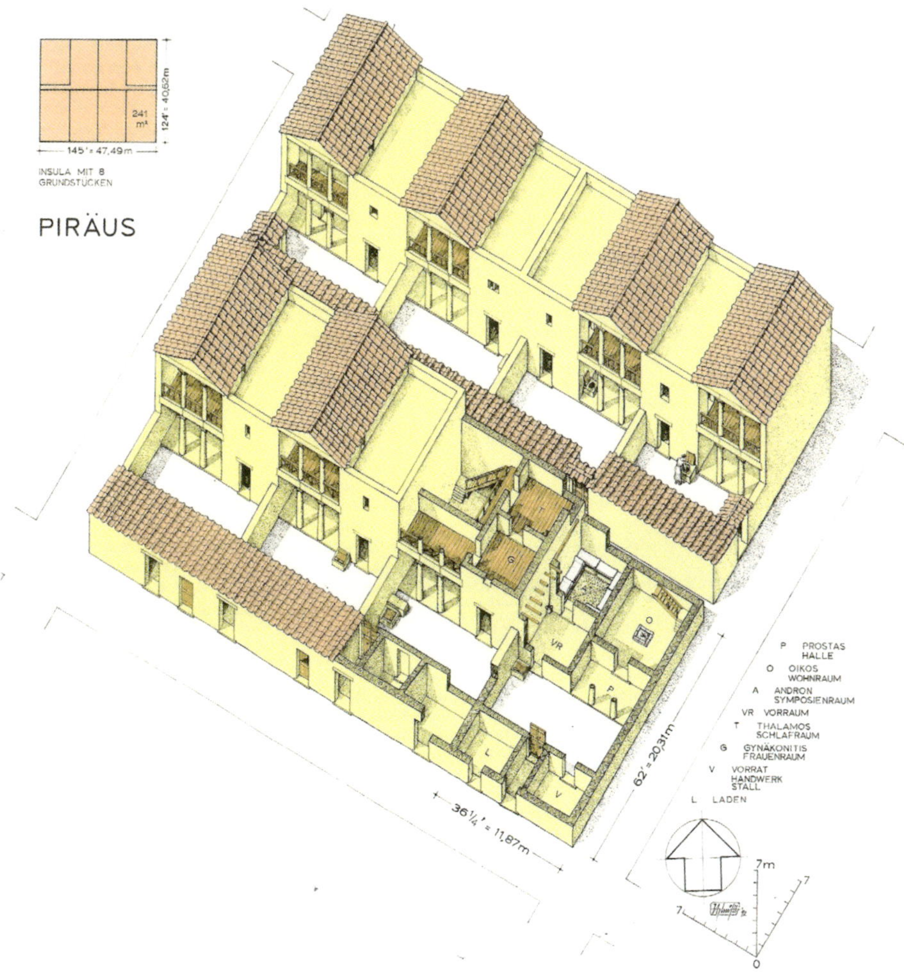

Abb. 1: Piräus, isometrischer Rekonstruktionsversuch einer Insula nach dem Entwurf des Hippodamos (HOEPFNER, Wolfram / GSCHWANDNER, Ernst-Ludwig, Haus und Stadt im klassischen Griechenland, München (Dt. Kunstverlag) 1994, 41 Abb. 33).

Kapitell, Architrav, Fries, Gesimse, Attika) waren auch deren Proportionen zueinander festgelegt. Ursprünglich gab es nur drei Säulenordnungen (dorisch, ionisch, korinthisch), an deren Verwendung man gebunden war. Das aus dem Holzbau kommende Prinzip von Tragen und Lasten war strikt einzuhalten .Die Semiotik dieses Prinzips wurde jedoch durch Gestaltungselemente, wie die Kurvatur und die Entasis gesteigert.

Die Kurvatur des Stylobaten, der Oberfläche des Unterbaues auf dem der Tempel errichtet wurde, musste ähnlich einem Kugelabschnitt gekrümmt sein, was eine konvexe Krümmung der Standflächen der Säulen ergab. Die Säulen selbst erhielten eine Entasis, eine gekrümmte Verjüngung nach oben.

Beide Krümmungen, die Kurvatur und die Entasis bringen besonders die Belastung, das Tragen, zur optischen Wirkung.[2] Die so gestalteten Tempel wirken mit ihrem Säulenkranz wie eine freistehende Skulptur. Ein archaischer oder klassischer griechischer Tempelbezirk, wie z. B. die Akropolis von Athen, besteht aus Einzelobjekten, die wie zufällig angeordnet sind und keine Räume bilden, sondern höchstens als „Raumschieber" wirken.

Imperiale Stadtgestaltung Roms

Sozialer Hintergrund

Der schlichte, demokratische Städtebau musste dem Repräsentationsbedürfnis Alexander des Großen und seiner Diadochen weichen. Durch sie wurden aus dem Perserreich absolute Herrschaftssysteme, der Reichsgedanken, das Gottkönigtum und die Bedeutung und die Macht von Repräsentationsbauten ans Mittelmeer getragen. Oktavian war es letztendlich vorbehalten, durch seine Siege bei Aktium und Alexandria über Marc Anton und Kleopatra, die letzte Herrscherin des ägyptischen Diadochenreiches, den Reichsgedanken mit dem Gottkönigtum und all seinen Erscheinungsformen in Rom zu etablieren. Als Verteidiger der Republik angetreten, hat er die Herrschaftsform der Besiegten übernommen.

Die römische Gesellschaft wurde von ehrgeizigen Familien getragen, die sich Ämter kauften und im Wettbewerb gegeneinander in Szene setzen mussten. Das spiegelte sich in allen Bereichen des öffentlichen Lebens und natürlich auch in der Architektur und im Städtebau, dem Rahmen und Spiegeln des gesellschaftlichen Lebens. Überdies war man davon überzeugt, nach dem Tod so lange und so gut weiterzuleben, wie man durch Taten, Standbilder, oder geistige Schöpfungen der Nachwelt in Erinnerung blieb.

Inszenierung der Schönheit

Als Roms große zivilisatorische Leistungen gelten die Organisation des großen Reiches und technische Meisterleistungen bei der Errichtung von Wasserleitungen und Kanalisationen, Straßen, Hafenanlagen und öffentlichen Bädern.

Die Syntax der griechischen Architektur wurde übernommen und zu einer eigenen Morphologie mit einem verbindlichen Formenkanon im imperialen Städtebau formuliert. In der hellenistisch/römischen Zeit dienten hierarchisch

Abb. 2: Ephesos, die Kuretenstraße, der „Broadway" von Ephesos, der in den Unteren Embolos mündet, mit der Fassade der Celsusbibliothek als *point de vue*, rechts daneben die Agora, der Handelsmarkt (© Hueber).

einander zugeordnete und untergeordnete Gebäude der Bildung von schachtelartigen Freiräumen mit bestimmten Ausrichtungen. Hat man sich vorher, in der griechischen Antike, wie heute auch, auf die Gestaltung einzelner Baukörper konzentriert, so fokussierte sich im römischen Imperium das Hauptinteresse auf die Gestaltung von großen Komplexen, *öffentlichen Raumfolgen*, sowie die Organisation und Inszenierung von ganzen Stadtgestalten

Im Wettstreit aller bürgerlichen und imperialen Kräfte kam es in der Gesell-

Abb. 3: Rekonstruktionsperspektive des Sebasteion in Aphrodisias. Scheinperspektive, Kurvatur und Dekor der Säulenhallen schaffen einen schachtelartigen Raum mit diaphanen Wänden. Das Propylon gewährt verheißungsvoll Durchblicke, die Treppen erhöhen die Anlage auch semiotisch (© Hueber).

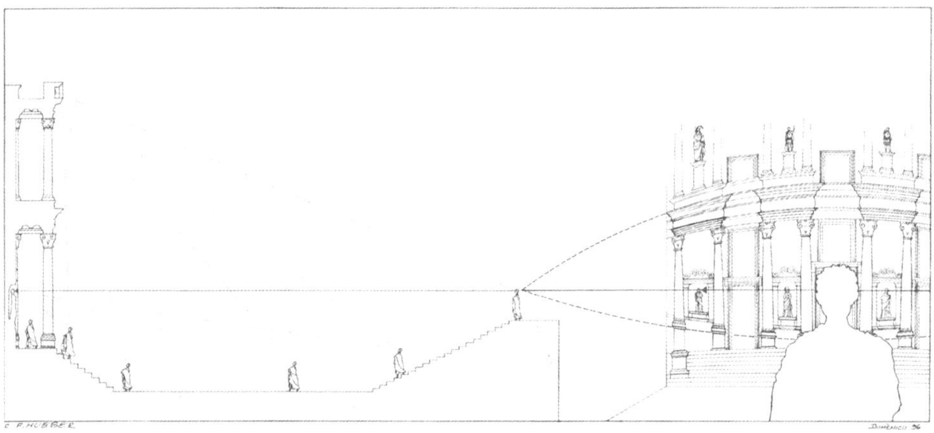

Abb. 4: Schematische Darstellung der Scheinperspektive in der Fassade der Celsusbibliothek, deren optischer Horizont in Kopfhöhe der Statuen in den Nischen liegt und so einen „menschlichen" Bezug zum Betrachter schafft. Gleichartige Bauglieder (Säulen, Säulenstühle, Gebälk) sind in der Mitte der Fassade größer dimensioniert als in den Randzonen, wodurch das Gebäude breiter und lebendiger wirkt. Im Ausschnitt der Ansicht sind diese Effekte überhöht dargestellt. Der Querschnitt durch Vorplatz und Gebäude (links im Bild) zeigt, dass überdies die Fassade beim Nähertreten in zunehmendem Maße „wächst", da man sich dabei zu ihrem Stufenbau hinunter bewegt. Vom tiefer liegenden Vorplatz betrachtet, entfaltet sich der üppige Dekor des Gebälks. (Graphik: D. Groebner).

schaft und Architektur nicht mehr darauf an, wie etwas ist, sondern darauf, wie es *wirkt*. Die Notwendigkeit von Repräsentation und *Inszenierung zur Durchsetzung von Ansprüchen auf Vorherrschaft* machte erfinderisch.

Zur Steigerung der Wirkung wurden nicht Baukörper, sondern *Räume inszeniert*. Unter Ausnutzung der Semiotik, der Wirkung der Räume und ihrer Achsen, durch *optische Raffinessen* wie *Akzentuierung*, *Scheinperspektiven* und besondere Blickpunkte (Point de vue) wurden Veduten höchster ästhetischer Wirkung geschaffen. Säulenstellungen und Reihen von Ehrenstatuen verliehen den raumbildenden Straßen- und Platzwänden *Diaphanie* (Abb. 2, 3, 5 und 9).

Aus der vorgegebenen, einheitlichen Fassadenhöhe (in der Regel ca. 18 m) für Wohnbebauung durfte nur herausragen, was herausragend war. Panoramaausblicke entsprachen nicht dem Kanon. Durch den Blick rahmende Säulenstellungen und Torbauten, durch *den gerahmten Blick*, wurde das Objekt der Betrachtung mit dem Betrachter in Bezug gestellt.

.Eine der signifikantesten Maßnahmen war die *Blockrandbebauung*, welche die Straßen und Plätze klar definierte und schachtelartige Freiräume schuf. Dazu wurden die im griechischen, sowie im mittelalterlichen Städtebau üblichen, freistehenden Häuser mit ihren Bauwichen aufgegeben. Die Häuser rückten aneinander, so dass deren straßenseitige Wände als Fassaden zu Bestandteilen der jeweiligen Straßen- oder Platzwand wurden. Es wurden somit nicht Baukörper gestaltet, sondern durch mehrere Gebäude klar definierte Raumwände.

Jeder kubische Raum hat drei Achsen und jede von ihnen eine eigene Semiotik. Die *Längsachse* zieht Einen ihr entlang zu ihrem anderen Ende. Sie verlangt zu ihrer Höhung an ihrem „Ende“ einen ansprechenden Blickpunkt, einen „Point de vue“.

Die *Querachse* fordert Einen zum Verharren, bis zum andächtigen Stillstand auf und die *vertikale Achse* verbindet das Himmlische mit dem (Unter)irdischen.

Durch *Scheinperspektiven* können die Proportionen in ihrer Wirkung verändert werden.[3] An Hand eigener Forschungsergebnisse aus Ephesos und Rom lassen sich Gestaltungsmittel im römisch – antiken Städtebau darstellen, die auch noch im historischen italienischen und generell im neuzeitlichen Städtebau in Süd- und Mitteleuropa rezipiert, bis zum Historismus im 19. Jh. nachwirkten.

Abb. 5: Die Fassade der Celsusbibliothek und das Südtor der Agora in Ephesos. Vom Verfasser mit seinem Team in Anastylosen in den 1970er, bzw. 1980er Jahren wieder zusammengefügt. Scheinperspektive, optische Korrekturen und gezielt verteilter Dekor lassen den Raster dieser annähernd quadratischen Fassade der Bibliothek breiter und lebendig erscheinen (© Hueber).

Der „untere Embolos" in Ephesos als Beispiel (Abb. 5 und 6)

Ein prachtvolles Beispiel für die Verwandlung einer Gegend durch Bebauung in imperial römischer Raumgestalt, ist der Platz vor dem südlichen Ausgang des Handelsmarkts in Ephesos, der „Untere Embolos".

In klassischer Zeit, bis ins 4. Jh. v. Chr. war die Agora, der Händlermarkt, noch eine Ansammlung von Verkaufshallen an einer Straßengabelung, der Agora von Athen vergleichbar, jedoch dem Hafen nahe.

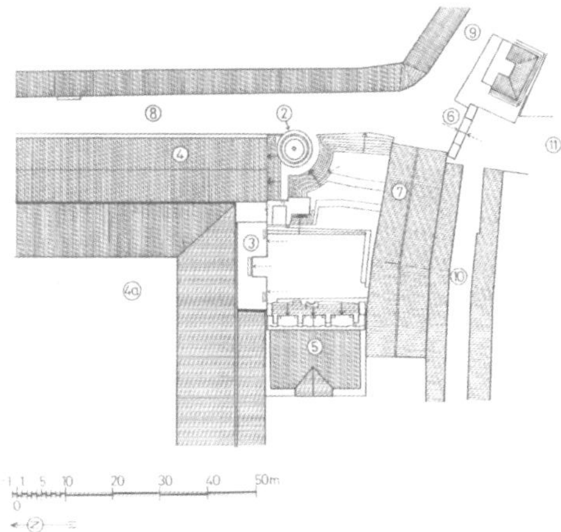

Abb. 6: Der Untere Embolos in Ephesos, ein Platzraum zur Inszenierung der Bibliothek, dem Ehrengrab für Ti. Ju. Celsus Polemeanus. (Abb.: F. Hueber)
2 Monopteros als wasserbetriebene Uhr,
3 Südtor der Agora,
4 Börse,
4a Agora,
5 Bibliothek,
6 Hadrianstor,
7 Auditorium (Zivilgericht)

Im Zuge des Ausbaus der Stadt zu einer der bedeutendsten Provinzhauptstädte[4] des römischen Imperiums wurde ein quadratischer Markplatz angelegt, vor dessen Südtor nach römischem Gestaltungsprinzip im zweiten Jh. ein Platz entstand.[5] (Abb. 5, 6 und 7)

In der Mitte des 1. Jh. v. Chr. hatte man in der Nähe von Markthallen eine wasserbetriebene Uhr, ein Horologion, in Form eines Monopteros errichtet. (Abb. 6 und 7, Nr. 2)

Diese Uhr stand auf einem hohen Rundsockel, neben dem 50 Jahr später, um 4 v. Chr., das Südtor der Agora, als Prestigeobjekt zweier Neureicher, des Mazaeus und des Mithridates, Freigelassene des Kaiserhauses, entstanden ist. (Abb. 6 und 7, Nr. 3)

Unter Kaiser Nero wurde in direktem Anschluss an das Tor, als Obergeschoß der östlichen Stoa der Agora, ein Börsengebäude errichtet, das mit seiner Giebelwand über einem Treppenaufgang auf den nun allmählich entstehenden Platz zeigte. (Abb. 6 und 7, Nr. 4)

In der Folge wurde im Zuge einer Verdichtung der Stadt eine Straße aufgegeben, die parallel zur Südmauer der Agora verlaufen ist. Der Abschluss dieser Straße, nahe dem Südtor der Agora, diente im zweiten Jahrzehnt des zweiten Jh. n. Chr. als Bauplatz für eine Bibliothek, die Tiberius Julius Aquila zu Ehren seines verstorbenen Vaters, Tiberius Julius Celsus Polaemeanus errichten ließ. (Abb. 6 und 7, Nr. 5)

Im Zuge der Anastylose dieses Gebäudes wurde nicht nur entdeckt, dass (gegen den Stand des Fachwissens) die Kurvatur auch von den Römern gezielt als

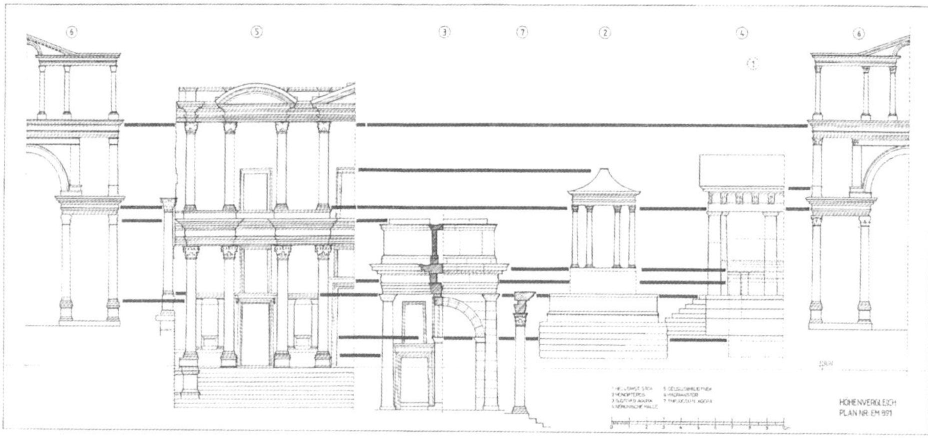

Abb. 7: Höhenbezüge zwischen den nachgewiesenen Bauten am Unteren Embolos. Obwohl die Gebäude in großem Zeitabstand zueinander errichtet worden sind, versuchten die Architekten eines Neubaus jeweils optische Höhenbezüge zum nachbarlichen Baubestand herzustellen. Nummerierung der Gebäude in chronologischer Reichenfolge (Arch. Hueber, Plan Nr. EM-891)

Gestaltungsmitte eingesetzt worden ist.[6] Von besonderer Bedeutung für Städtebau- und Architekturgeschichte waren die Erkenntnisse über römische Gestaltungsprinzipien im urbanen Zusammenhang.

Am Unteren Embolos, dem Platz vor der Celsusbibliothek, wurde offensichtlich, dass seit Beginn der Kaiserzeit bei der Gestaltung eines neuen Objektes, *klare Bezüge zum umgebenden Baubestand hergestellt wurden*, indem man darauf achtete, dass der Neubau bedeutende horizontale Schattenlinien der Nachbarbebauung übernimmt. So wurde Einheitliches, Gemeinsames geschaffen und der Neubau in den Bestand integriert. (Abb. 5 und 7)

Auch die Rolle der Fassade in Bezug auf das eigene Gebäude einerseits und den Platz andererseits wurde evident. Die Fassade löste sich vom Gebäude dahinter und wurde als Schauwand des Vorplatzes gestaltet. Sie ist aus Marmorquadern ohne Mörtel mit exaktem Fugenschluss in der Technik des opus revinctum gefügt, während die übrigen drei Wände in den unteren Schichten aus Bruchsteinen, in Mörtel versetzt wurden und das darüber liegende Mauerwerk aus quadratischen Ziegeln besteht. Aber nicht nur die Konstruktion unterscheidet die Fassade vom übrigen Bauwerk. Die Fassade ist auch höher und breiter als die Bibliothek. Sie deckt die seitlichen Bauwiche ab und reicht mit dem Gebälk des Obergeschosses an den First des Pultdachs über dem niedrigeren Bibliotheksraum. Die Fassade ist vom zugehörigen Gebäude in Konstruktion, Dimension und Gestaltung gelöst, mehr als Abschluss des Vorplatzes gestaltet. Sie inszeniert, prunkvoll gestaltet, die

Bedeutung der Räume (Bibliothekssaal und Grabkammer) dahinter.

Mit besonderer gestalterischer Raffinesse wurde diese Fassade mit der Ruhmes- und Lebensgeschichte des Celsus urbanistisch in Szene gesetzt (Abb. 5).

De facto ist diese Schauwand ein einfacher Rasterbau, wie er auch heute in seiner Primitivform vielfach errichtet wird. Horizontal ist sie durch acht Säulenstellungen gegliedert, vertikal durch zwei Gebälklagen. Jedoch wurden die untere Säulenstellung und auch das dazugehörige Gebälk größer dimensioniert als jene des Obergeschosses. Das Gebälk des Untergeschosses ist derart verkröpft, dass es jeweils auf einem Säulenpaar ruhend vier Baldachine bildet. Unter diesen Baldachinen stehen in erhöhten Nischen der Rückwand Statuen, auf Augenhöhe mit dem Betrachter der Fassade, der sich am erhöhten Zugang zum Bibliotheksplatz befindet. Dadurch wird zu ihm, sozusagen Auge in Auge, ein „menschlicher“ Bezug hergestellt. Die vier Statuen verkörpern allegorisch die Tugenden des Celsus (Abb. 4).

Zwischen den Baldachinen sind drei Eingänge – jeweils mit Oberlichten – angeordnet, die in die Bibliothek führen. Die beiden seitlichen Eingänge sind kleiner dimensioniert, wodurch die Mitte der Fassade betont wird. Um die Fassade zu erhöhen und die Semiotik der Zugänge als Schwelle zu betonen, steht die Fassade auf einer neunstufigen Treppenanlage (Abb. 4 und 5).
In der Wand des Obergeschosses befindet sich über den Eingängen je ein Fenster. Auch das Gebälk des Obergeschosses ist verkröpft. Jedoch springt es dort nach vorne, wo es im Untergeschoss zurücktritt. So bildet es Verdachungen über den Wandöffnungen. In der Mittelachse sitzt über dem dort größeren Gebälk ein Dreiecksgiebel, während die beiden seitlichen Gebälke einen segmentbogenförmigen Giebel tragen. Auch hier eine deutliche Betonung der Mitte.

Um diese im Gebälk und in den Kassettendecken reich dekorierte Fassade lebendiger und breiter wirken zu lassen, wurde sie in einer zweifachen Scheinperspektive gestaltet. Die eine für den frontalen Betrachter (Abb. 4), die andere für jenen Besucher des Platzes, der sich aus dem Südtor der Agora nähert.

Überdies ist die Dekoration der Architekturelemente so angeordnet, dass sie umso reicher in Erscheinung tritt, je mehr man sich dem Gebäude nähert. Es wurde ein sehr reiches Repertoire an Gestaltungsmaßnahmen eingesetzt, um die Semiotik dieser Platzwand zu steigern.

Das hier durch Einbeziehung älterer Nachbarbebauung eingesetzte Gestaltungskonzept des Platzes ist im Kontext mit der Inszenierung der Bibliothek als Ehren- und Grabmal des Celsus zu sehen. Das Raumkonzept entspricht im Prinzip jenem des annähern gleich alten Forum Trajani in Rom.

Zum besseren Verständnis des stadtgestalterischen Konzepts des Unteren Embolos in Ephesos und generell römischer Stadtgestaltung ist es zielführend, die Semiotik des Trajansforums in Rom zu analysieren, während dessen Planung Ti. J. Celsus Polaemeanus Kurator der öffentlichen Gebäude (Bautenminister) gewesen sein soll.

Die Semiotik des Trajansforum in Rom (Abb. 8)

Das Trajansforum ist eine Grab- und Kultanlage für den Imperator Trajan (*53, Imp. 98–117). Es besteht aus einem Propylon, dem Forum mit Säulenhallen, der Basilika Ulpia, zwei Bibliotheken, der Trajansäule mit einer Grabkammer in ihrem Sockel, einem Podiumstempel und einem mehrgeschossigen Einkaufszentrum. Das Propylon ist ein Eingangsbau mit Schwell- und Übergangswirkung mit Treppen und prunkvoll verengendem Portal, welches zum Betreten verführt und hinter dem sich ein großartig gestaltetes Forum eröffnet.

Die Wand, in deren Mitte der prunkvolle Eingang situiert ist, weist zum Forum hin eine konkave Krümmung auf, so dass man beim Betreten dieses Freiraumes ihre beiden Enden miterleben kann und sich, schon am Forum befindend, zum Weitergehen getrieben fühlt.

Die Längsachse des rechteckigen Platzes endet an der punkvollen Längswand der Basilika Ulpia, über welche die dahinter stehende Gedenksäule für Trajan ragt.

Seitlich wird das Forum von Kolonnaden begleitet, welche lange Wandelhallen gegen den Platz hin abschließen. So erhalten die hellen Säulen durch die dahinter liegenden Hallen einen dunklen Hintergrund. Nur im mittleren Abschnitt der beiden Säulenhallen ist der Hintergrund erhellt und man sieht gut natürlich beleuchtet eine Statuennische und mehrere Standbilder. Dieses „Durchleuchten" wird durch die Stirnwand einer viertelkugelförmigen Kuppel als oberen Abschluss einer Exedra erzielt.[7]

Die Außenwand der Basilika Ulpia, auf die der Besucher zugeht, wird durch eine ihr vorgelagerte, mehrachsige Zentrale und zwei daneben symmetrisch angeordnete, baldachinartig zusammengefasste Säulenstellungen gegliedert. Unter diesen Baldachinen liegen die Eingänge in die Basilika.

Die Basilika Ulpia ist ein quergelagerter Raum, dessen beide Schmalseiten ebenfalls durch Exedren erweitert werden. Der Raum war von einer Mauer umfangen, an deren Stelle *bei den Exedren* Säulenstellungen treten, welche das Licht aus den Exedren in die Basilika fluten lassen. Dadurch wird diese Querachse in

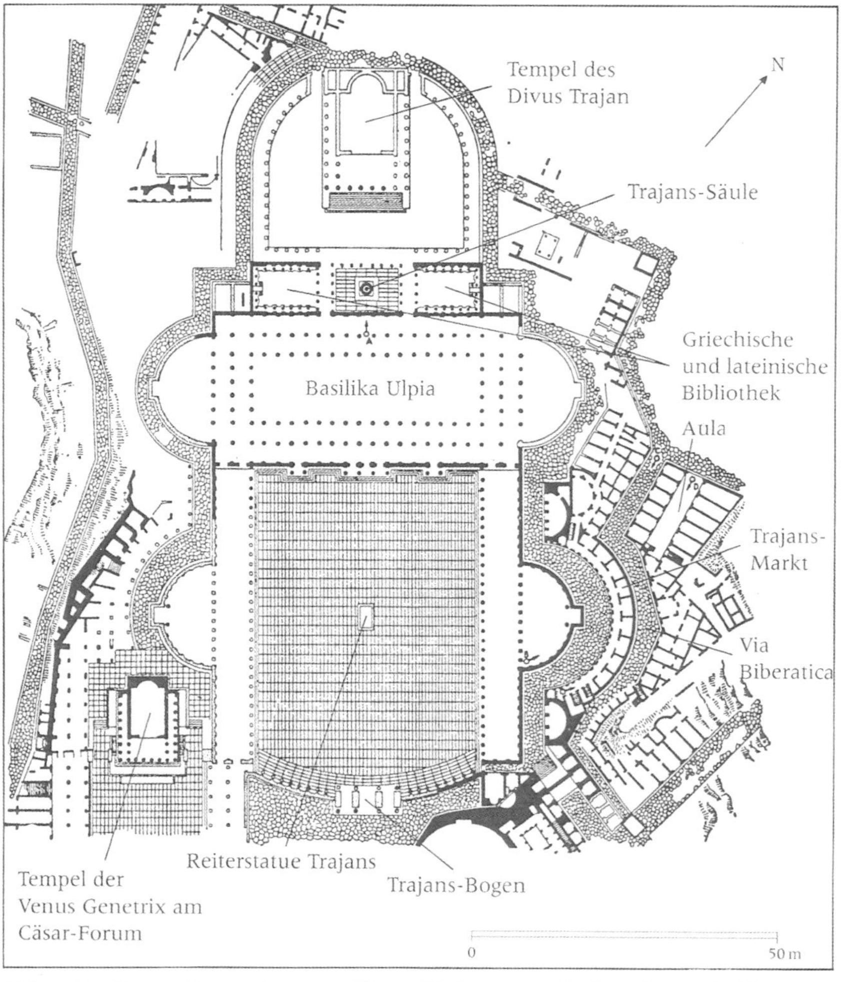

Abb. 8: Das Forum Trajani (RAMAGE, Nancy H. / RAMAGE, Andrew, Römische Kunst: von Romulus zu Konstantin, Köln (Könemann) 1999, 168 Abb. 6.7).

der Gesamtanlage (die Längsachse der Basilika) betont. Der erhaltene Grundriss der Basilika lässt erkennen, dass die niedrigeren Seitenschiffe, von zwei Säulenreihen getragen, alle vier Seiten der Basilika begleiteten und dem höheren Mittelschiff breiten Raum ließen, so dass das Tageslicht aus den Fenstern im Obergeschoß des Mittelschiffes über dem inneren Säulenkranz, tief in die gegenüber liegenden Seitenschiffe dringen konnte.

In weiterem Anschluss dieser Anlage befindet sich deren Zentrum, die „Trajanssäule". Ihr Sockel diente als Grabkammer für die Asche des Kaisers. Ein spiralförmiges Reliefband auf der Säule darüber stellt die Taten des Kaisers dar, durch die er zum Gott wurde, als welcher er in einem bronzenen Standbild, auf der Säule erhöht stehend, auch dargestellt gewesen ist. (Heute steht an seiner Stelle eine St. Peter-Statue und jenseits der heutigen Straße, über den Ruinen des Tempels für Trajan und seine Frau Pompeia Plotina steht die barocke Titelkirche „Sanctissimo Nome di Maria".)

Diese 40 m hohe Säule, auf der Trajan durch seine Taten förmlich in den Himmel gehoben wird, war von zwei Bibliotheken flankiert. In ihnen wurde in lateinischer, bzw. griechischer Sprache das Wissen über die Natur und über die Menschheit zur ewigen Basis und zum Umfeld des divinisierten Kaisers.

Zwischen Trajansforum und dem Berghang, in den das Forum eingeschnitten ist, liegen die mehrgeschossigen Trajansmärkte, als profaner, dem täglichen Bedarf der Römer dienender, Bestandteil dieses kaiserlichen Universums.

Zusammenfassung:

In dieser Anlage sind viele der erdenklichen *optischen Raffinessen im Dienste der Semiotik imperialer Architektur und Raumgestaltung* ausgespielt:

Das Propylon als prunkvolle *Schwelle*, die einen einlädt und behindert zugleich. Es gewährte einen spektakulären Einblick in den Raum, der sich einem nach Überwindung der Einengung eröffnet.

Die Wirkung der *Raumachsen*, die Längsachse des Forums, die einen weiter führt, die Querachse, die ein Verharren bis zur Andacht bewirkt, die vertikale Achse als Verbindung des Irdischen mit dem Himmlischen.

Die Bildung schachtelartiger Räume mit Kolonnaden als *diaphanen Raumabschluss*. Die Auflösung schwerer Wände durch vorgelagerte Säulen oder Halbsäulen und -pilaster und die Wandauflösung mit Gegenlichteffekten mittels *Exedren*.

Darüber hinaus war der *Aufwand für eine schöne Gestaltung der Stadt*, für eine Inszenierung der öffentlichen Plätze und Straßen, ein ganz besonderer, der vom Ehrgeiz der Bevölkerung getragen wurde.

Die Wirkung der Architektur wurde fast überall mit Raffinesse gesteigert. So wie bei der Celsusbibliothek in Ephesos aus einem einfachen Raster aus vertikalen und horizontalen Baugliedern durch *Scheinperspektive* eine *Betonung der Breite* durch Reduktion der Dimensionen im Obergeschoss, eine *Betonung der Höhe* durch sensible Verteilung *aussagekräftigen Dekors* mit „menschlichen Bezügen", eine Prunkfassade geschaffen wurde.

In den Wohnquartieren wurden durch *Blockrandbebauung* klar definierte

Abb. 9: Palmyra. Die in situ stehenden Kolonnaden schaffen eine diaphane Begrenzung des Straßenraumes. Dahinter befanden sich die zugehörigen Gebäude. (©Hueber, 2006)

Straßenräume gebildet. Um diese öffentlichen Räume nicht wie zugemauert wirken zu lassen, waren den Hausmauern zumindest in der Erdgeschosszone, zur Schaffung einer auflockernden Diaphanie, *Arkaden oder Kolonnaden* vorgelagert (Abb. 9).

Gebäude mit besonderer Bedeutung erhielten eine besondere Gestaltung und wurden aus den Straßen- und Platzwänden *freigestellt* und zum besonderen Blickpunkt arrangiert. Man denke an Baalbek, die Tempel in den Kaiserforen, das Fahnenheiligtum in den Legionslagern, oder in der Rezeption der Gestaltung des Römischen Imperiums an Öffentliche Gebäude an der Wiener Ringstraße, wie das Burgtheater, das Reichsratsgebäude (später Parlament), die Staatsoper, die Universität, die Börse, oder die beiden Museen am geplanten Franzisco-Josefinischen-Kaiserforum in Wien. Dort erinnert die Situierung dieser beiden Museen an jene der beiden Bibliotheken am Trajansforum in Rom (Abb. 10).

Einen bedeutenden Topos in der Ikonographie imperialer Architektur nimmt, seit Imperator Hadrian, die Kuppel ein. Hadrian war von der Gewölbe- und Kuppelbaukunst fasziniert und ließ, wo es ging, Räume mit allen möglichen

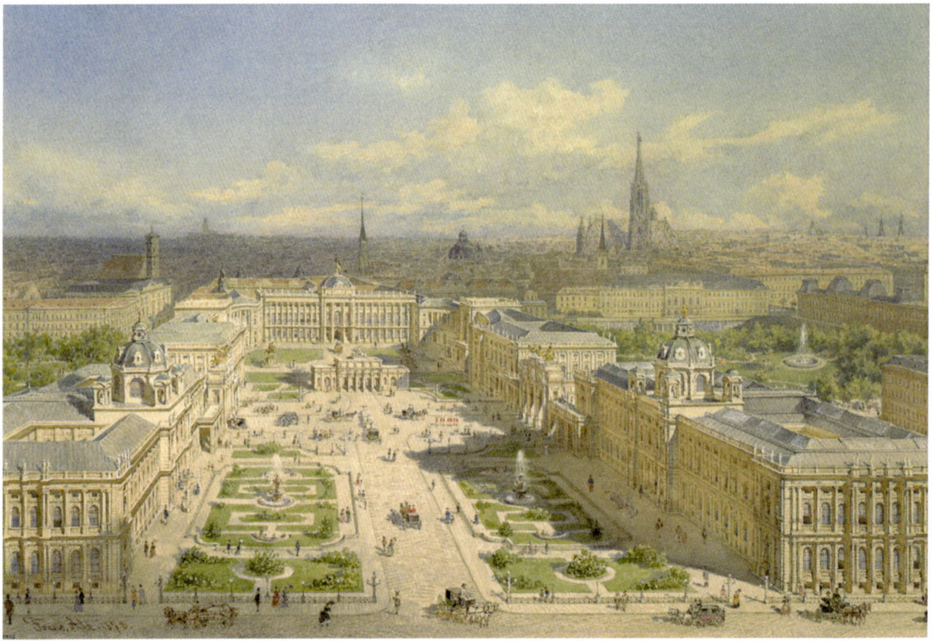

Abb. 10: Das geplante „Kaiserforum" an der Ringstraße. So wie die Architektur der Ringstraßenzeit orientiert sich dieses Gestaltungskonzept direkt an jenen des imperialen Rom. Wo antike Vorbilder fehlten, wurden Formen früherer Rezeptionen dieser Baukunst modifiziert. Das Raumkonzept erinnert an jenes des Trajansforum. An Stelle der beiden Bibliotheken befinden sich hier das Kunst- und das Naturhistorische Museum. An Stelle der Basilika Ulpia mit ihren Exedren, bilden hier zwei konkave Flügel der Hofburg die Querachse, Kuppeln schaffen über den Zentren der Herrschaft, der Kunst und der Natur, eine in den Himmel weisende vertikale Achse (Franz v. Alt 1873 /Abertina Wien, Inv. Nr.28938).

Kuppeln überspannen. Die Einfache Kuppel, mit oder ohne Laterne, wurde dank ihrer Semiotik, seit der Errichtung des Pantheons in Rom, zum Symbol für den Sammelpunkt, den Ort der Macht. Daher war auch bei der Rezeption imperial-römischer Gestaltung, von der Renaissance bis um 1900 die Kuppel den „Zentren der Macht" vorbehalten. Man denke an die Hagia Sophia, den Petersdom in Rom, das Kapitol, den Sitz des Kongresses in Washington, oder das Parlament in Budapest. Das Parlamentsgebäude in Wien durfte bei seinem Entwurf keine Kuppel bekommen, da der Reichsrat nur eine beratende Funktion hatte. Die Kuppel war der Hofburg vorbehalten.

Die *Basilika*, als drei oder fünfschiffiger Raum, in dem das Mittelschiff ein Geschoß höher ist als die Seitenschiffe und so durch die Obergarden (Fenster im Obergeschoß) in mystisches Licht gesetzt werden kann, hat eine betonte Längsachse, deren Semiotik bis zum Ende des Historismus kontinuierlich, auch bei mittelalterlichen Kathedralen, inszeniert wurde.

Das Trajansforum ist nur so weit ausgegraben und erforscht, dass der abgebildete Idealgrundriss nachgewiesen werden konnte. Nur durch intensive Detailuntersuchungen, wie sie bei der Anastylose[8] der Fassade der Celsusbibliothek, des Agoratores in Ephesos, oder jener des Tetrapylon in Aphrodisias nicht nur möglich waren, sondern auch durchgeführt werden mussten, können Unregelmäßigkeiten entdeckt werden. Wären am Forum Trajani, diesem reichen, dem antiken Barock zuzuzählenden Gebäudekomplex, vergleichbare Untersuchungen möglich, müssten sie wesentlich opulentere optische Raffinessen erkennen lassen, als sie die Anastylose der Celsusbibliothek ergeben hat.

Sowohl in der Antike, als auch bei ihrer Rezeption, war die Semiotik, die Wirkung des Gebauten, ein vorrangiges Planungsziel. Es wurde nicht nur funktionsgerecht gebaut, sondern darüber hinaus ein beachtlicher gestalterischer Aufwand getrieben, um die Funktion und die Bedeutung des Gebauten angenehm, erhaben und schön zu inszenieren.

Dieser Gestaltungswille in imperialen Epochen hat auch einen finanziellen Mehraufwand verursacht, der am ehesten durch eine zentrale Macht mit Repräsentationsbedürfnis zur Machterhaltung aufgebracht werden konnte. Im hierarchisch regierten Gemeinwesen hatte auch die Macht- und Prachtentfaltung eine hierarchische Ordnung.

Vitruv forderte in seinem Architekturtraktat am Vorabend des Römischen Reiches, dass bei Bauaufgaben auf *firmitas* (=Standfestigkeit) *utilitas* (=Funktion, Zweckmäßigkeit) und *venustas* (=Anmut, Schönheit) Rücksicht genommen werden muss.[9] In imperialer Architektur galt der größte Aufwand der venustas, während diese heute weit hinter der utilitas verortet ist.
Seit der Klassischen Moderne, die einen auf das material-, konstruktions- und funktionsgerechte beschränkten Aufwand postulierte, ist in Demokratien ein großer Inszenierungsaufwand, der „vortäuscht", suspekt.
Um den Gegenwartsbezug für Wien herzustellen: Wien ist in der glücklichen Lage, dass es mit der Ringstraßenzone heute noch einen prächtigen, imperialen Stadtteil hat, der funktioniert und lebt. Er ist höchst ansprechend und in seiner Gesamtheit von so hohem historischem, kunsthistorischem und künstlerischem Wert, dass er mit der Innenstadt von der UNESCO in die Liste der Weltkulturerbestätten aufgenommen worden ist. In der Tourismuswerbung Wiens ist das imperiale Erbe zentrales Thema. Es wäre ein Ana-

chronismus und kulturelle Barbarei, dieses Kulturgut, auf welche Art auch immer, zu verletzen. Da die Gesellschaft, die dieses Ensemble hinterlassen hat, Geschichte ist, wäre dieses prächtige Werk nicht wiederbringbar.[10]
Wir können heute, unter demokratischen Verhältnissen, diesen gestalterischen Aufwand nutzen und genießen, ohne unter imperialen Lebensbedingungen, wie sie für den Großteil der Bevölkerung geherrscht haben, leben zu müssen.

1. HOEPFNER, Wolfram / GSCHWANDNER, Ernst-Ludwig, Haus und Stadt im klassischen Griechenland, München (Dt. Kunstverlag) 1994; Hueber, Friedmund Zur städtebaulichen Entwicklung des hellenistisch-römischen Ephesos, in: Istanbuler Mitteilungen des DAI, Band 47, 1997, 251–270.
2. Siehe HUEBER Friedmund, *Ephesus: Optical Refinements in Roman imperial Architecture and Urban Design of the East*, in: Haselberger L. (Hg.) Apperarance and Essence: 1. Architecture, Classical-Congresses, 2. Curvature-Congresses, IV University of Pennsylvania Museum Symposium, 1999, 211–224; HUEBER, Friedmund, *Bauforschung und Restaurierung am Unteren Embolos in Ephesos*. Österreichische Zeitschrift für Kunst und Denkmalpflege (=ÖZKD), XLIII, Heft 3 /4, 1989B, 120–143.
3. dazu HUEBER, Friedmund, *Die Anastylose - Forschungsaufgabe, Restaurierungs- und Baumaßnahme*, in: ÖZKD XLIII, Heft 3 /4, 1989A, 111–119; HUEBER 1989B, 120–143.
4. Ephesos war die Hauptstadt der Provinz Asia und in der frühen Kaiserzeit nach Rom und Alexandria die drittgrößte Stadt des Imperiums.
5. dazu HUEBER, Friedmund, Ephesos, Gebaute Geschichte, Sonderheft der Antiken Welt, Mainz (Zabvern) 1997A; HUEBER, Friedmund, *Zur städtebaulichen Entwicklung des hellenistisch-römischen Ephesos,* in: Istanbuler Mitteilungen des DAI, Bd. 47, 1997B, 251–269.
6. HUEBER 1997, Abb. 103.
7. Einige, sonst hervorragende Publikationen zu diesem Thema haben die, der Belichtung dienende gestalterische Funktion der Exedra in der antiken Architektur nicht erkannt. Eine Diskussion darüber würde den Rahmen dieser Betrachtung sprengen.
8. Die Anastylose ist das Wiederzusammenfügen aus dem Verband geratener Bauteile, wobei nachzuweisen ist, dass jedes Element wieder in seine ursprüngliche Lage kommt. Ergänzungen aus neuem Material sind soweit zulässig, soweit sie dem Zusammenhalt und der Kontinuität der Form dienen. Diese neuen Elemente müssen zur Wahrung des Urkundenwertes so gestaltet sein, dass sie durch den fachkundigen Blick als solche erkennbar sind. Sie ist zugleich eine Bau- und Restaurierungsmaßnahme und die intensivste Möglichkeit zur Erforschung eines Bauwerkes. Näheres dazu HUEBER 1989A, 111–119.
9. VITRUV, De architectura libri decem, 1/III/19
10 dazu HUEBER, Friedmund, *Die Ringstraßenzone und deren schändliche Verfremdung,* in: Steine Sprechen, Nr. 147/148, Jahrgang LIII 1/2, 2014, 3–18.

Shaping the beauty and magnificence of cities in the Crown of Aragon (14th to 15th centuries) and the case of Valencia *domus mercatorum* known as *Lonja*

Amadeo Serra Desfilis

In the cities of the Crown of Aragon, a composite kingdom only united by the rule of a dynasty in the lands of Aragon, Catalonia, Valencia and Majorca, several authorities of civic power exercised active intervention in uneven capacities. The monarchy, which enjoyed its own seat in royal residences wherever the court convened, exercised its influence in numerous public spaces where officials of the Crown acted. In this context, however, it is of greater interest to consider those authorities clearly identified with the city, who aspired to govern it and represent it before other powers, such as royalty or the Church, since these encountered means of political and symbolic action in architecture and city planning that they did not neglect to use to strengthen their authority in an age of crises, convulsions and rapid social changes. To achieve this, they were guided by a compendium of ideas, principles and interests formulated both in texts and in a constructed image of civic power designed to arouse adherence and cohesion in such urban communities.[1]

To shape this image, the authorities had need of technical skills and material resources. Capital, labour and natural resources were largely organised on the basis of the technology applied and the administration managing the works and the available means. The economic terms of construction could relate to functional or representational needs, and definitely related to intentions and symbolic values that were not always quantifiable or even tangible, which underpinned the great works of enduring vocation. In the end, the motivations help to understand how people, trades, materials and techniques came together to produce works of great inspiration or costly edification. Art history takes account of these relationships between means and ends also from the perspective of patrons, whether these were individuals, social groups or institutions. However, the documented imprint of the latter emerges more perceptibly and more eloquently, since it expresses itself in texts such as inscriptions, doctrinal works, government resolutions, and litigations between institutions or private interests.

Ideas, Principles and Interests: City Decorum and Embellishment

Classical and mediaeval sources may be invoked in the search for the ideological motives behind many decisions of public power with regard to the architecture and city planning of the fourteenth and fifteenth centuries. Francesca Español has underscored how the ideas of Vitruvius spread throughout the Crown of Aragon during the middle ages due to the circulation of *De architectura* manuscripts, such as that found in the possession of a Girona cleric in the mid-fifteenth century, another one read and admired by Alfonso the Magnanimous (1416–1458) while he was living in Naples, or the copy from the library of the Duke of Calabria, preserved in Valencia.[2] She attributes the spread of Vitruvian ideas to the fourth-century work of Palladius Rutilius Taurus Aemilianus, the *Opus agriculturae* (particularly Book I, on buildings and building materials), which was better represented in the libraries of the Crown of Aragon as well as in the court circles of Peter the Ceremonious (1336–1387) and Martin the Humane (1396–1410). Nevertheless Vitruvius' most transcendent legacy in the Crown of Aragon of this age is perhaps the institutional and even political significance of architecture as the paradigm of art at the service of power.

The legacy of mediaeval surveying is represented in two treatises by Bertrand Boysset (1355–1415), a widely-known author in the Mediterranean region, where his works came to be attributed to the physician Arnau de Vilanova.[3] The *Llibre del Tresor* by Brunetto Latini (1265) also contains part of the Vitruvian doctrine in an encyclopaedic work that circulated in the Crown of Aragon in French and Catalan translations. We owe the Catalan version to Guillem de Copons, who dedicated it to Pere d'Artés in 1418. Español has pointed out that parts of his ideas are likewise to be found in the chapters on "How to build houses" and "How to find water for wells" in Francesc Eixemenis' *Dotzé del Crestià*, written around 1386–1387.[4]

The dedication to Pere d'Artés and the use of Latini's ideas, not by chance, point to the person who must have played leading mentor to the urban oligarchies of the Crown of Aragon. The language in which Eixemenis wrote and his purpose in compiling and disseminating ideas taken from other authors, classical and mediaeval, made him the most influential person in the city governments of

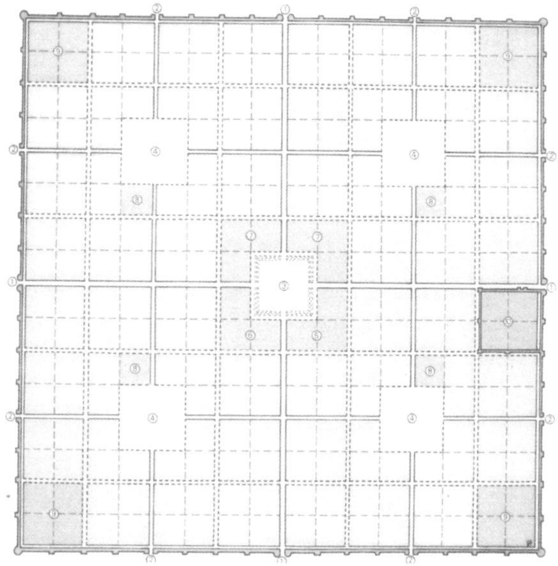

Fig. 1: Ideal of urban form suggested by Francesc Eiximenis.

Barcelona and Valencia through his works and the principles that inspired them, as numerous documents attest.[5] The abundance of his works in urban libraries, the recourse to his arguments and his own words in government actions and public inscriptions, and the special consideration given to his works of political and moral character and to his own person, concur in situating the Franciscan from Girona at the core of political thought in the Crown of Aragon around 1400. From among Eiximenis' prolific works, historiography has particularly noted his model of ideal city, described in Chapter 110 of the *Dotzé del Crestià o Tractat de regiment de prínceps e de comunitats*[6] and based on an orthogonal thoroughfare network layout, with regular squares, walls and gates, a drainage network and a convent of mendicants for each quarter or district into which the urban space would be divided (Fig. 1). But special attention has been also given to his written sources and his possible relations with the planned thirteenth-century towns of the kingdoms of Valencia and Majorca, where the *Ordinacions* (1300) or instructions for the founding of new towns defined a similar model of planning. Eiximenis also underscored drive to Christianise cities, above all those that had long been under Islamic domination, by constructing religious buildings to proclaim the triumph of the Christian faith and the Church. His interest in promoting trade and his admiration for maritime cities owing to the advantages they offer for exchanges of all sorts have also been studied.[7]

However, other ideas present in his work – most particularly in *Lo Crestià* – which argue for urban decorum as an ideal of community health and prosperity, where the magnificence of the powerful may take its place, provided it does not incur in censurable excess, have called less attention.[8] The fair measure of this virtue entailed, above all, foregoing arrogance and wastefulness, as he pointed out in expounding upon the humility of princes, avoiding excessive splendour.[9] The governor should attend to the need for maintaining and expanding the defence and transport infrastructures in the territory, since these benefited security and trade, and since "the lands where merchants arrive and abound are always full and fertile and to be found in proper state […] the merchants are the life of the lands where they are, public treasures, food for the poor, the arm of any good business and the satisfaction of all affairs".[10] The Franciscan friar also insisted on the good cause of expenses incurred in founding and preserving churches, convents and hospitals, since these benefited all members of the community while calling divine mercy upon the souls of their patrons.[11]

Regiment de la cosa pública, written in Valencia in 1383 and dedicated to the city councillors, underscores this programme and adapts it to the needs of a large urban centre, setting forth instructions for Valencian authorities, who decided that a copy of the work be at hand for consultation in the city hall[12]:

"The city still being almost Moorish due to its recent conquest, you must look after its walls and moats, along with streets, roads, houses and arms, to make everything appear subject to Christian government and customs. […] As the city has once again become Christian, as has been said, it will often be useful to provide assistance to ecclesiastical buildings, as well as make churches, monasteries and their ornaments, satisfying the clergy more than any other city in the realm".[13]

On another front, the city was bound to the trade of its own products and exchange with the neighbouring territories, and he urged authorities to welcome and protect merchants for the profit of the entire community and its ruler.[14]

Eiximenis' ideas fully embrace the values of urban decorum, although they do not explain how these are to be brought into architectural practice. Indeed, Eiximenis mainly expounds on *civitas*, with Saint Augustine's *Civitas Dei* as reference, whereas Leon Battista Alberti also reflects on the *urbs*, the city built and ruled in accordance with the principles of architectonic order and proportion. Alberti's treatise, *De re aedificatoria* (1452), was in many aspects the heir of urban decorum such as had been understood since the 13th century in Italian cities, which Eiximenis often takes as models.[15] His attempt to reconcile straight and wide streets with others that curved "like watercourses" (Book 4, Chapter 5), his interest for the decorum of the squares, streets and other public spaces and the functional differentiation among them (Book 8, Chapter 6) and the attention he paid to works of infrastructure, fortification and hydraulic engineering (Book 10) were compatible with the ideas put into practice by the ruling groups of many European cities, forced to reconcile previous buildings with the new structures.[16] Indeed, although the reading of Alberti has always been taken as the index of a new mentality that proposed an architecture in the classical style, and the treatise gives evidence of a clear ground-breaking intention, it still contains the tradition of urban decorum, which Alberti reformulates and adapts to the context of his works to apply as an inspirational text to the practice of urban planning and architecture. Moreover, dissemination of the treatise among Spanish readers in manuscript copies has scarcely been taken into account, but should be evaluated, and several copies of *De re aedificatoria* were to be found in Valencia in 1490, apart from that which belonged to the library of the Marquis of Zenete.[17]

The sum total of these sources gives an idea of an architectonic and space-planning culture among the fifteenth-century urban elite of the Crown of Aragon composed of various ingredients, sufficient to establish the principles of action in civil works on the scale of territories as well as single building projects. Nevertheless, it must be underlined that this was a written culture meant for qualified readers, but not so much useful to those seeking formal models for city operation in its texts.

Everywhere, efforts were made to give cities decorum, rectifying their street layouts, widening and opening squares and public thoroughfares, taking care of commercial spaces – above all, markets and halls – facilitating the fluidity of traffic on the networks of roads and segregating inconvenient activities from the moral and hygienic points of view. This was the ideal of the decorum inspiring the urban provisions of government in many European cities from the thirteenth century onward, particularly in Italy. *Decorum* meant beauty, but also applied to convenience, site adaptation and decency.[18] This concept of beauty, sometimes expressed as terms like *pulchritudo, ornatus, ornamentum*, is based on a certain analysis of the urban form as an entirety and as the parts comprising it; i.e., streets, squares, buildings and infrastructures.[19] Local governments assumed equipping the city with infrastructures and services as proper objectives, above all in terms of defence, hygiene and commercial activity; they organised public spaces and their uses, made improvements to the appearance of urban architecture through cleaning and regular services, and constructed buildings representative of good city government that became symbolic monuments for the entire community. Activities inconvenient to the ideal for health or moral reasons were segregated to marginal zones or delimited from the urban area: prostitution and gambling were persecuted in public spaces and confined to closed sectors, while as regards the tanning industries, attempts were made to reconcile water supply with the reduction of the inconveniences these caused the rest of the population.

Through specific measures decided in municipal assemblies, the layout of streets was rectified, blind alleys were opened and the fluidity of traffic was promoted by widening roadbeds and restricting frontage projections. Roads and streets had to be straight and wide, capable of facilitating the rapid transit of carts and pedestrians, which entailed reducing or even eliminating porticos and projections that hampered circulation and stopped sunlight and air from penetrating narrower and darker streets. In 1378 the councillors of Valencia acknowledged that "there were various streets so narrow at the corners or in other parts that they were not easily transited without great effort and even personal risk, in particular, for beasts of burden, above all during the grape harvest; in other parts, there are Moorish walls in some houses that project or curve out more than the Christian walls of other buildings, and other structures that lend great deformity and ugliness and even hamper passage; and there are others which, due to their turns or gaps, or due to the closure of one of their exits, retain flow or provoke much discomfort to people and animals as they pass".[20]

Public authorities sought to concentrate in the squares all sorts of trade that, owing to the nature of the merchandise or the temporary installation of stalls, hampered street traffic. The ordinances of John II for Zaragoza dictated in 1460 that the Market "is the most noble and convenient plaza and site in the entire city, where all its people as well as strangers continually gather and stay".[21] Squares were expanded to form open spaces in front of great civic and religious buildings that favoured their contemplation and the use of these urban venues for diverse functions relating to festivals, trade, preaching and other community activities. In 1403, the benefit to trade was presented as an argument to open a square in front of the Great Royal Palace of Barcelona for the arrival of merchants and artisans attracted by the chance to supply luxury products to monarchs and their courtiers.[22]

Civic buildings and infrastructure works improved the reputation of cities and their governments while strengthening their sense of community and nourishing local patriotism in all the social classes. However, the fame of every city depended on buildings of great representative value due to their role as seats of public power or because they embodied the urban image in the eyes of residents and strangers. This architecture projected onto to urban landscape, as its volumes and façades were also contemplated in relation to the environment.

To the extent that great public buildings embodied the prestige of a city, their construction and ornament served to uphold or increase rivalries with other urban centres of the Crown of Aragon. In the litigation between Barcelona and Tortosa regarding the tax to finance construction of the so-called "wheat porch" in the former between 1389 and 1392, the authorities of Tortosa affirmed that the guildhall of the city on the Ebro had been built "with greater and more evident benefits than that built in Barcelona, since this latter had actually been constructed thinking more of the beauty of the city than of the benefits for this or for others, and would better be called wilful rather than useful work," whereas that of Tortosa was of great and evident benefit to all, since its wheat fed the people, particularly the residents of Barcelona, whose wheat cargos often got wet on the river journey and could prepare and dry themselves in this facility".[23]

The Merchants' Guildhall (*Domus mercatorum*) and Market square in 15th century Valencia

A great part of the prestige and the outlook of good governance of the city depended upon commercial buildings. Trade required venues and guarantor institutions for its conduct, and these were lodged in constructions such as guildhalls, trading porticos, grain silos and weigh houses.[24] The ideas of Eiximenis and the mentality of the oligarchies had legitimised trade in Christian cities and the attraction of merchants for well-furnished buildings of monumental appearance played a competitive role in trading circuits. The traders of Majorca had borne these expectations in mind in promoting the works for the new guildhall and charging Guillem Sagrera to erect it on the Palma seafront. In the end, it is possible that what is known as the guildhall series in the Crown of Aragon from the fourteenth to sixteenth centuries and from Barcelona to Zaragoza is no more than the random result of an desired emulation, a certain monumental ambition, and a limited capacity for innovation on a type of building that was also subject to functional needs as a centre for trading contracts under the watchful eyes of Maritime Consulates or similar institutions.[25] The Barcelona correspondent of the Datini trading company observed in 1397 that, in contrast to other Mediterranean ports, Barcelona had no "*fondachi aperti, anzi si sta in Logia, dove sono gl'altri mercatori*",[26] such that the enclosure where all the traders from a square assembled always called the attention of strangers. The monumentality achieved in the Guildhall of Majorca, the option of vaulting the main hall and the rich, ornate sculpturing of the façades would mark the steps followed in Valencia, where a towered body and the adjacent Consulate (trade court) would be added to comprise a three-body façade oriented towards the Market square (*plaça del Mercat*). However, the core of the building type would continue to be the great pillared hall in the later Zaragoza Guildhall, erected with increasing architectonic fanfare in both the vaulted structure and the sculpted decoration. The seafront that lorded over the merchants' guildhall in Barcelona and Palma, in Valencia was dominated by the Grau shipyard arcades, financed by the municipality at the end of the fourteenth century, and later as well by the neighbouring house built by Joan del Poyo, with an open porch on the ground floor and a room for representation on the first floor, where illustrious visitors were feted.[27]

The authorities took special care of guildhall and market surroundings to favour trader access and the visibility of the civil works. If, in 1339, king Peter the Ceremonious authorised taxes to construct a guildhall in Barcelona "*ad honorem nostrum et nobilitatem dictae civitatis*", eighty years later, the Valencia town council would approve the construction of a guildhall "as beautiful as befits such a notable city" in the context of a reform and improvement programme for the seats of local government, to accommodate the authorities meeting before the people, as "it is a political matter to embellish the City with public places and decorate it". Among the arguments rejecting the opening of a street between the market and the Porta Nova was preserving the effect of the multitudes that would be caused by the narrow passage in the sight of the merchants' guildhall and made the city famous among traders and people from all parts.[28] In 1441, Guillem Çaera reminded the Valencia council of the convenience of "expanding, decorating and beautifying" the merchants' guildhall, with "the city eliminating the buildings in front of it, since the space was very narrow and it was not prudent for such a public place moving so much business to remain in such a state".[29] The measure was carried out, since in mid-May 1444, the chronicler Melcior Miralles noted that the demolition of the buildings close to the old guildhall had been finished "to make room".[30] Market square was also the place chosen for public acts such as festivals, tournaments, bullfighting and executions, becoming one of the most

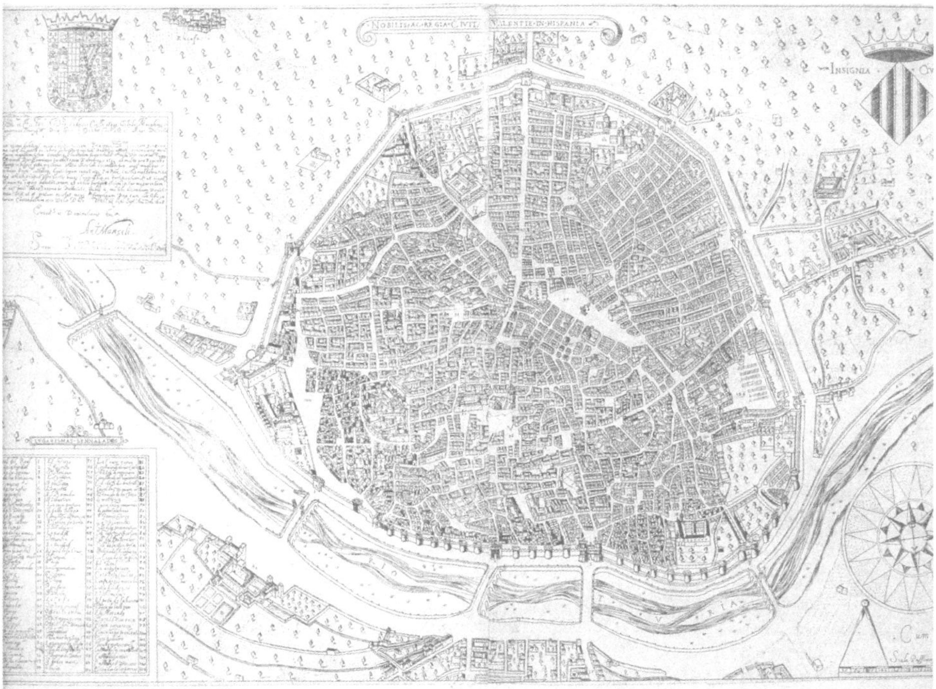

Fig. 2: Valencia, plan by Antonio Manceli (1608), (Valencia, Museo de la Ciudad).

relevant urban stages since early 15th century (Fig. 2).[31]

In March 1447, a great fire devastated the district where the carpenters lived (*Fusteria*), close to the market.[32] Although the material damages were costly – estimated at 200,000 florins – and there were eight fire victims, reconstruction did not have long to wait: compensation for damages had to be paid, houses and shops repaired and, finally, a great part of the city's commercial area had to be rehabilitated, extending, according to a contemporary observer, "from the corner of the New Gate to the corner of the street to [the convent of] Merced, through houses of Bayona and all along Trench street, half the tanneries up to the butchers".[33] This area on the current city map corresponds to the streets of Ercilla (*Porta Nova*), Ramilletes (the former *Cotamallers*, if indeed the chronicler refers to this and not to Liñán), Trench and half the area of Derechos street (*Pelleria vella*) up to the surroundings of modern-day Plaza Redonda, where the butchers were to be found. Because of commercial activity, land prices would have been high and the urgency of rebuilding would have been felt, but the situation was put to use in reorganising street layout. On the 31st of October, the demolition began

Fig. 3: Valencia, detail of the Market area on the plan by Tomas Vicente Tosca (1704), (Valencia, Museo de la Ciudad).

to open the new lane, now called Mantas, supposed to facilitate traffic between the densely populated commercial district of the old Islamic silk market around the parish church of Santa Catalina and the Market square. This street was laid perpendicular to the buildings aligned on this side of the square and still stands out for its orthogonality, parallel to the already existing – but certainly rectified – streets of Trench and Porta Nova (Ercilla), distinguished by place names that indicate their status as open passageways to the old Islamic wall.[34] This yielded a strip in the form of a comb defined by the façades fronting the market and the perpendicular thoroughfares of Trench, Mantas, Ercilla, Escalones de la Lonja, Arroceros and Cordellats, although these latter would be affected by the building project of the new merchants' guildhall, which started in 1482-1483. In addition to the note referring to the opening of Mantas or Nueva street,[35] the chronicler Miralles records the accident that occurred in ongoing works in Trench street on the 17th of August 1448 (figure 3).[36]

Administrative control was exercised by the *Sotsobreria de Murs i Valls*, as was usual in public works on the municipal scale, while the technical manager of the operation was Pere Vetxo, known as a clockmaker at the Royal Palace and in the cathedral bell tower, who had also worked as hydraulic leveller and artillery engineer at the service of king Alfonso the Magnanimous and the city. To him we may attribute the new street layout, straddling the ancient moat of the Islamic wall, which was turned into a wastewater sump, and a new levelling of the square that raised the sector of Bolsería street in the northwest while withdrawing material from the southern area beside the old convent of the Magdalenes.[37]

Such reforms must have shown the need to intervene in the north-western sector around Doctor Collado square and the old Guildhall, in the middle of an improvement programme intended to embellish the city.[38] In 1450, the town council insisted on clearing the surroundings of this commercial building, which contrasted with the Royal Weigh House immediately close by, so that "the entire guildhall would be free, with no impediment whatsoever, and could be surrounded by bars and people could negotiate more comfortably thanks to the great square which would be independent".[39] It was therefore sought to leave the building free-standing, with a half-open structure, surrounded by bars, which would combine facility of access with the security of the enclosure, anticipating some of the solutions adopted in the new building plan.

Since the need for space persisted and the affluence of the merchants was vital to compete with other cities, the project to construct a new building with greater capacity and prestige did not take long. In 1469, the councillors noted the ruinous state of the old contract hall: it was to the shame of the city and it compromised the arrival of foreign and Valencian merchants. The town council approved a new tax to finance the works for a new guildhall, purchasing houses for their demolition and the preparation of foundations.[40] Notwithstanding this resolution, the final site remained undecided up to the end of 1480, when the Valencian authorities determined that the guildhall was to rise "most beautiful, magnificent and sumptuous" on the property occupied by the house of *Mossén* Pujades after its demolition, and that the works would commence without delay to "the honour and embellishment of this distinguished city, whose merchants desire and have the intention to trade and negotiate commercially, by availing of the place and disposing of a house where all commercial businesses and rights may be based, and the inclination and intention to exercise the mercantile arts and make ships and other vessels capable of navigating"[41]. Following the selection of the two masters of works, Pere Compte and Joan Yvarra, the remaining houses pending demolition in Arroceros street were purchased and the owners were compensated to enable continuation of the works, intended to be "magnificent and beautiful, to the full honour and decorum of the said city" on 26th October

Fig. 4: Valencia, Merchants' Guildhall (lonja): main façade to the Market square (©Serra Desfilis).

1482.[42] The foundation stone – of alabaster, with letters inscribed "to safeguard the memory of the beginning of the works and the city officials"- was laid on 9th May of the following year.[43] On 17th June 1483, it was decided to continue demolishing the houses in front of the market, although work to raise the pillars and corners of the new building had begun; as a result, it was also agreed that the main guildhall façade, with its doors and windows, should be fashioned "in sculpted stone with masterful artifice, with the images, masonry and leaves of the design drawn by the masters" (Fig. 4).[44]

These decisions procured accessibility for the commercial space, achieving a separate block for the splendid Contract Hall (1483–1498), supported on its flank by the lateral wall on Escalones de la Lonja street, adapted to the basements existing in adjacent buildings, partly conserved, and enjoying privileged communication between its two main façades.[45] The intention to emulate other buildings in rival cities did not die out: as early as 1511, the order to build steps leading from the corner of the scrap iron sellers to the corner of Joan Enyego (Cordellats street) followed the model of Seville.[46] If the free-standing character was exceptional, the visibility of the main façade in front of the market was exploited to the maximum in surroundings made regular as a result of the market fire and the axes of the streets in parallel fronting the guildhall in the area of the square (Fig. 5).

In its urban image, the façade from the Market square took on the profile of a tower and a lateral body, with a receding doorway arch and a tympanum between ample spans, combining references to religious as well as civic architecture in Valencia. In this latter aspect, the models of the Royal Palace, with the Tower of the Angels between the quadrangular blocks of the old and new palace, or the frontage of the Borgia palace on San Lorenzo square deserve to be mentioned for their affinity.[47] Indeed, the outstanding presence of the tower, with its two single-vaulted chambers, insinuates pretensions not entirely to be explained from the functional point of view, but which acquire sense as an emulation of forms that were common in contemporary palace architecture.

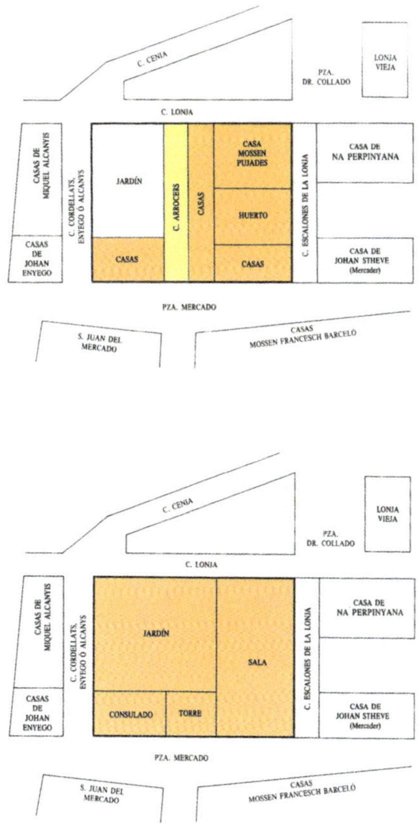

Fig. 5: Building site of Valencia Guildhall (*lonja*), according to ALDANA 1988.

The rivalry between cities also prompted the mobility of masters, who took works already built in other places as models, with the plausible intention of attempting to exceed them. Although no similar voyage to Majorca by Pere Compte or Joan Yvarra is documented, Guillem Sagrera's Palma guildhall that served as model for the Valencian counterpart is readily apparent and would be even more for merchants at the end of the fifteenth century. In their eyes, as in the view of German traveller Hieronymous Münzer in 1494–1495, the construction of the Valencia guildhall (*De domo mercatorum*) symbolised the commercial strength of the city as against other urban centres: "The contracting and principal trades in all of Spain were in Barcelona fifty years ago, just as currently the commerce of all Upper Germany is in Nuremberg. But after the seditions and internal wars, the merchants took refuge in Valencia, today the beachhead of trade. At present, a magnificent house is being built there which they call the *Lonja*, where all the merchants meet to deal with their affairs. It is a tall house, built of cut stone with slender columns [...] It will be much airier and more beautiful than the Barcelona guildhall".[48] Such observations depended on what the traders from Regensburg with whom he visited the city told Münzer and also perhaps on information gathered from the authorities and the technicians occupied with the construction. Some years later, the humanist Alonso de Proaza, appointed to the chair in rethoric at the University of Valencia in 1504, praised in his *Oratio luculenta de laudibus Valencie* the monuments of the city, especially "*basilica sive porticus latini dicerent vulgares Lonjam vocant*", to be numbered among the Seven Wonders of the Ancient World, in spite of its modern (gothic) architecture.[49]

Fig. 6: Valencia, Merchants' Guildhall (*lonja*): inscription on the corner of plaza Doctor Collado (©Serra Desfilis).

Still, perhaps the most eloquent texts expressing the ideals of civic architecture in the great urban centres are the public inscriptions. These ceremonious writings, solemn and self-confident, proclaim the intention of uniting the body politic and praising the good governance of public life. To achieve this, they recall the dates of works commencement and finalisation, the name of the magistrates in charge and the nobility of the building they adorn. Humanists took interest in these inscriptions as elements for dating antique monuments and valued all the historical information they provided, and hence, an effort was made in the ceremonial texts of great public buildings to emulate the tone, function and visual rhetoric of antique epigraphy in urban spaces that were growing increasingly literate.[50]

The Valencia Guildhall conserves two noteworthy inscriptions. On the

Fig. 7: Valencia, Merchants' Guildhall (*lonja*): interior of the Contracting Hall (©Serra Desfilis).

outside, the building itself, in the first person, recalls the date the works began and echoes the municipal intention to "finish my excellence"[51] (Fig. 6). Running along the walls of the contract hall, in letters that seek to emulate antique models, the guildhall presents itself as a noble house built in fifteen years and invites people to engage in honest trade to achieve wealth and eternal life.[52] If the first inscription continues the tradition of fourteenth and fifteenth-century civic epigraphy in its vernacular text and Gothic script as well as in commemorating the beginning of the works, the second opts for Latin and solemn capitals to proclaim the rapidity with which the illustrious house was built and the virtues and rewards of good commerce.

Local authorities were aware of how much Valencia's commercial attraction depended upon a prestige building such as the Guildhall (*la Lonja*), a central place were regional and long distance trade networks would converge into the great contract hall, sometimes making their way from the seafront.[53] The building and its contended grandeur were conceived by its patrons in the Indian summer of Valencian trade routes, in an attempt to counterbalance imminent decline and the rise of new commercial capitals as Lisbon or Seville. It was not only an expression of prosperity and integration of local market in international trading routes, but also an innovative structure built in a reshaped market square, ready to be recognized as major centre among European mercantile elites, regional businessmen, craftsmen and local agents. Not the less, the propaganda contained in public inscriptions reinforced civic pride and political institutions in a period of crisis and social instability (Fig. 7).[54]

1. This study was carried out at the University of Valencia in the framework of the research project Paisaje Cultural, construido y representado (PID2021-127338NB-I00), funded by MCIN/AEI/10.13039/501100011033 and by ERDF A way of making Europe.

2. ESPAÑOL BERTRAN, Francesca, El gòtic català, Barcelona 2002, 264–266; SERRA DESFILIS, Amadeo, *Vitruvius Pollio, De architectura libri decem*, in: MIRA, Eduard / ZARAGOZÁ, Arturo (ed.), Una arquitectura gótica mediterránea, 2, Valencia 2003, 181–183.

3. PORTET, Pierre, Bertrand Boysset, un arpenteur arlésien du Moyen Age, Paris 2004; About its diffusion in the Kingdom of Valencia see ZARAGOZÁ CATALÁN, Arturo, Jaime I (1208-2008). Arquitectura año cero, Castellón 2009, 10–12.

4. ESPAÑOL BERTRAN 2002, 264–266.

5. MOLINA FIGUERAS, Joan, *Francesc Eiximenis et les images de la ville idéale dans la couronne d'Aragon*, in: GILLI, Patrick, (ed.), Les élites lettrées au Moyen Âge. Modéles et circulation des savoirs en Méditerranée occidentale (XII–XVe siècles), Montpellier 2008, 75–109.

6. ZANOLETTI, Gabriella (ed.), Estetica medievale dell'eros, della mensa, della città, Milano 1985, 117–190; EIXIMENIS, Francesc, Dotzé llibre del Crestìa, I, 1, RENEDO, Xavier et alii (eds.), Girona 2005.

7. Among the authors who have studies this issue in Eiximenis' work, some deserve to be remembered here PUIG I CADAFALCH, Josep, *Idees teòriques sobre urbanisme en el segle XIV. Un fragment d'Eiximenis*, in: Homenatge a Antoni Rubió i Lluch, 1, Barcelona 1936, 1–9; MARAVALL, José Antonio, *Franciscanismo, burguesía y mentalidad precapitalista: la obra de Eiximenis*, in: VIII Congreso de Historia de la Corona de Aragón, 2, Valencia 1969, 285–306; VILA, Soledad, La ciudad de Eiximenis: un proyecto teórico de urbanismo en el siglo XIV, Valencia 1984; CERVERA VERA, Luis Francisco Eiximenis y la sociedad urbana ideal, San Lorenzo de El Escorial 1989; MARÍAS, Fernando, El largo siglo XVI. Los usos artísticos del Renacimiento español, Madrid 1989, 63–70; FALOMIR, Miguel, Arte en Valencia, 1472–1522, Valencia 1997, 75–84; OLIVES PUIG, Josep, *La ciutat segons Eiximenis,* in: BOLÓS, Jordi (ed.), Territori i a l'Edat Mitjana: història, arquelogia, documentació, 1, Lleida 1997, 263–286; POTESTÀ, Gian Luca, *La città di Francesc Eiximenis. A proposito del 'Dotzè del crestià', I, 1*, Caplletra, 43 (2007), 161–175; MOLINA FIGUERAS 2008, 75–86; FERRER NAVARRO Ramón (ed.), Eiximenis i la seua obra, Valencia 2010.

8. EIXIMENIS, Francesc, Dotzé del Crestià, segona part, volum 1, Curt Wittlin et alii eds., Girona 1986, chapter 648, 439–440.

9. EIXIMENIS 1986, Dotzé del Crestià, chapter 612, 342.

10. EIXIMENIS 1986, Dotzé del Crestià, chapter 493, 60.

11. EIXIMENIS 1986, Dotzé del Crestià, chapter 635, 404.

12. IVARS, Andrés, El escritor fray Francisco Eximénez en Valencia, 1393-1408, SANTONJA, Pere(ed.), Benissa 1989.

13. EIXIMENIS, Francesc, Regiment de la cosa pública, Daniel de Molins de Rei ed., Barcelona 1927, 20.

14. EIXIMENIS 1927, chapters 33 and 34, 167–170.

15. The likely model of Italian cities has been considered by POTESTÀ 2007, 165–171.

16. See especially Alberti's letter to Filippo Brunelleschi, analyzed by SMITH, Christine, Architecture in the Culture of Early Humanism. Ethics, Aesthetics and Eloquence, 1400–1470, Oxford-New York 1992, 69–79.

17. FALOMIR 1996, 479.

18. *Decorus est decens, aptus, conveniens, honestus.* See FORCELLINI, Aegidio, Lexicon totius latinitatis, 2, Padua 1965, 23, sub voce.
19. GUIDONI, Enrico, Storia dell'urbanistica: il Duecento, Roma-Bari 1989, 320–328.
20. On urban planning in late medieval Valencia, see FALOMIR, Miguel, *El proceso de cristianización urbana de la ciudad de Valencia*, in: Archivo Español de Arte, 254 (1991), 127–139; RUBIO VELA, Agustín, *La ciudad como imagen: ideología y estética en el urbanismo bajomedieval valenciano*, Historia urbana, 3 (1994) 23–37; SERRA DESFILIS, Amadeo, *Orden y decorum en el urbanismo valenciano de los siglos XIV y XV*, in: CASAMENTO, Aldo / GUIDONI, Enrico (eds.), Le città medievali dell'Italia meridionale e insulare, Roma 2004, 42–44.
21. FALCÓN PÉREZ, María Isabel, Historia de Zaragoza: Zaragoza en la Baja Edad Media (siglos XIV–XV), Zaragoza, 1998, 28.
22. DALMASES, Núria de, "*Arquitectura gòtica civil*", in: Art de Catalunya. Ars Cataloniae, BARRAL, Xavier i Altet (ed.), 3, Barcelona 2003, vol. 3, 123.
23. VIDAL FRANQUET 2008, 250.
24. BERNAUS VIDAL, Magda, *Els espais arquitectònics de la indússtria i el comerç*, in: Barcelona Quaderns d'Història, 8 (2003), 99–124, especially, 118–121, where the author studies these trade buildings in Barcelona; for a Mediterranean context, see CALABI, Donatella, The Market and the City. Square, Street and Architecture in Early Modern Europe, London 2004; NASER ESLAMI, Alireza, Architetture del comercio e città del Mediterraneo, Milano-Torino 2010, 169–218.
25. FORTEZA, Guillem, *El cicle arquitectònic de les nostres lotges medievals*, in: Revista de Catalunya, 15 (1934), 221–248 and included in FORTEZA, Guillem, Estudis sobre arquitectura i urbanisme, 2 Barcelona 1984, 76–99; LARA ORTEGA, Salvador (ed.), La Lonja. Un monumento del II para el III Milenio, Valencia 2000; LARA ORTEGA, Salvador, Las seis grandes lonjas de la Corona de Aragón, Valencia 2007, RIU BARRERA, Eduard *Les llotges i les altres arquitectures mercantils*, in: PLADEVALL, Antoni (ed.), L'art gòtic a Catalunya: Arquitectura III, PLADEVALL, Antoni ed., Barcelona 2003, 209–212. Recent studies on some major works have been published: BERNAUS I VIDAL, Magda *La llotja de Barcelona*, in: PLADEVALL 2003, 213–217; CLIMENT GUIMERÀ, Federico (ed.), La Lonja de Mallorca, Mallorca 2003 and some interesting remarks by CARBONELL I BUADES, Marià *Sagreriana parva*, in: Locus amoenus 9 (2007–2008), 61–78; about Valencia, ALDANA FERNÁNDEZ, Salvador, La Lonja de Valencia, 3 vols., Valencia 1988, ZARAGOZÁ CATALÁN, Arturo / GÓMEZ-FERRER LOZANO, Mercedes, Pere Compte, arquitecto, Valencia 2007, 76–102; MARÍAS, Fernando / BÉRCHEZ, Joaquín, Las lonjas de mercado en España, in: OTTENHEYM, Konrad / DE JONGE, Krista / CHATENET, Monique (eds.), Public Buildings in Early Modern Europe, Turnhout 2010, 201-220; BÉRCHEZ, Joaquín / GÓMEZ-FERRER, Mercedes, Lonja of Valencia, World Heritage, Valencia 2014; see now BERNAUS, Magda / DOMENGE, Joan (eds.), Les llotges comercials a la Corona d'Aragó, Palermo 2021.
26. Quoted by BERNAUS I VIDAL, 2003, 214.
27. CONTRERAS ZAMORANO, Gemma Mª., Las atarazanas del Grao de Valencia. Arquitectura y recuperación, Valencia 2002; IBORRA BERNAD, Federico / MIQUEL JUAN, Matilde, *La Casa de las Atarazanas de Valencia y Joan del Poyo*, in: Anuario de Estudios Medievales, 37 (2007), 387–409.
28. *"car se' n seguiria o seria tolliment de una de les majors e pus belles coses que*

la dita ciutat ha, e per les quals en parts lunyadanes ha gran fama, specialment de grane molt poble, ço és, lo gran e molt espés passatge de gents del carrer de la Porta Nova de la dita ciutat prop o en vista de la Lotja dels mercaders d'aquella, no sens gran meravella deis mercaders estrangers e altres qui allí estan, en tal qu'el dit passatge es loat en totes parts de gran multitud de gents més que tot altre passatge de gens de la ciutat o loch que hom sàpia. E si lo dit pas o carrer nou era ubert e fet, aminuaria molt al dit passatge de Porta Nova e Lotja e tolria la dita bellea e fama d'aquell e de la ciutat desus dita". AMV, MC, A-17, f. 290r, 7 June 1382.

29. "*seria bona cosa que la lotja de mercaders fos creeguda, ornada e embellida, levant-ne la Ciutat los alberchs que li eren al davant, com fos molt streta e hun loch tal e tan públich e on tants e tals affers si menejaven no era cosa convinent ne decent stigues en tal manera, car hom venia en la hora dels affers e passaven davant la dita lotja bèsties e càrregues e altres era cosa molt deiecta e de gran envig, e alguns mercaders recusaven venir a la dita lotja, per conseguent s'en desviaven molts affers en no poch dan e càrrech de la dita Ciutat*" AMV: MC, A-32, f. 29r, 22 December 1441.

30. MIRALLES 2011, 222: "*En lo dit any* [1444], *migant lo mes de maig, foren acabats de derocar los alberchs dels apuntadós, per fer plaça, a la Longa*".

31. JULIANA COLOMER, Desirée Fiesta y urbanismo. Valencia en los siglos XVI y XVII, PhD dissertation, Universitat de València 2007, 149–155.

32. MIRALLES 2011, 227; FERRAGUD, Carmel / GARCÍA MARSILLA, Juan Vicente, *The great fire of medieval Valencia (1447)*, in: Urban History, 43 (2016), 500–546.

33. RODRIGO PERTEGÁS, José, *Efemérides notariales*, in: Anales del Centro de Cultura Valenciana, 8 (1930), 196.

34. ORELLANA, Marcos Antonio, Valencia antigua y moderna, 2, Valencia 1924, 420–421; MARTÍ, Javier / PASCUAL, Josefa, *El recinto fortificado de la Valencia musulmana*, in: FERREIRA FERNANDES, Isabel Cristina (ed.), Mil anos de fortificaçoes na Península Ibérica e no Magreb (500–1500), Lisboa 2002, 291–309, especially, 301–302.

35. MIRALLES 2011, 228. "*En lo dit any* [1447], *e darer dia de octubre, vespra de Tos Sanch (sic), començaren a derocar per fer lo carer que hys al Mercat e als Cambis*".

36. MIRALLES 2011, 229.

37. FERRAGUD, GARCÍA MARSILLA 2016, 512–514.

38. SERRA DESFILIS, Amadeo, *El Consell de Valencia y el embelliment de la ciutat (1412–1460)*, in: Primer Congreso de Historia del Arte Valenciano. Actas. Mayo de 1992, Valencia 1993, 75–79. See also RUBIO VELA, Agustín, *Pietro Vecchio, un polifacètic enginyer d'origen italià a la València del segle XV*, in: Afers, 95/96 (2020), 573–589.

39. AMV: MC, A-32, f. 165v, 11 May 1440.

40. ALDANA, Salvador, La Lonja de Valencia, 3, Valencia 1988, 10–11. AMV, MC, A-38, f. 68r, 23 June 1469. The Secret Council established eventually the total amount on 14 May 1470, AMV, MC, A-38, f. 117r.

41. ALDANA 1988, 2, 13–15; AMV, MC, A-42, f. 66v, 9 December 1480.

42. ALDANA 1988, 2, 37–38. AMV, MC, A-43, 26 October 1482.

43. ALDANA 1988, 2, 39–41; AMV, MC, A-43, 29 October 1482 (demolition of buildings in Arroceros street); MC, A-43f. 110v, 9 May 1483 (foundation stone).

44. "*sia fet de pedra picada ab artificiòs magisteri lavorada, ab les ymatges e maçoneries e fullatges en la mostra per los mestres divuisada y enseñada*", ALDANA

1988, 2, 43. AMV, MC, A-43, f. 140r, 17 June 1483.
45. RAMÍREZ BLANCO, Manuel J., La lonja de Valencia y su conjunto monumental, origen y desarrollo constructivo, Valencia 2013, 48–58, http://hdl.handle.net/10251/29062 (05. July 2023).
46. ALDANA 1988, La Lonja de Valencia, 2, 69. AMV, MC, A-55, 22. November 1511.
47. On this aspect of Lonja's project IBORRA BERNAD, Federico / GARCÍA ROS, Vicente, *La Lonja que no fue. Reflexiones e hipótesis a propósito del proyecto inicial de la Lonja de Valencia*, Anales de Historia del Arte, 22 (2012), 295–315, especially 305-312. About the royal residence in Valencia known as el Real, SERRA DESFILIS, Amadeo, *Cort e Palau de Rey. The Real Palace of Valencia in the Medieval Epoch*, in: Imago Temporis Medium Aevum, 1 (2007), 21–148; GÓMEZ-FERRER, Mercedes, El Real de Valencia (1238–1810). Historia arquitectónica de un palacio desparecido, Valencia 2012; SERRA DESFILIS, Amadeo, *Historia de dos palacios y una ciudad. Valencia, 1238-1460*, in: Anales de Historia del Arte, 23/2 (2013), 333–367, in particular, 361; on the Borgias' palace, ARCINIEGA GARCÍA, Luis, El palacio de los Borja en Valencia, actual sede de las Cortes Valencianas, Valencia 2003.
48. *Ibique edificant preclarissimam domum, quam Loyam vocant, ubi conveniunt mercatores et sua negocia tractant. Est domus alta ex secto lapide et columpnis nobilibus fabrefacta. Cuius latitudo est pasuum 32 et longitudo 62. Et est consumata usque ad testitudinem, que cito etiam fiet. Et habebit pulcerrimum ortum cum variis fructibus et fonte vivo Habet etiam altissimam turim, sub quo una capella, ub omni die legentur due misse. Dixerunt architectores se velle aduc in duobus annis ad perfeccionem consumare. Et situs eius est circa forum magnum et libram. Et erit multo nobilior; et pulcrior est quam loya Barcilone.* PFANDL, Ludwig (ed.), *Itinerarium hispanicum Hieronymi Monetarii 1494–1495*, in: Revue Hispanique, 48 (1920), 1–179, here, 23. On this traveller and his work, see TAMMEN, Silke, *Kunsterfahrungen spätmittelalterlicher Spanienreisender*, in: NOEHKES-DOERK Gisela (ed.), Kunst in Spanien im Blick des Fremden. Reiseerfahrungen von Mittelalter bis in die Gegenwart, Frankfurt am Main 1996, 49–71; CLASSEN, Albrecht, *Die Iberische Halbinsel aus der Sicht eines humanistischen Nürnberger Gelehrten. Hieronymus Münzer: Itinerarium Hispanicum (1494–1495)*, in: Mitteilungen des Instituts für Österreichische Geschichtsforschung, 111 (2003), 317–340.
49. PROAZA, Alonso de, Oratio luculenta de laudibus Valencie, Valencia 1505, ff. 4v-5r; see MARÍAS, Fernando, *La arquitectura de la ciudad de Valencia en la encrucijada del siglo XV: Lo moderno, lo antiguo y lo romano*, in: Anuario del Departamento de Historia y Teoría del Arte, 12 (2000), 25–38, in particular, 27–28.
50. SMITH 1992, 67; PETRUCCI, Armando, *La scrittura fra ideologia e rappresentazione*, in: ZERI, Federico (ed.), Storia dell'arte italiana. Parte terza: Situazioni, momenti, indagini. Volume secondo: Grafica e immagine. I. Scrittura, Miniatura, Disegno, , Torino 1986, 5–123, in particular, 5–28.
51. "*La noble ciutat hi leal de Valencia ab cor de acabar la mia excellencia me ha començat a cinch de Febrer del any que corrent se comta en ver MCCCC LXXXIII*".
52. "*INCLITA DOMUS SUM ANNIS EDIFICATA QUINDECIM GUSTATE ET VIDETE CONCIVES QUONIAM BON EST NEGOCIACIO QUE NON GIT DOLUM IN LIGA QUE IURAT PROXIMO ET NON*

DEDIPIT QUE PECUNIAM NON DEDIT AD USURAM EIUS MERCATORES SIC DEGENS DIVICIIS REDUNDAVIT ET TANDEM VITA FRUETUR ETERNA".

53. IGUAL LUIS David, *Great and Small Trade in the Crown of Aragon. The example of Valencia in the late Middle Ages*, in: Imago Temporis. Medium Aevum, 3 (2009), 231–248.

54. BELENGUER Ernest, Fernando el Católico y la ciudad de Valencia, Valencia 2012.

Zweite Abteilung
Das lange 19. Jahrhundert

La belezza delle città storiche

Cesare Capitti

Le città storiche sono belle perché le costruzioni erano e risultano ancora oggi intrise da una forte componente umanistica. Pertanto si rende necessario recuperare il pensiero umanistico al fine di migliorare l'assetto delle città esistenti. Questo tema è stato trattato in due volumi, pubblicati recentemente dalla casa editrice Qanat di Palermo, rispettivamente dal titolo *Governo del territorio e dottrina sociale della Chiesa in architettura, urbanistica, ambiente e paesaggio* (Fig. 1) e la *Città della speranza*, sottotitolo "*dal recupero della bellezza alla cura della casa comune*" (Fig. 2).

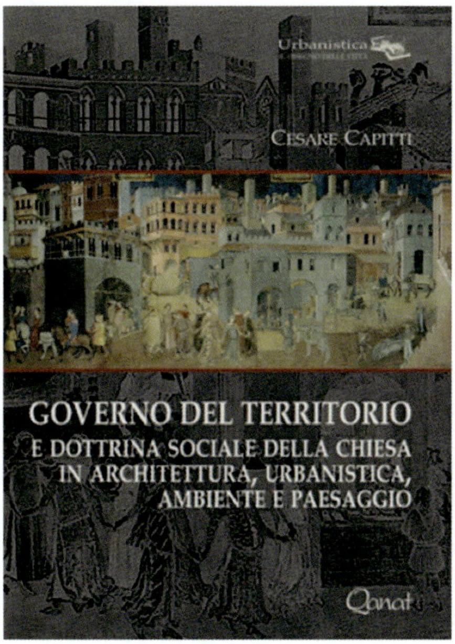

La ragione principale che giustifica il recupero del pensiero e dei valori umanistici è data dal fatto che stiamo attraversando un periodo di stravolgimenti epocali che interessano tutti i settori della comunità umana: dall'economia alla società, dalla religione alla scuola, dai diritti agli ideali e, cosa ancora più grave, lo stravolgimento dell'identità del continente più antico del mondo. Per questo motivo si manifesta l'irrinunciabile necessità di ritrovare e celebrare la bellezza, l'armonia

Fig. 3: Dettaglio testata d'angolo del Duomo di Milano (©Capitti).

ed il decoro in tutti gli ambiti della nostra società ed in particolare in architettura. La costruzione ed il recupero degli spazi urbani è un valido supporto per una migliore vita comune, e questo è un tempo propizio per esplorare anche da parte di un vasto pubblico non addetto ai lavori, i fatti dell'architettura per comprendere e ricostruire l'humus vitale e la propria identità. I testi sopracitati sono stati pubblicati tra il 2013 ed il 2016, sottolineano che oggi, nei processi inarrestabili della globalizzazione, la cultura dominante respinge e nega l'umanesimo per dare sempre più spazio alla dittatura del relativismo, causa principale dell'odierna crisi antropologica. Questa crisi antropologica ha un forte impatto sulle famiglie, sulle città e sulle periferie urbane; essa conduce allo smarrimento dell'identità dei popoli e delle singole nazioni. Si rende necessario pertanto restituire alle città contemporanee bellezza, armonia e decoro (=Schönheit, Harmonie und Anstand). Si tratta di riaffermare e gioire della presenza di un DIO creatore nelle situazioni ordinarie per ritrovare l'uomo e la città. Presupposto essenziale per il recupero della città è la speranza che la rivitalizzazione della città e delle periferie dunque, sviluppino in pienezza l'umanità, la promozione di un'autentica solidarietà e fraternità tra i cittadini ed avere presente l'esistenza di un passato storico che ha contribuito alla realizzazione di costruzioni di edifici e spazi urbani belli e armoniosi. (Fig. 3).

Le città che sono in sofferenza anche per il diffondersi della cosiddetta "*Shrinkage culture*" -per usare un neologismo anglosassone di tendenza- ovvero, per il diffondersi di quel fenomeno urbano caratterizzato da una perdita demografica della città in un determinato arco temporale, rappresentano proprio quei luoghi dove è necessario sviluppare in pienezza l'umanità, la solidarietà e la fraternità tra i popoli. A tale proposito, lo stesso Papa Francesco afferma che "*Le case e i quartieri si costruiscono più per isolare e proteggere che per collegare e integrare. La proclamazione del Vangelo sarà una base per ristabilire la dignità della vita umana in questi contesti, perché Gesù vuole spargere nelle città ‹vita in abbondanza› (cfr. Gv10,10). Il senso unitario e completo della vita umana che il Vangelo propone è il miglior rimedio ai mali della città, sebbene dobbiamo considerare che un programma e uno stile uniforme e rigido di evangelizzazione non sono adatti per questa realtà. Ma vivere fino in fondo ciò che è umano e introdursi nel cuore delle sfide come fermento di testimonianza, in qualsiasi cultura, in qualsiasi città, migliora il cristiano e feconda la città.* (Evangelii Gaudium, 2013, punto 75)".[1]

In conclusione, l'architettura e l'urbanistica non restano estranei e indenni dagli stravolgimenti epocali che hanno investito ed investono ancora oggi tutti i settori della comunità umana. All'inizio del secolo scorso, alcuni dei grandi architetti del cosiddetto periodo razionalista, cercarono di trasformare radicalmente l'ambiente antropizzato facendo tabula rasa degli stili e delle architetture precedenti; il nobile intento di questa corrente era quello di apportare grandi novità ai congressi dell'epoca (CIAM). Com'è noto, però, essi trascurarono il concetto di decoro anche soprattutto per effetto dell'utilizzo massiccio di alcuni nuovi materiali da costruzione, quali il calcestruzzo (=Beton) e l'acciaio (=Bau). (Fig. 4)

Architettura e Urbanistica, insieme, debbono generare bellezza e renderla visibile.

Gli edifici e gli spazi urbani debbono rivelare il bello, ciò significa che anche in questi campi disciplinari si deve abbattere il relativismo diffuso, infatti, nessuno può negare che il male è assenza di bene, così come il brutto è assenza di bello. Architettura e urbanistica debbono favorire le relazioni umane nell'ambito della città mediante la realizzazione di spazi a misura d'uomo, tenuto conto che l'uomo è un essere relazionale. Non a caso già alla fine del secolo XIX l'architetto Camillo

Fig. 4: Padiglione Italia all'expo di Milano 2015 (©Capitti).

Sitte sosteneva che l'ambiente circostante esercitasse un'influenza sull'uomo e sulla sua felicità e, rievocando l'antichità, citava Aristotele, secondo il quale i principi dell'urbanistica consistono nel realizzare città che assicurino sicurezza e serenità. Ritengo che un simile obiettivo sia realizzabile soltanto se si considera la costruzione della città non una mera questione di tecnica (tecnica urbanistica), ma anche un problema d'arte nel senso più nobile del termine. (Fig. 5)

Invece nel nostro secolo dominato dai numeri, la costruzione e la crescita delle città sono diventate delle questioni puramente tecnico-numeriche. Il progetto di architettura contemporanea suscita emozioni, è dominata da un linguaggio simbolico a prescindere dell'uso e della funzione a cui è destinata. Senza voler screditare indiscriminatamente l'epoca moderna, Sitte tenta di offrire gli strumenti di comprensione della bellezza antica e quelli necessari a riprodurre, in un nuovo spazio e con nuovi linguaggi, tale armonia. (Fig. 6)

Sono molto contento di avere condiviso con voi questa esperienza e di ritrovarci insieme in questo prestigioso contesto congressuale, per riaffermare insieme un principio condiviso e cioè restituire bellezza alle città, considerato

Fig. 5: Appunti originali dal quaderno di Camillo Sitte 1889 (©Archiv der TU Wien, SN 444-337)

Fig. 6: Disegno originale di Camillo Sitte 1888 (©Archiv der TU Wien, SN 272-56)

che l'architettura e l'urbanistica lasciano nel tempo segni profondi sul territorio. Auspico che i progettisti dei piani regolatori e delle singole opere di architettura abbiano a cuore le persone che andranno ad insediarsi in quei luoghi. Il decoro urbano ed architettonico, infatti, non sono un'astrazione ma un valore che guida la progettazione verso la creazione di luoghi e strutture che si reputano confacenti ad una vita umana dignitosa. Ancora, torno a ripetere che le città storiche sono belle perché le costruzioni erano a misura d'uomo. Dunque la bellezza non è un'opinione, essa al contrario ha delle leggi e determinati canoni rapportati alla misura d'uomo e specialmente in architettura. A misura d'uomo è un termine che mostra una adeguata considerazione e rispetto per le esigenze proprie della dignità dell'uomo, consentendo a questo di dominare le cose anziché di esserne dominato: lavoro, ambiente, città, società. A misura d'uomo e/o dimensione umana è inteso come misura fisica delle cose in relazione ad una parte di sé stesso, (il piede, il braccio ...) come metro dei suoi manufatti o del territorio modificato a seguito del suo intervento. Già nell'antichità e fino alla modernità, la misura

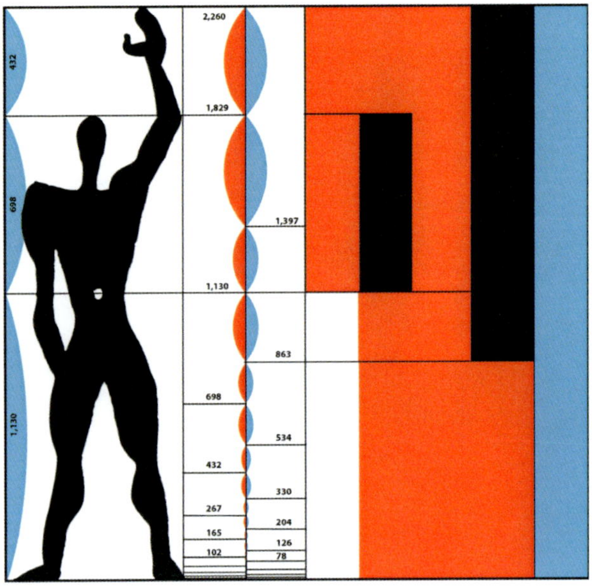

Fig. 7: Il Modulor, Le Corbusier 1948.

d'uomo ha assunto significati teorici nel pensiero urbanistico. Nell'architettura del XX secolo Le Corbusier ha gettato un ponte tra la tradizione e la nuova modernità ponendo alla base della sua progettazione il «Modulor», una scala di rapporti proporzionali riferita al corpo umano quale riferimento dimensionale: la serie rossa, basata sull'altezza dell'uomo divisa in segmenti secondo il rapporto aureo e la serie blu, basata sull'altezza dell'uomo con il braccio alzato e divisa in segmenti allo stesso modo. Le Corbusier pertanto si era prefissato di utilizzare la sezione aurea, attraverso il saggio sul «Modulor» che letteralmente significa "modulo d'oro", quale sistema su cui basare le proporzioni di tutti gli spazi dedicati alla vita dell'uomo. Il suo intento era creare uno standard che fosse al contempo armonico e funzionale alle esigenze del vivere quotidiano. (Fig. 7, Fig. 8) Nel campo musicale, le corde risuonano in modo armonico quando la loro lunghezza corrisponde a rapporti numerici semplici come 1:2 (ottava) o 2:3 (quinta).

Concludo con due citazioni, la prima è quella del professore emerito, architetto Leonardo Urbani, secondo il quale: "*Rilanciare l'Umano equivale a ridimensionare, indebolendolo, il ‹Mondo del Sistema› e a rilanciare il Mondo della Città, riaprendo una nuova era ‹della e per la Città›, riscoprendo progressivamente il rapporto ‹Terra-Città›, il rapporto ‹Uomo-Terra›, realizzando una nuova primavera, quella della ‹Città-Uomo›.*"

In architettura il portico di un tempio è perfetto se altezza, larghezza e distanza reciproca delle colonne e lo spazio tra di esse corrisponde alla proporzione di 5:8.

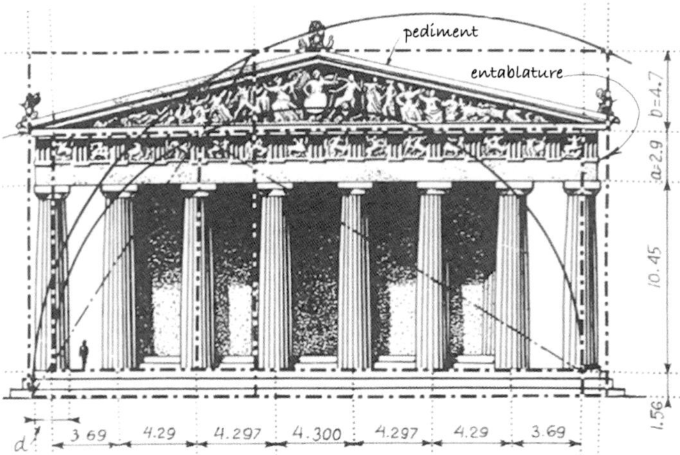

Fig. 8: Il Partenone (DOCZI, György, The power of limits, Boston (Shambala) 1994, Fig. 155).

La seconda è quella del Papa emerito Benedetto XVI, che nel messaggio rivolto al Presidente del Pontificio Consiglio della cultura, S.E. Monsignore Gianfranco Ravasi, in occasione della XIII seduta pubblica delle pontificie accademie sul tema delle «universalità della bellezza: estetica ed etica a confronto» affermava che: "*La necessità e l'urgenza di un rinnovato dialogo tra estetica ed etica, tra bellezza, verità e bontà, ci vengono riproposte non solo dall'attuale dibattito culturale ed artistico, ma anche dalla realtà quotidiana. A diversi livelli, infatti, emerge drammaticamente la scissione, e talvolta il contrasto tra le due dimensioni, quella della ricerca della bellezza, ridotta a forma esteriore, come apparenza da perseguire a tutti i costi, e quella della verità e bontà delle azioni che si compiono per realizzare una certa finalità. Infatti, una ricerca della bellezza che fosse estranea o avulsa dall'umana ricerca della verità e della bontà si trasformerebbe, come purtroppo succede, in mero estetismo, e, soprattutto per i più giovani, in un itinerario che sfocia nell'effimero, nell'apparire banale e superficiale o addirittura in una fuga verso paradisi artificiali, che mascherano e nascondono il vuoto e l'inconsistenza interiore. Tale apparente e superficiale ricerca non avrebbe certo un afflato universale, ma risulterebbe inevitabilmente del tutto soggettiva, se non addirittura individualistica, per terminare talvolta persino nell'incomunicabilità*".[2]

1 „Häuser und Quartiere werden mehr zur Absonderung und zum Schutz als zur Verbindung und zur Eingliederung gebaut. Die Verkündigung des Evangeliums wird eine Grundlage sein, um in diesen Zusammenhängen die Würde des menschlichen Lebens wiederherzustellen, denn Jesus möchte in den Städten Leben in Fülle verbreiten (vgl. Joh. 10,10). Der einmalige und volle Sinn des menschlichen Lebens, den das Evangelium verkündet, ist das beste Heilmittel gegen die Übel der Stadt, auch wenn wir bedenken müssen, dass ein Evangelisierungsprogramm und ein einheitlicher, starrer Evangelisierungsstil für diese Wirklichkeit nicht angemessen sind. Doch das Menschliche bis zum Grunde zu leben und als ein Ferment des Zeugnisses ins Innerste der Herausforderungen einzudringen, in jeder beliebigen Kultur, in jeder beliebigen Stadt, lässt den Christen besser werden und befruchtet die Stadt." PAPST FRANZISKUS, Apostolisches Schreiben Evangelii Gaudium des Heiligen Vaters Papst Franziskus an die Bischöfe, an die Priester und Diakone, an die Personen geweihten Lebens und an die christgläubigen Laien über die Verkündigung des Evangeliums in der Welt von heute : 24. November 2013 (Verlautbarungen des Apostolischen Stuhls : 194), Bonn (Sekretariat der Dt. Bischofskonferenz) 2013, Punkt 75.

2 „Die Notwendigkeit und Dringlichkeit eines neuen Dialogs zwischen Ästhetik und Ethik, zwischen Schönheit, Wahrheit und Güte, stellen sich nicht nur durch die derzeitige kulturelle und künstlerische Debatte, sondern auch in der täglichen Wirklichkeit. Auf verschiedenen Ebenen nämlich wird die Spaltung und manchmal der Kontrast zwischen den beiden Dimensionen dramatisch deutlich, das heißt zwischen der Dimension der Suche nach der Schönheit, die jedoch oberflächlich als äußere Form und Schein begriffen wird, die es um jeden Preis zu verfolgen gilt, und jener der Wahrheit und Güte der Handlungen, die zur Verwirklichung eines bestimmten Zieles vollbracht werden. Denn eine Suche nach der Schönheit, die von der menschlichen Suche nach Wahrheit und Güte getrennt oder losgelöst wäre, würde sich, wie es leider oft geschieht, in einen reinen Ästhetizismus und – vor allem für die Jüngeren – in einen Weg verwandeln, der im Flüchtigen, in der banalen und oberflächlichen Erscheinung oder gar in einer Flucht in künstliche Paradiese endet, welche die innere Leere und Armut maskieren und verbergen. Eine derartige scheinbare und oberflächliche Suche besäße gewiß keinen universalen Atem, sondern wäre unausweichlich ganz subjektiv, wenn nicht individualistisch, und würde manchmal sogar in der Nichtkommunizierbarkeit enden." PAPST BENEDIKT XVI.

Da abellire una città a costruire una bella città.

Il "Progetto Grande" di Antonio Niccolini per Napoli, 1810–1848

Anna Giannetti

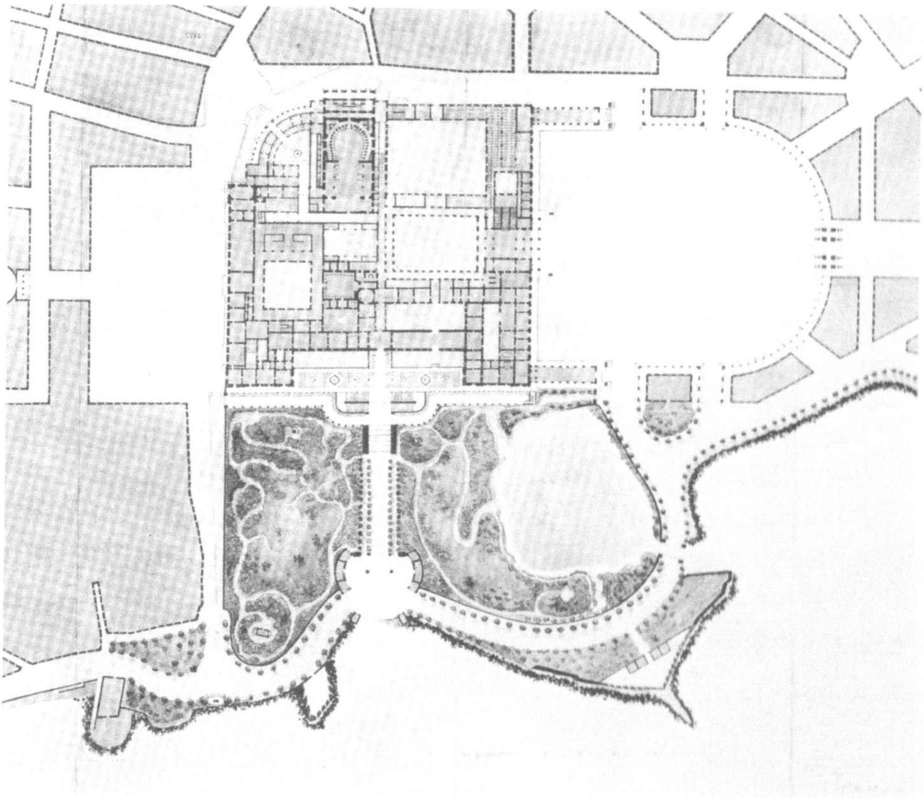

Fig. 1: Antonio Niccolini, Prima stesura del *Progetto Grande* 1810–1812 e successive modifiche (Napoli, Museo Nazionale di San Martino, Fondo Niccolini inv. 7337).

Difficile immaginare un esempio più nitido del passaggio dall'abbellimento per parti al progetto a scala urbana, dalla committenza regia all'operazione finanziaria col coinvolgimento di capitali sempre più ingenti. Difficile immaginare un progetto nel quale le scelte stilistiche siano altrettanto influenzate dalla volontà di fare i conti con le vicende della Storia, riconoscendo all'architettura una capacità comunicativa che potremmo definire "di massa" e alla bellezza degli edifici rappresentativi una funzione politica e civile.

È questo il *Progetto Grande* su cui Antonio Niccolini lavorò ininterrottamente dal 1810–1848, vale a dire dal suo arrivo nella metropoli borbonica fino a due anni dalla morte, avvenuta sempre a Napoli nel 1850. Nato a San Miniato di Pisa, aveva svolto la propria attività di architetto e decoratore tra la città toscana e Livorno dove aveva iniziato una fortunata carriera di scenografo. Proprio in qualità di scenografo del Real Teatro di San Carlo era giunto il primo giorno di Quaresima del 1807 nella capitale borbonica, su invito del coreografo Gaetano Gioja. Nelle scene da lui ideate e dipinte per i teatri cittadini «c'era sempre un pensiero filosofico»,[1] così che non sorprende che il progetto si adeguasse negli strumenti e negli obiettivi alle profonde mutazioni che la Grande Storia portava con sé: la prima stesura era iniziata sotto il segno della committenza murattiana e del gusto francese per concludersi, con un nulla di fatto, sotto quello della legittima monarchia divenuta "borghese", intenta a perseguire l'obiettivo dare al regno una moderna amministrazione.

La dicitura *Progetto Grande*, che compare sulla prima planimetria (fig.1) redatta dall'architetto toscano tra il 1810–1812,[2] rimandava alle dimensioni dell'area interessata con al centro il Palazzo Reale e al valore simbolico di un tale intervento, ma anche all'obiettivo di risolvere i principali problemi della rete viaria cittadina quali la strozzatura innanzi al Real Teatro di San Carlo e la mancanza di un collegamento litoraneo tra la moderna città ottocentesca a ovest e quella antica ad est. Grande anche fu alla quantità delle cifre in gioco, inizialmente tre milioni di ducati - circa quarantotto milioni di euro e dei volumi da demolire e ricostruire che alla fine ammontavano a un milione trecentocinquantamila palmi quadrati. (fig. 2, fig.3)

Un progetto sempre sul punto di essere realizzato: prima con Giaocchino Murat, poi con Ferdinando II di Borbone, quindi con la scelta di trasformarlo in un'operazione immobiliare, affidandosi ai privati, ma tenendo ben presente il ruolo della rendita urbana non solo quale motore della ripresa economica della città, ma anche quale strumento utile a fornire all'amministrazione i fondi per realizzare le infrastrutture necessarie ad abbellire e ammodernare il cuore della capitale.

Certo, Ferdinando II non era Napoleone III, né il colera del 1837 aveva imposto con la stessa urgenza i problemi dell'igiene in una città che alle epidemie si era abituata, spingendo piuttosto la corte a rifugiarsi nelle tradizionali pratiche espiatorie affidandosi all'esercito di santi e patroni da due secoli schierati a

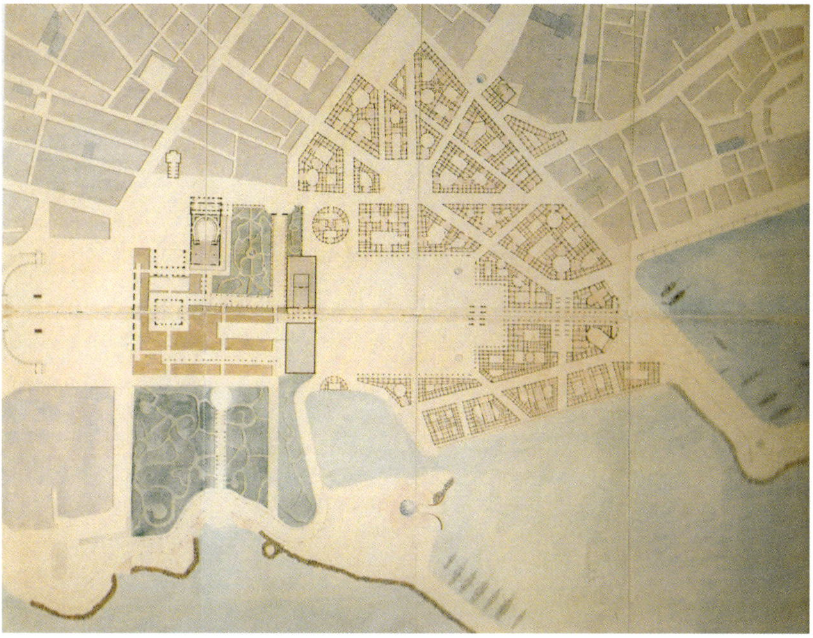

Fig. 2: Antonio Niccolini, Seconda stesura del *Progetto Grande*. In rosa le opere previste, in nero lo stato attuale (Napoli, Museo Nazionale di San Martino, Fondo Niccolini inv. 7273).

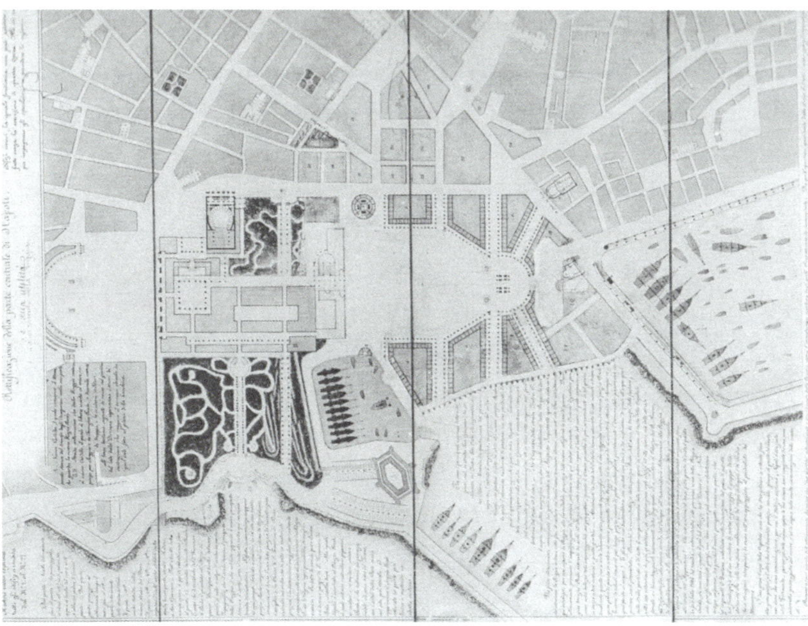

Fig. 3: Antonio Niccolini, Terza stesura del *Progetto Grande* 1846–1848 (Napoli, Museo Nazionale di San Martino, Fondo Niccolini inv. 7274).

difesa della "Capa" del Regno. Né, tantomeno, Niccolini era il Barone Georges-Eugène Haussmann. Un architetto, seppur di Casa Reale, non era un prefetto, soprattutto se i rapporti con il sovrano erano piuttosto tesi e avvelenati dalle incomprensioni: da un lato, un personaggio come il Nostro – scenografo, architetto, studioso del bradisismo puteolano sul quale aveva relazionato al primo Congresso internazionale degli Scienziati tenutosi a Napoli nel 1845 – abituato a fare stime di massima precise al ducato, a schizzare in corso d'opera, a intervenire personalmente sul cantiere, forte di un immenso mestiere e di una indubbia "genialità", e dall'altro, un re fermamente deciso ad ammodernare la macchina burocratica, imponendo computi, esecutivi, pareri e disegni tecnici, sempre, per sfortuna dei loro estensori, inesorabilmente carenti rispetto alle stime e ai disegni magistrali del primo.

Si aggiunga che Niccolini non solo non era napoletano, ma avendo iniziato la propria carriera come scenografo era partito da tale evidente *diminutio*, dovendosi il suo enorme successo ad un'attività a cui si contestava il predominio della forma, della decorazione, sul rigore ritornato in auge e troppo vicina alle architetture di un Ferdinando Sanfelice o di un Domenico Antonio Vaccaro, al pari di lui barocchi corruttori dello stile nazionale. Il precipitare degli avvenimenti politici, con la partenza del legittimo sovrano per Palermo e l'arrivo di Giuseppe Napoleone, aveva trasformato il contratto con la Società dei Cavalieri, che gestiva il teatro, in un'avventura. In una sera, grazie al successo del ballo *Cesare in Egitto* del quale aveva ideato e dipinto le enormi scene, era diventato architetto di Casa Reale. Dopo di allora, cinque sovrani si erano avvicendati sul trono napoletano e lui da decoratore dei Reali Teatri, si era trasformato in professore, architetto, accademico, editore, cumulando cariche e incarichi senza sosta e attraversando praticamente indenne non solo il ritorno dei Borbone, ma anche i moti del '20 e quelli del '30, rifiutando la camicia di Nesso dell'algido classicismo che la Restaurazione aveva portato con sé e mettendo in difficoltà critici, avversari e Soloni per la «rara conoscenza della costruzione»[3] che lo distingueva da tutti loro.

Scenografo, dunque, e solo successivamente architetto. Le cose, però, non erano andate esattamente così perché il successo delle architetture dipinte gli aveva spalancato le porte non solo di Casa Reale, ma anche quelle di una committenza nobiliare che trattava le sue creazioni quale sorta di catalogo perché, scriveva con piglio mefistofelico in una memoria difensiva, aveva «fatto vedere colla illusione del vero tutti gli edifizi di ogni nazione e di ogni tempo» così che l'architettura, le decorazioni e gli arredi del casino del marchese di Genzano erano derivati dal

Fig. 4: Antonio Niccolini, Veduta notturna del nuovo prospetto del Real Teatro di San Carlo in base al progetto del settembre 1809, acquerello (Napoli, Museo Nazionale di San Martino, Fondo Niccolini inv. 7969).

soggiorno in stile classico di *Ottavia*, quelli della villa gotica dei Ruffo dalle scene del *Riccardo cuor di Leone*; l'elenco proseguiva con altre residenze famose per concludersi con la «scalinata dopo il tondo di Capodimonte [...] somigliante alla scala di Giacobbe veduta nell'oratorio in musica al San Carlo»,[4] derisa per tale ragione dai puristi ma molto amata dai napoletani.

Progetto di abbellimento portato a termine nel 1836 realizzando lungo le pendici della collina, da cui si stavano cavando le pietre necessarie ad ultimare il vicino palazzo reale, un boschetto di piante rare "all'inglese" e la scalinata incriminata, sopperendo in qualità di imprenditore alla cronica mancanza di fondi del Corpo di Ponti e Strade in cambio dell'autorizzazione ad edificare lungo l'anello del Tondo.[5] Per lui economicamente un mezzo fallimento essendo i crediti dell'amministrazione difficilmente esigibili, ma per la città un'eccellente prova di cosa l'imprenditoria privata fosse in grado di realizzare, manovrando la leva finanziaria.

Lo stesso massiccio intervento di fondi privati aveva, d'altra parte, reso possibile la straordinaria avventura del San Carlo. Nel 1809 l'appalto dei Reali Teatri, assieme a quello del gioco d'azzardo, era passato nelle mani del geniale impresario Domenico Barbaja, per il quale Niccolini aveva progettato e realizzato l'*embellissement* del teatro, concluso come previsto il 5 gennaio del 1810 (fig.4). L'ammodernamento della struttura, fisicamente unita alla reggia, insufficiente negli spazi, priva di un portico sotto cui far sostare le carrozze e con una facciata vecchia nella concezione e nelle forme, era stata resa possibile dall'accorto dosaggio di capitali e interessi privati che Barbaja aveva attuato, così da riproporre dopo l'incendio del 1816 lo stesso schema e la stessa collaborazione.

Dal nuovo San Carlo, Niccolini era partito per sciogliere in sequenza due nodi gordiani della capitale: l'indecenza, o meglio la bruttezza, delle facciate della reggia e l'assenza di collegamenti tra la città vecchia ad est del palazzo e quella nuova ad ovest, se non attraverso la stretta strada che passava proprio davanti al teatro.

Verso il mare e verso il celebre panorama del golfo, l'edificio costruito da Domenico Fontana era ammorbato dalla presenza dell'Arsenale con i fumi, le polveri, il movimento continuo di detenuti. Uno sconcio che deturpava «la più bella situazione del mondo», come scriveva Niccolini nella leggenda del *Progetto Grande*. Verso la città, invece, mostrava una sorta di palinsesto: da un lato, al fronte di quel che era rimasto della residenza cinquecentesca del viceré don Pedro de Toledo, il Palazzo Vecchio, in realtà una austera villa alla napoletana, si era sovrapposto solo in parte l'elegante prospetto del teatro, dall'altro l'angolo del fronte realizzato da Fontana scompariva alle spalle dell'edificio, prospettando su Largo di Palazzo, l'informe vuoto destinato a giochi e sfilate, che il governo francese stava trasformando nel Foro murattiano.

La bruttezza della residenza reale rifletteva l'irrisolto rapporto tra le due città, rispetto alle quali avrebbe dovuto funzionare da elemento di raccordo e che invece teneva visivamente separate. Il progetto niccoliniano aveva avuto, quindi, l'approvazione del Consiglio di Stato e lo stanziamento di ben 12.000 ducati alla settimana per iniziare gli «arditi lavori» sotto la Reggia.[6] Quali fossero è difficile dire, di certo il progetto era stato concepito per essere realizzato per parti: nella planimetria generale, databile al 1810–1812,[7] il Palazzo Reale era al centro di due colossali rettificazioni, il Foro Murat, trasformato in piazza rettangolare chiusa da un porticato, e la nuova piazza reale, cuore della lottizzazione, destinata a finanziare l'intera operazione. La reggia acquistava in tal modo anche una facciata verso l'ampia spianata, occupata da un moderno quartiere residenziale, e la città una nuova strada litoranea, circondata dagli ampi giardini al posto del demolito arsenale. Il nodo problematico del raccordo tra il San Carlo e il Palazzo Vecchio, complicato dalla presenza del Largo di San Ferdinando, veniva affrontato a parte con la costruzione della Gran Guardia, un edificio porticato che nascondeva

Fig. 5: Antonio Niccolini, Prima stesura per la Gran Guardia (Napoli, Museo Nazionale di San Martino, Fondo Niccolini inv. 7877).

Fig. 6: Antonio Niccolini, Altra soluzione per la Gran Guardia (Napoli, Museo Nazionale di San Martino, Fondo Niccolini inv. 7282).

l'irrisolta stratificazione precedente creando un raccordo tra il teatro e la residenza regia.

Le scelte compiute in tale prima stesura rimasero immutate fino all'ultima, databile tra il 1846 e il 1848, venendo modificato al ritorno dei Borbone solo l'ordine delle priorità puntando sui problemi della reggia – spostamento dell'Arsenale, isolamento dell'edificio – che si apprestava a diventare a tutti gli effetti il luogo simbolico della monarchia, anche se il sovrano con la moglie morganatica Lucia Migliaccio preferivano risiedere nella villa Floridiana che sempre Niccolini aveva ammodernato per loro assieme al parco.[8]

A mutare erano state, invece, le soluzioni formali alle quali secondo i suoi avversari si riducevano le architetture niccoliniane, incapaci di comprendere che,

Fig. 7: Antonio Niccolini, Ultima stesura della facciata ad oriente del Palazzo Reale (Napoli, Museo Nazionale di San Martino, Fondo Niccolini inv. 7287).

attraverso la decorazione, l'architetto inseguiva la immediatezza comunicativa, perfettamente consapevole delle difficoltà del linguaggio classico: non più patrimonio condiviso, ma repertorio, che correva il rischio di apparire remoto agli occhi di un pubblico mutato, al teatro come in città, per numeri e formazione. Così, se i disegni di facciate e prospettive erano delineati con cura fino al dettaglio di genere inseguendo la «illusione del vero», le quattro versioni erano essenzialmente variazioni stilistiche, restando praticamente immutate le scelte progettuali. Per la Gran Guardia, fermo restando il richiamo alla facciata del teatro, utilizzando lo stesso basamento in bugnato rustico per l'arco di ingresso, si passava da prevedere quattro coronamenti angolari per il Palazzo Reale a cuspide decorati da vittorie,[9] (fig.5) adatti all'arrivo vittorioso dei napoleonidi, ad altrettanti più pacifici tempietti circolari,[10] (fig.6) mentre il coronamento della Gran Guardia si poteva trasformare da leggero padiglione a maschio merlato del Castel Nuovo, destinato alla demolizione.[11]

Lo sforzo di far dialogare la reggia con la città era evidente, passando nelle diverse stesure del nuovo quartiere dal tono aulico iniziale[12] a quello più pacato e borghese dell'ultima versione della facciata del palazzo, coronata da candelabri e orologi (fig.7),[13] in accordo con il linguaggio piano degli edifici della grande lottizzazione. Ferdinando II non era Luigi Filippo, anche se si sentiva più vicino alla borghesia dei tecnici, degli ufficiali, degli amministratori, piuttosto che a quel che restava della sempre riottosa grande nobiltà. Erano decenni, però, nei quali

Fig. 8: Antonio Niccolini, Versione della facciata a mare del Palazzo Reale con i giardini e la passeggiata litoranea (Napoli, Museo Nazionale di San Martino, Fondo Niccolini inv. 7288).

risultava pericoloso rimanere insensibili al cambiamento del gusto, trasformandosi l'incapacità ad abbandonare uno stile superato in manifesto ossequio al passato e in evidente sconfitta sociale.

L'allontanamento dal linguaggio neoclassico e dal silenzioso classicismo che lo aveva sostituito aveva consentito a Niccolini di spingersi fino ad un blando *Gothic Revival*, non meno denso di significati politici per nobiltà e monarchia, sempre più vicine a quel Medioevo nel corso del quale ambedue avevano scritto pagine gloriose. Si era mosso alla ricerca di uno "stile nazionale" in direzione opposta a quello di Pietro Bianchi che per la chiesa di San Francesco di Paola aveva ostinatamente riproposto l'autistico linguaggio internazionale: se il ticinese a Napoli non vedeva che le memorie di una classicità da citare, lo sguardo del Nostro sulla città e sulle sue bellezze naturali era più simile a quello positivo dell'ingegnere e dell'esploratore, cogliendone le potenzialità e i tesori nascosti, inseguendone le trasformazioni e rifuggendo la raffinata ormai incomprensibile citazione, così che il suo coinvolgimento nella realtà napoletana era totale e senza riserve nel proiettarla verso il Progresso.

La possibilità di mutare gli elementi decorativi mantenendo fissa la struttura dell'impianto progettuale, se ribadiva come non fosse l'architettura a farsi decorazione, ritornava all'idea che la capacità comunicativa di quest'ultima fosse il vero elemento di raccordo con la città, nel riportarla all'oggi, rendendola riconoscibile alla massa anonima dei cittadini, vicina alla sfera dell'esperienza quotidiana, a misura d'uomo, anzi d'uomo contemporaneo.

Fig. 9: Antonio Niccolini, Ipotesi di ricostruzione del Castel Nuovo come sfondo della passeggiata (Napoli, Museo Nazionale di San Martino, Fondo Niccolini inv. 7291).

Il recupero della «più bella prospettiva del mondo» consentiva di dotare la reggia di quel giardino, attributo ormai necessario, che le mancava e di aprire «la comunicazione fra le due Marine del Molo e di Santa Lucia» restituendo al fronte a mare del palazzo un aspetto più degno e, con la rettificazione della strada del Gigante, «una nuova Prospettiva ed un accesso più nobile al Foro» in costruzione, aggiungendo «alla Reggia ed alla Città decorazione, comodi e delizie» (fig.8).[14]

La descrizione del progetto apparteneva chiaramente alla prima stesura di epoca murattiana, così che abbellimento e viabilità non potevano che essere gli strumenti di intervento: la reggia diveniva il fondale dello snodo viario destinato a risolveva il duplice problema del collegamento tra le due riviere e dell'accesso al Foro in costruzione.[15] Il giardino fungeva da elemento di mediazione visiva tra l'imponenza della facciata, già ridimensionata dalla presenza dei volumi del quartiere da costruire, e la nuova passeggiata a mare.[16]

La seconda e la terza stesura, che accompagnavano i regni dei legittimi sovrani, mostravano una reggia sempre più aperta alla città, attraversata dai viali, mentre il giardino, privo di cancellate, era trasformato in parco urbano dove trovavano degna collocazione i frammenti della storia nazionale (fig.9).[17] Scomparse le scalinate e i terrapieni, l'impianto all'inglese consentiva all'architetto di giocare con le quote, allargando la sede viaria e sostituendo la spiaggia presente nelle prime stesure con un approdo continuo che giungeva fino alla lanterna del molo. Vicino ad essa, e quindi sulla punta estrema dell'insenatura dove si concludeva anche la passeggiata ai piedi della nuova piazza, in primissimo piano stava il Castel Nuovo,

Fig. 10: Antonio Niccolini (attr.) Dagherrotipo dell'ultima stesura della facciata a mare del Palazzo Reale e della passeggiata (Napoli, Museo Nazionale di San Martino, Fondo Niccolini inv. 7280).

o piuttosto alcuni suoi frammenti, ricostruito come casino reale attorno all'arco di Alfonso d'Aragona. Più arretrato e vicino al parco e alla passeggiata a mare, stava un classico tempietto rotondo, l'altro polo della identità napoletana (fig.10).[18]

Il parco giungeva fino al palazzo che, liberato da ogni aulica suggestione, stava familiarmente adagiato tra prati e boschetti, più villa nobiliare che reggia. In un'ulteriore ipotesi, entrava a far parte del tessuto cittadino: un «ampio stradone» illuminato e decorato lo attraversava dalla facciata su via San Carlo giungendo fino al mare, trasformandolo in passeggiata. La soluzione più stupefacente era, però, quella di collocare sulla nuova facciata verso il quartiere in costruzione un cannocchiale che avrebbe dovuto offrire il panorama delle realizzazioni della monarchia borbonica, da quelle caroline fino a quelle ferdinandee, riportate una accanto all'altra dallo strumento ottico nella duplice esaltazione delle meraviglie del Progresso scientifico e del paesaggio artificiale che in tal modo si componeva, tale da competere con la più bella prospettiva del mondo.[19]

Verso il mare, il palazzo, libero e abbellito dal nuovo parco urbano, dalla passeggiata litoranea e dall'approdo, si apriva sull'insuperabile miscuglio di Storia e Natura che rappresentava la tradizione della capitale e del regno; verso la nuova grande lottizzazione, il sobrio, elegante, quartiere borghese, che Niccolini e i suoi investitori avrebbero realizzato sotto lo sguardo benevolo della Monarchia, offriva le meraviglie del Progresso borbonico.

A tale illusione del vero, lo scenografo divenuto più napoletano dei Napoletani ci aveva creduto fino alla fine dei suoi giorni.

1. A. Benci, *Notizie sopra A. (ntonio) N. (iccolini),* Firenze, BN, *ms. Fondo Benci*, in L. Caruso, *L'inizio di una stagione romantica a Napoli*, in: CANTONE, Gaetana / GRECO, Franco Carmelo, Il Teatro del Re – Il San Carlo da Napoli all'Europa, Napoli (ESI) 1987, 93.
2. Museo Nazionale di San Martino*, Sez. Stampe e disegni, Fondo Niccolini, inv. 7455*, GIANNETTI, Anna, *Sez.5, Progetto Grande,* in: GIANNETTI, Anna / MUZII, Rossana, (ed.), Antonio Niccolini architetto e scenografo alla Corte di Napoli (1807-1850), cat. mostra Firenze - Napoli giugno-aprile 1997, Napoli (Electa) 1997, 161.
3. SASSO, Camillo Napoleone, Storia dei monumenti di Napoli e degli architetti che li edificarono, Napoli (Tipografia Francesco Vitale) 1858, vol. II, 213.
4. NICCOLINI, Antonio, Discorso ai Signori componenti la Commissione incaricata di esaminare l'andamento del Real Istituto per le Belle Arti e quello delle Scuole per Artieri, Napoli, 1848, Appendice.
5. Cfr. GIANNETTI, Anna, *Scalinata e giardini del Tondo di Capodimonte*, in: GIANNETTI / MUZII 1997, 59.
6. DE LUCA, Ferdinando, *Società Reale Borbonica. Cenni cronologici dei più chiari uomini che ne furono componenti*, in: «Annali Civili del Regno delle Due Sicilie», LI, 1854, fasc. CII, 110.
7. Cfr. GIANNETTI, Anna, *Progetto grande: il piano di trasformazione del centro rappresentativo della città. 1810-1848,* in: GIANNETTI / MUZII 1997, 49.
8. Cfr. GIANNETTI, Anna, *Ville e parchi,* in: GIANNETTI / MUZII 1997, 53.
9. GIANNETTI, Anna, *Progetto grande* cit. in: GIANNETTI / MUZII 1997, inv. 7877, scheda 5.11, 77.
10. Ibidem, inv. 7282, scheda 5.3, 77.
11. Ibidem, inv. 7872, scheda 5.9, 79.
12. Ibidem, inv. 7283, 7285, schede 5.4, 5.6, 77.
13. Ibidem, inv. 7287, scheda 5.16, 77.
14. Ibidem, inv. 7455, scheda 5.1, 77.
15. Ibidem, inv. 7286, scheda 5.7, 77.
16. Ibidem, inv. 7288, scheda 5.8, 77.
17. Ibidem, inv. 7280, scheda 5.15, 77.
18. Ibidem, inv. 7291, in tale versione il castello era conservato integro e rimontato su un basamento pentagonale, scheda 5.13, 77.
19. Ibidem, inv. 7287, scheda 5.16, 77.

Die Stadtbildarchäologie in schönen und bedeutenden Städten mit schönen und bedeutenden Wahrzeichen

Milos Kruml

In der Hoffnung, dass die gesamte Stadt, oder zumindest das Aussehen der Stadt verständlich fassbar ist, wird die optische Wirkung der Stadt immer wieder neu erforscht, dokumentiert, analysiert und als ein wahres „Stadtbild" wiedergegeben. Die zeitgemäße Stadtplanung ist zu sensiblen Rückblicken nicht nur per Bauordnungen und Denkmalschutzgesetze verpflichtet. Zweckbedingte Darstellungen des komplizierten dreidimensionalen Anschauungsraums der Stadt ohne Berücksichtigung der Zeit, der Menschenbewegung, der Patina und der tieferen Zeitschichten, verdrängen die emotionale Wirkung des Stadtbildes. Das mehrschichtige Stadtbild braucht offensichtlich eine Vermittlungsinstanz und Erläuterung. Fragen nach der Schönheit und Anziehungskraft der untersuchten Städte fordern nicht nur detaillierte Einblicke unter die temporären Oberflächen des Stadtbildes, sondern auch die Wahrnehmung der stadtbildprägenden Rolle der künstlerisch und historisch bedeutenden Gebäude in ihrem sinnvollen Zusammenhang und in der Folge auch die wünschenswerte Sensibilität bei der Planung neuer städtebaulicher Dominanten.

Eine der frühesten Studien zum Thema Stadtbild erarbeitete 1909–1915 Hugo Hassinger. Die historischen Stadtbereiche Wiens hat er in Bauplänen mit Verzeichnissen der Kunst- und Naturdenkmale dargestellt und in einem kunsttopographischen Atlas erfasst.[1] Die Schönheit der Platz- und Straßenbilder, der Hausfassaden und Kirchen war für Hassinger die höchste Werte-Kategorie. Darüber hinaus versuchte er die ästhetische Wahrnehmung des Erscheinungsbildes von alten Stadtbereichen in übersichtlichen Plänen und Beschreibungen möglichst ganzheitlich zu erfassen und verständlich zu vermitteln. Die Empfindung einer harmonischen Schönheit war für Hassinger sowie für die kulturelle Öffentlichkeit im 19. und am Anfang des 20. Jahrhundert ein Merkmal der wesentlichen Qualität und eine Herausforderung zum Erkennen der Bedeutung der Altstadt.

Aufgrund der Stadtbildforschung in Prag, Preßburg, Wien und anderen benachbarten Städten formulierte Karl Kühn im Buch *Die schöne Altstadt. Eine*

Untersuchung zur praktischen Auswertung der Erkenntnis vom Wesen der alten Stadt städtebauliche „Maßnahmen zum Schutze der Altstadt und ihrer angrenzenden Bezirke". Kühn analysierte vorerst die Elemente des Stadtbildes und fragte nach der Berechtigung „einen alten Stadtbaukörper überhaupt als Kunstwerk zu werten." Als Absolvent der Technischen Hochschule Wien, Landeskonservator für Böhmen und Professor an den Technischen Hochschulen in Prag und Brünn sah er die größten Probleme der Denkmalpflege im wachsenden Verkehr, folgendem Umbau und Verlust des „Gesamtcharakters" der betroffenen Städte. Hinsichtlich der Position im „Baukörper" definierte er die zwei wichtigsten „Komponenten" des Stadtbildes, die Bürgerhäuser, ihre „in jahrhundertelanger Entwicklung entstandenen [...] Grundlinien der Hauswände" bzw. „wechselnden Platz- und Straßenwände" und die ganz anders charakterisierten „Einzelbauwerke aus verschiedener Zeit und unterschiedlichen Zwecks. Von ihnen sind die Kirchen und das Schloß, meist auch das Rathaus systemgemäß in den Stadtplan eingestellt."[2] Die Verwendung des Begriffs Kunstwerk für die Altstadt begründete er kunsthistorisch und zugleich ästhetisch: „Ihre Wertschätzung als Kunstwerk kann nicht zweifelhaft sein; stehen doch auf ihrem Boden häufig genug die wertvollsten Bauwerke und umschließen sie die schönsten Platz- und Straßenräume, die je menschliche Kunst mit Geist geschaffen und die künstlerischer Sinn erfassen kann." Allerdings mit einer „Einschränkung [...] müssen wir [...] genau zu trennen verstehen, wo das Kunstwerk ‚Altstadt' endet und wo das Kunstlose, aus der Not geborene, durch die Zeit und die Menschen vernachlässigte nur Alte beginnt."[3] Karl Kühn und eine seit 1900 im „Klub für das alte Prag" organisierte Gruppe von Ingenieuren und Kunsthistorikern begründeten die systematische bauhistorische Erforschung der vorgesehenen „Stadtreservate", die gemäß des Denkmalschutzgesetzes von 1958 in einem spezialisierten Planungsbüro unter der Leitung von Dobroslav Líbal für die Unterschutzstellungen planerisch dokumentiert wurden. Der Autor war mit Dobroslav Líbal persönlich befreundet und erinnert sich, dass jener die besprochenen Städte, vor allem Prag, Kuttenberg, Czaslau (=Čáslav), Teltsch (=Telč) und Krumau (=Krumlov) immer wieder begeistert als „sehr schön" bezeichnet hat. In Líbals Schriften, z.B. in der übersichtlichen Darstellung der Städte, für die er die kunst- bzw. bauhistorischen Dokumentationen erarbeitete, sucht man die ästhetischen Wertungen jedoch vergeblich.[4]

In der Zwischen- und Nachkriegszeit wurde in Österreich das Wort „Stadtbild" zum wichtigen Rechtsbegriff: In der Wiener Bauordnung von 1930 wurde die Prüfung der Baupläne unter „schönheitlichen Rücksichten"[5] verordnet und die

Begutachtungen der „Störungen und Beeinträchtigungen [...] der einheitlichen Gestaltung“ des „gegebenen“ und des „beabsichtigten Stadtbildes“[6] ersetzten die vorher in der Bauordnung vorgeschriebenen „Anforderungen des guten Geschmacks“ (BO von 1868) und das „Verunzierungsverbot“ (BO von 1883). Streng geprüft wurden im Einklang mit dem Österreichischen Denkmalschutzgesetz (1923/1999, § 1,1) nur die „Änderungen an Bauwerken von geschichtlicher, kultureller oder künstlerischen Bedeutung“[7]. Alte Stadtgebiete wurden seit 1971 in Wien sukzessiv als Schutzzonen ausgewiesen. Die Grundlage für die Umgrenzung der ersten Wiener Schutzzonen waren Pläne, die an der Technischen Hochschule (nach 1975 Technische Universität) unter der methodischen Leitung Adalbert Klaars ausgearbeitet wurden. Klaar hat in der Nachkriegszeit die Ortsbilder und die „Siedlungs- und Hausformen“ in fast 200 österreichischen Städten und Märkten erforscht. Alle in den Platz- und Straßenbildern ablesbaren Informationen wurden minutiös in die Stadt- bzw. Hausgrundrisse eingetragen und die Straßenzüge im Vergleich mit den Franziszeischen Katasterplänen zu einer „Typologie der Siedlungsformen“ formalisiert. Der *Atlas der historischen Schutzzonen in Österreich* konfrontiert die von Adalbert Klaar und Studierenden der TU Wien erstellten Grundrisse mit maßstäblich zugeordneten Luftbildern, die das Relief der Landschaft jedoch verflachen.[8] Die auf der Evolutionstheorie basierende Annahme der „gewachsenen Stadt“ vernachlässigt die Spuren der intentionellen Gestaltung, somit stehen die inventarisierten urbanen Strukturen außerhalb der Ensemble-Kategorie des Denkmalschutzgesetzes.

Zeitgleich mit den Schutzzonen in Wien, wurde das „Denkmal-Reservat Prag“ unter Schutz gestellt (1971). Die meisten Gebäude, beginnend mit 1300 Denkmalen in dem 90 km^2 großen, von der ehemaligen Stadtmauer begrenzten Gebiet, wurden unter der Leitung von Dobroslav Libal technisch, kunst- und bauhistorisch untersucht, bewertet und zu einem umfassenden Baualtersplan der Stadt zusammengefasst. In mehreren anschließenden Studien wurden die städtebaulichen Konzepte der räumlichen Struktur der Stadt Prag nachgewiesen und somit wurde die Ausgangsposition der Stadtplanung bestimmt.[9] Aufgrund der sehr plastischen Terrainsituation ist in Prag die optische Wahrnehmung des äußeren und des inneren Stadtbildes ungeteilt möglich. Die Dachlandschaft vor allem der „Prager Kleinseite“ ist im Stadtbild ebenso präsent wie die Hausfassaden. Die verständlichen räumlichen Beziehungen der Wahrzeichen zueinander und die prägnanten Bau-Ensembles ermöglichen Besuchern bald eine vergleichbar gute Orientierung wie den Einheimischen. Die Diskussion zwischen den Verantwortlichen für die

Stadterhaltung und für die Stadtgestaltung ist in der Prager Innenstadt aufgrund der übersichtlichen Raumbeziehungen besser nachvollziehbar als in den flachen Vorstadtbereichen, wo die sekundäre Bebauung der Dachlandschaft nur von außen sichtbar ist.

Die Kenntnis der Landschaft als die wichtigste Voraussetzung für die verständnisvolle Stadtgestaltung erforschte in München Tomáš Valena. 1982–1989 wurde eine komparativ aufgebaute Wanderausstellung *Stadt und Topografie*[10] konzipiert. Die systematisch aufgenommenen und beispielhaft typologisch gegliederten Darstellungen dokumentieren die Relation zwischen dem Landschaftsrelief und der Stadt. In der folgenden Studie *Beziehungen. Über den Ortsbezug in der Architektur* (Berlin 1994 und 2014), die einfühlsam und akribisch die stadtbildprägende Rolle der Landschaft beschreibt, wurde auch die Bedeutung der ästhetischen Wahrnehmung der Landschaft erkannt. Der „schöne, übersichtliche Zustand der vorindustriellen Stadt" und „die unreflektierte Selbstverständlichkeit des Ortsbezugs in der Architektur der ‚vormodernen' Zeit ging unwiederbringlich verloren. Heute muss er mit bewusster Anstrengung neu erarbeitet und eingeübt werden."[11] Bei der Betrachtung der Stadt im Zusammenhang mit der Landschaft wird die ästhetische Bewertung auch in den stadtgestalterischen oder archäologischen Untersuchungen akzeptiert.[12] Hinsichtlich der Siedlungskontinuität wird die Landschaft als geheimnisvolles „palimpsest" angesehen, da kaum eine Stadt zu finden ist, die ohne Spuren von Vorgängersiedlungen entstanden ist.[13]

Die einflussreichste Studie zum Thema Stadtbild verfasste Kevin Lynch in den 1950er Jahren am MIT *The Image of the City*, pubiliziert 1960. Basierend auf den Aussagen der Bewohner_innen zu den stadtbildprägenden Elementen – Wegen, Grenzlinien, Bereichen, Brennpunkten und Merkzeichen – versuchte er die Stadt vorstellbar bildhaft darzustellen. Die nach Befragungen skizzierten „Mental Maps" der Städte sind sehr gute Orientierungshilfen, die die Erkennung und Überwindung der kognitiven Barrieren ermöglichen und sie können als Unterlage für die Denkmodelle der Stadtgestaltung nützlich sein. Lynch bewertet abschließend grundsätzlich positiv die „gefühlsmäßig bedeutungsvolle […] Bildhaftigkeit" der untersuchten Städte. Die konkreten Stadtbilder in den USA sind mit anderen Ländern nach Lynchs pessimistischer Abschätzung jedoch kaum vergleichbar: „Die Stadt ist [...] ein Produkt vieler Baumeister, die ihre Struktur ständig ändern [...]. Es ist daher kein Wunder, dass die Kunst der Stadtgestaltung zum Zweck rein sinnlicher Wahrnehmung mit anderen Künsten wie Architektur, Musik oder Literatur absolut nichts gemein hat [...]. Dass eine Stadt eine schöne und erfreuliche Umgebung hat ist etwas Seltenes [...]. Die meisten Amerikaner haben keine Ahnung, was es bedeuten kann in einer solchen Umgebung zu wohnen. Sie wissen ziemlich genau Bescheid über die Häßlichkeit der Welt, in der sie leben, und sie äußern sich ziemlich vernehmlich über den Schmutz, den Rauch, die Hitze, die Überfüllung, das Chaos und die Eintönigkeit, die in ihr herrschen. Aber sie sind sich kaum im klaren über die Wichtigkeit einer harmonischen Umgebung – einer Welt, in die sie einmal als Touristen einen kurzen Blick werfen durften. Sie können sich keinen Begriff davon machen, was der Rahmen bedeuten kann: tägliche Freude, einen Ankerplatz für ihr Leben – eine ausdruckvolle und reichere Welt."[14]

In den 1970er Jahren hat ein Team des Österreichischen Bundesdenkmalamtes bei der Erfassung der Wiener Schutzzonen und der Kunsttopographie des 3., 4. und 5. Bezirks (Géza Hajós, Eckart Vancsa u.a., ÖKT XLIV, 1980) Kevin Lynchs Analyse der Stadtgestalt für die „Erfassung der historisch-räumlichen Zusammenhänge" adaptiert, jedoch ohne Befragung der Bewohner_innen.[15] Die Feststellung des geschichtlichen, künstlerischen oder sonstigen kulturellen Zusammenhanges von Gebäuden „einschließlich ihrer Lage" kann gemäß Österreichischem Denkmalschutzgesetz (§ 1.3)[16] die Erhaltung der städtebaulichen Ensembles in Österreich begründen, die ästhetischen Empfindungen scheinen jedoch bei den Begutachtungen bzw. Wertungen der städtebaulichen Ensembles ausgeschlossen zu sein. In dem vom Bundesdenkmalamt 1988 – unter Leitung von Ernst Bacher – herausgegebenen Sammelband *Kunstwerk Stadt, Österreichische Stadt- und Ortsdenkmale* wurde keines der dargestellten Stadtbilder als „schön" bezeichnet, als „ästhetischer Faktor" wurde nur die „Formkraft der Landschaft" benannt.[17] „Das Kunstwerk Stadt basiert", laut Ernst Bacher, „immer auf der Addition, gründet in der Agglomeration vielfältiger Teile zu einem größeren Ganzen, einer Ordnung, der zwar kein gemeinsamer Schöpfungsakt zugrunde liegt, die wohl aber von einer übergeordneten Idee bestimmt ist. Planmäßiges Konzept und sich darüber hinwegsetzen des Wachstum, Unterordnung und Akzentuierung, Anpassung an das Bestehende und Neugestaltung prägen den kontinuierlichen Entstehungsprozess der Stadt und lassen die überkommene Gestalt nur im Zusammenhang mit ihrer Geschichtlichkeit verstehen."[18] In den einzelnen 86 Stadtbildmonografien wurden „Keimzellen" und „Kernstücke" der „gewachsenen Stadtgestalt" (z.B. Eggenburg) sowie planmäßige Gründungen (z.B. Leoben) beschrieben und fotografisch dokumentiert, genauer wurde jedoch kein städtebauliches Konzept dargestellt. Die ästhetische Wahrnehmung wurde bei den Untersuchungen der historischen und künstlerischen Bedeutung der Städte ausgeklammert. Die „Annäherung“ der Begriffe „Stadtdenkmal“ und „Kunstwerk Stadt“ wurde durch die vorausgesetzte Evolution der historischen Städte zu „vielschichtigen gewachsenen Komplexen“ begründet.[19] Zwischen den aufgenommenen Städten fehlt Wiener Neustadt, ein wirkliches „opus artis“ und Stadtdenkmal, wie aufgrund der vorbildlich systematischen Erforschung durch Erwin Reidinger nunmehr bekannt ist.[20]

Wichtige Referenz über die Stadtidentität vermittelt die Betrachtung der Veränderungen der Bedeutung und der ästhetischen Wirkung der Städte in der Gegenwart und in ihrer Entstehungszeit. Authentisches Referat über die intentionellen Gründungen und Ausbau bekannter europäischen Städte bietet das Buch *Grundriss einer schönen Stadt in Absicht ihrer Anlage und Einrichtung zur Bequemlichkeit, zum Vergnügen, zum Anwachs und zur Erhaltung ihrer Einwohner, nach bekannten Mustern entworfen*[21] von Johann Peter Willebrandt (Abb. 1), Jurist und verantwortlicher Beamter in den neuzeitlichen Stadtgründungen Altona (1664) und Glückstadt (1617). Seine in über 300 Paragraphen erfassten ästhetischen Ansichten, Betrachtungen und städtebauliche Vorschläge (sowie Marginalien z.B. über Klima) berufen sich auf zahlreiche Beispiele europäischer Städte, die er bereiste. Dabei reflektiert er nicht nur die neuesten städtebaulichen Entwicklungen, sondern auch die Änderungen der ästhetischen Ansichten: „Einige der schönsten Städte Europens geben ihren Einwohnern den Unterscheid des alten und neuen Geschmacks sehr deutlich zu erkennen.“ (§ 114) Die Lage der Stadt soll gewählt werden „in Betracht ihrer gesunden Luft, als auch in Erwägung ihrer Nahrungs-Umstände, und endlich in Absicht ihrer Nachbarschaft. [...] Und wenn wir uns eine richtige Idee von einer schönen Stadt machen wollen, so müssen wir ihre Lage, ihre Einfahrt bis zu den Grenzen ihrer Vorstädte, und endlich die Stadt selbst betrachten [...].“ (§ 8) Willebrandt empfahl besonders die Errichtung schöner Gärten, nach Möglichkeit in der Innenstadt und jedenfalls in Vorstädten zur Belustigung sowie zum Erhalt guter Gesundheit vor allem der Kinder und Enkelkinder.

Die Stadt in seiner Beschreibung soll die Errichtung von öffentlichen Gebäuden, Schulen, Kirchen, gesundheitlichen und sozialen Einrichtungen unterstützen und durch interessante Veranstaltungen neue Bewohner sowie Fremde, vor allem Adelige und Wissenschaftler anziehen, dazu unter anderem auch Mieten vor Wucherung schützen. Das innere Stadtbild soll mannigfaltig sein: „In den breiten Gassen müssen nach der Regel keine zu niedrige, auch in den engen Gassen keine zu hohe Häuser gebauet werden, man muß auch nicht immer zulassen,

Abb. 1: Titelblatt des Buchs Grundriss einer schönen Stadt von Johann Peter Willebrandt, 1775

daß ein Nachbar seines Nachbarn Haus zum Modell des seinigen erwähle, sondern das Erhabene muß in der Bauart mit dem edlen Einfältigen, das Zarte mit dem Starken, das Zierliche mit dem Prächtigen, das Gewöhnliche mit dem Seltsamen, ohne gar zu gewissenhafte Uebereinstimmung und zu große Einförmigkeit, sowohl bey öffentlichen als Privat-Gebäuden, in einer beständigen Abwechselung beobachtet werden.“ (§ 88)

In der 1617 für die sephardischen Juden und evangelischen Flüchtlinge nach Ranaissance-Muster gegründeten Glückstadt, in der Willenbrandt neue städtebauliche Ideale nach Mitte des 18. Jahrhunderts formulierte, war das Stadtbild von Bastionen, von einer bescheidenen Pfarrkirche, einer Synagoge und schlichten Häusern auf sternförmig angelegten Straßen, keinesfalls von dominanten Klöster- bzw. Stiftskirchen bestimmt. Willebrandt wußte auch die im Stadtbild nicht optisch, sondern verwaltungswirksam wichtigen, wirtschaftlichen, sozialen und kulturellen Institutionen seiner Zeit zu schätzen und doch wollte er immer noch eine vornehme Position in der Stadt für die optisch markanten Kirchenbauten reservieren: „Die äußerliche Anlage der Kirchen auf den erhabensten Stellen der Städte, ihr felsenmäßiger Grund, tüchtige Mauern, verhältnißmäßige Fenster und Thüren, proportionierte zierliche mit Kupfer bedeckte Dächer, Thürme und Spitzen, prächtige Domen und Kuppeln, und selbst der auf den Spitzen der Thürme angebrachte vergoldete Zierath, Windfahnen u. d. gl. gereichen einer Stadt in der Ferne und in der Nähe zur größten Zierde." (§ 117) „Merkmahle, daß man in einer Stadt die Religion hochschätze, sind wahrhaft Zierde einer Stadt; denn, sie flößen jedermann Hoffnung ein, daß viele Treue und andere Tugenden anzutreffen sind, wo man die Gottheit ehret." (§ 120) In dieser Hinsicht war die Zuordnung der urbanen Bedeutung sowie der ästhetische Standpunkt des evangelisch reformierten Beamten Willenbrandt von den Grundsätzen der römisch-katholischen Bürger_innen und Städtebauer ausnahmsweise nicht weit entfernt.

Überraschend ähnlich sachlich und doch auch ästhetisch sensibel lautet das thematisch vergleichbare Statement eines der einflußreichsten Theologen und Wissenschaftlers, Thomas von Aquin. Um 1265, in der Zeit der meisten Städtegründungen schrieb der hl. Thomas *De regimine principium*, ein Fürstenspiegel mit praktischen Anweisungen zur Organisation der Wirtschaft, des Militär- und Gesundheitswesens und zum Städtebau: „Bei einer Stadtgründung soll ein solcher Platz erwählt werden, der durch die Schönheit der Landschaft den Bewohnern Freude macht. Denn einen anmutigen Ort wird man nicht so leicht verlassen und ebenso strömt nur schwer eine Menge von Bewohnern an einem Ort zusammen, dem jeder landschaftliche Reiz fehlt. Denn ohne eine gewisse Schönheit kann das Leben der Menschen nicht lange bestehen. Dazu gehört es, dass der Platz sich weithin in ebenen Feldern erstreckt, dass er von Bäumen bewachsen ist, die Nähe der Berge einen schönen Anblick gibt, Wälder die Landschaft bekränzen und kleine Wasser sie überall durchziehen [...]. Die Annehmlichkeiten der Landschaft [...] sind jedoch mit Maß zu genießen [...]. Wenn das, was nur Mittel zum Ziele ist, wie das Ziel selbst verfolgt wird, wird die Ordnung der Natur aufheben und zerstört [...]."[22] Vor allem die schönheitliche Wertung der geschilderten Landschaft ist auch heute ganz verständlich und die Mahnung zur Erhaltung der Natur lesen wir heute als eine Prophezeiung. Gründlich wurde von Thomas von Aquin der Einfluß des Klimas auf die Gesundheit der Bevölkerung besprochen. Ausgesucht werden soll ein Platz mit „gemäßigter Temperatur" ohne „Übermaß an Hitze und Kälte", mit „klarer Luft" weit von Sümpfen. Berücksichtigt sollen die Himmelsrichtungen werden. Die „Einwirkung von Sonnenstrahlen" sowie das

„gesunde Wasser“ erkennt man laut Thomas unter anderem an den Gesichtern der Bewohner. „Für einen Stadt- oder Reichsgründer ist es also notwendig zuerst einen Platz aufzusuchen, der in gleicher Weise einer Reihe von Anforderungen zu entsprechen imstande ist, durch seine gesunde Lage die Bewohner erhält, durch seine Fruchtbarkeit für ihren Lebensunterhalt ausreicht, durch die Anmut der Landschaft erfreut und durch eine natürliche Überlegenheit der Örtlichkeit die Sicherheit vor den Feinden gewährt.“[23] Die angeführten Standort-Kriterien mit der Nennung der nutzbringenden sowie ästhetischen Aspekte sind auch aus der Praxis der Kloster-Gründungen bekannt.

„Das Eigene und das Gemeinsame ist nicht dasselbe. Durch das Eigene entstehen die Unterschiede, durch das Gemeinsame wir alles zur Einheit verbunden. [...] in einer [bloßen] Ansammlung von Häusern, hat man allenfalls, was zu einem Gewerbezweig gehört. In einer Stadt aber, die die vollendentste Form gemeinschaftlichen Lebens darstellt, hat man das Ausreichen gegenüber alle Lebensbedürfnissen“.[24] Besonders wichtig ist nach dem hl. Thomas die Standortbestimmung der Gebäude, die die Stadtidentität bestimmen: „Geht man aber zur Gründung einer Stadt ans Werk, so muss man vorsehen, welcher Platz für die Kirchen, welcher für die Gerichtsgebäude und welcher für die einzelnen Zünfte zu bestimmen ist. Ferner ist es notwendig, alle jene Menschen zu versammeln, die nach ihren Berufen entsprechende Örtlichkeiten zugewiesen erhalten müssen.“[25]

Bei der Situierung der Kirchen und Niederlassungen der Zünfte geht es um die wichtige Einteilung des Stadtgefüges. Die Kirchen dienten nicht nur als regelmäßige Versammlungsstätten der kirchlichen Gemeinde und der Mitglieder der im Pfarrsprengel angesiedelten Zünfte, sondern als bildende und soziale Institutionen, als Bestattungsort, als eine Asylstätte und gelegentlich als Sitz des Gerichts und Stadtrats, da in den mitteleuropäischen Städten Rathäuser erst im 14. Jahrhundert gebaut wurden. Die räumliche Einteilung war ein Mittel für die Organisation der Versammlungen. Die vom hl. Thomas erwähnte Segregation der Bürger nach Beruf betrifft vielleich auch eine nützliche Funktionstrennung der Gewerbe, die die Schönheit einer Stadt viel mehr anders als optisch, nämlich durch Geruch und Lärm beeinträchtigten. Die Raumordnung hatte notwendigerweise auch eine zeitliche Parallele: Am Anfang, in der Mitte und am Tagesende klingelten verlässlich genau und schön die Glocken; die Sonnenuhr, später die mechanische Uhr, sowie der Schatten des Turms zeigten die genaue Zeit an; die Einteilung der Wochen und Feiertage wurde durch den Besuch der Messe physisch erlebt. Es war praktisch, die Pfarrkirche in der Mitte der Siedlungseinheiten zu plazieren. Besonders für die kranken und älteren Menschen sowie Kinder war die beschränkte Entfernung der Kirche von der Wohnstätte wichtig. Am Sonntag, dem schönsten Tag der Woche (ursprünglich am Samstag) wurde die Stadt anders erlebt. Die möglichst gleichen Abstände zwischen den Kirchen sind eine verdrängte Übersetzung des in der Mischna streng vorgeschriebenen „Sabbathwegs", sowie die Kirche ein Nachfolger der Synagoge ist und der Sonntag dem Ruhetag Sabbat nachfolgt.[26] Im Prinzip war die regelmäßige Einteilung der Kirchenbaustellen ähnlich rationell wie die einheitliche, den nachbarschaftlichen Frieden garantierende Parzellierung der Baustellen für die Bürgerhäuser. Hinsichtlich der Stadtbild-Veränderlichkeit bzw. Stabilität war jedoch ein gravierender Unterschied zwischen der privat genützten „Baufreiheit" (im Rahmen der z.B. im Sachsenspiegel sowie im Schwabenspiegel genannten Beschränkungen)[27] und der vom Konsens der weltlichen und kirchlichen Hierarchie abhängigen, abweisend sakralisierten und durch umgebende Friedhöfe stabilisierten Kirchenbauten.

In den meisten Städten tauchen nun die architektonisch interessanten Wahrzeichen – ursprünglich konkurenzlose Dominanten – inmitten der ständig hinauf wachsenden privaten Bebauung unter. Sie geben ihre künstlerische und historische Bedeutung nur in der unmittelbaren Nähe zu erkennen, ihr funktioneller und fester räumlicher Zusammenhang könnte aufgrund einer erinnerlichen, mentalen Karte bloß erahnt werden. Vielleicht wird gerade die Spannung zwischen den augenscheinlichen und den latent existenten Elementen des Stadtbildes, zwischen der temporären Variabilität der klein gerahmten Formen und der unsichtbaren Grundrißordnung als die unaussprechliche Schönheit der alten Stadt empfunden. Nur einige, in einer günstigen Terrainsituation gebauten und seit der Gründung relativ wenig veränderten Städte geben den urbanen Zusammenhang ihrer gestalterischen Komposition im Stadtbild immer noch klar zu erkennen.

Das Stadtbild der nunmehrigen Hauptstadt der Slowakischen Republik Bratislava (früher auch Preslavvac, Bresalauspurch, Preßburg, Pozsony genannt) ist durch eine Reihe von Darstellungen über 600 Jahre gut dokumentiert. Die Lage in der Landschaft zwischen der Donau und den Thebener Karpaten bietet „einen schönen Anblick", beispielhaft den Empfehlungen des hl. Thomas entsprechend. Alle Bilder betonen die Rolle der Burg und der Kirchentürme sowie der Stadttore, die das Stadtpanorama rhythmisch gliedern. Eine Darstellung aus der Zeit um 1440 symbolisiert die „Stat Presspurch" durch drei Kirchen und eine geschlossene Stadtmauer sowie eine mehrtürmige Burg.[28] Zusammen mit Preßburg/Bratisla-

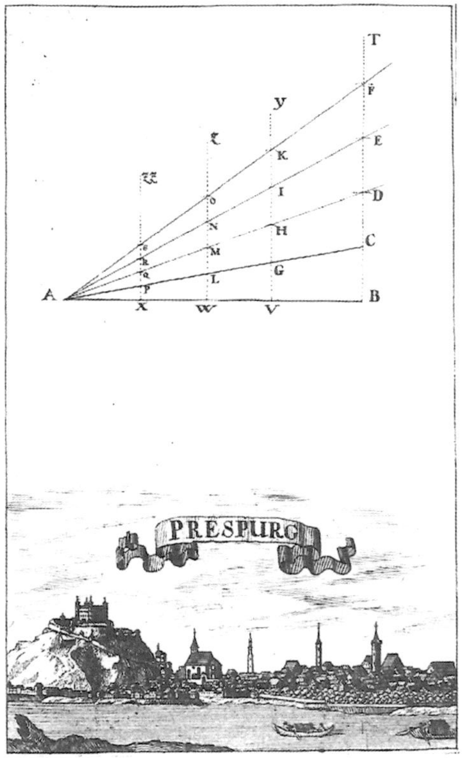

Abb. 2: Burkhard von Birckenstein, Stadtpanorama von Preßburg (Bratislava) mit einer geometrischen Konstruktion, BIRCKENSTEIN 1689, 48.

va wurde auf dem selben Plan die größere Stadt Wien dargestellt – die über 33 Miniaturabbildungen der Wiener Kirchen waren jedoch nachvollziehbar wirklichkeitsnäher. Der Landvermesser Burkhard von Birckenstein illustrierte um die Mitte des 17. Jahrhunderts eine der geometrischen Figuren in seinem Lehrbuch mit dem Panorama der Stadt Preßburg (Abb. 2) mit der Burg, der Sankt Martin-Propsteikirche, Sankt Nikolauskirche unter der Burg und mit drei ganz regelmäßig aufgestellten Türmen von den zwei Bettelorden-Klöstern und dem Sankt Michaeler-Stadttor.[29] Die vermutlich genaue Darstellung der Stadtgestalt durch den Landvermesser und Geometrie-Lehrer zeigt sich im Vergleich mit dem Grundriß der Stadt sowie mit anderen Ansichten, z.B. von Monogrammist HM von 1563, Matthäus Merian von 1638 und Friedrich Bernhard Werner von 1735 im Detail etwas komplizierter als die kulissenhafte Stadtikone.[30] Das reale Panorama erschien bei der Betrachtung vom Schiff oder vom anderen Donauufer aufgrund des geneigten Terrrains und angesichts der vorgelagerten altstädtischen Martinskirche, des Rathausturms sowie des im Hintergrund wandernden Michaelertors sehr plastisch und lebendig beweglich. (Abb. 3 und 4).

Ein für die Entschlüsselung der städtebaulichen Konzeption der Stadt wichtiges Haus steht in der Mitte zwischen den zwei Bettelordenskirchen, der Klarissen und der Minoriten, mit der Fassade im Verband der Michaelerstraße. Das Haus wurde 1307 von den Heiligenkreuzer Zisterziensern erworben und 1311–1325 wurde hier durch Franziscus de Columba, Kaplan des päpstlichen Legaten Kardinal Gentillis die Kapelle der hl. Katarina, Patronin der Wiener und anderer Universitäten errichtet. Wenn die Burg inklusive einer Bergsiedlung schon im achten

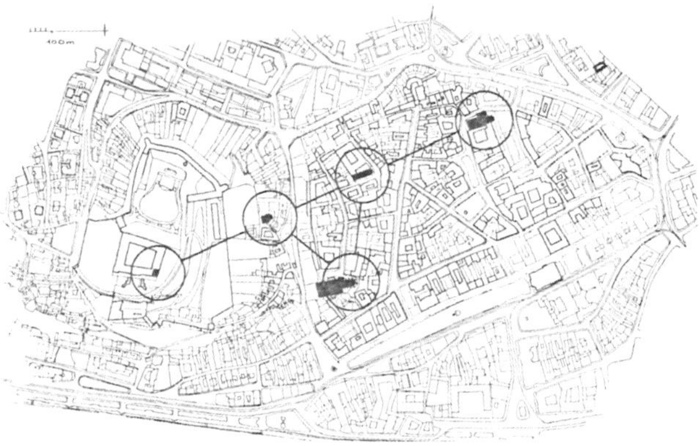

Abb. 3: Blick von Burg auf die Türme der Nikolaus-, Klarissen- und Franziskaner-Kirchen, (©Marta Bezúchová-Stachová 1974).
Abb. 4: Grundriss der Stadt Bratislava mit eingezeichneten Kirchen.

Jahrhundert und eine Stadt um die Martinskirche unter der Burg um 1220 bestanden hatte, dann wurde die uns heute bekannte Altstadt erst seit den achtziger und neunziger Jahren des 13. Jahrhunderts nach vorherigen Kriegszerstörungen neu gebaut. Für die Datierung der erneuerten Stadt ist das von König Andreas III. am 2. Dezember 1291 erteilte Stadtrecht von besonderer Bedeutung. Darüber hinaus relevant sind die Baudaten der Minoritenkirche (1291–1297 Weihe), die folgende Ansiedlung der Klarissen (1297) und die zuvor genannte Errichtung der Katharinenkapelle als Terminus post quem.[31] Parallel zu der neuen Kirchen-Baulinie, die die Burgkapelle im Süd-Ost-Turm, die Sankt Nikolaus-Rundkirche unter der Burg, die Klarissen-Kirche, die Katharinen-Kapelle und die Minoriten- (später Franziskaner-) Kirche linear anordnet, wurde die längste, gleich orientierte Straßenzug sowie zwei weitere Straßen in der, mit anderen Städten unvergleichbaren,

Form eines sich unter 60° schneidenden Andreaskreuzes angelegt, vielleicht zur Erinnerung an den Erneuerer und Förderer der Stadt, König Andreas III. (mit dessen Tod am 13. Jänner 1301 – als letztem Nachkommen des hl. König Stephan – das mythische Geschlecht der Arpaden erlosch). Von der Burg wurde das Straßenmuster und noch deutlicher die Kirchen-Baulinie sichtbar, besonders deutlich nachdem die Klarissen- und Minoritenkirche zu Beginn des 15. Jahrhunderts ähnliche, niedrigere jedoch schön gestaltete, bildhauerisch dekorierte Türme erhielten (Abb. 3). Der hochmittelalterliche Grundriss sowie die duale Höhenzonierung der Stadt wurden auch in der nächsten Zeit respektvoll bebaut, womit das schöne Panorama immer wahrnehmbar blieb. Die Altstadt blieb nicht in ihren gotischen Grenzen eingeschlossen, das Grundkonzept der Stadt wurde auch in der Neuzeit weiter entwickelt. Die markante Sichtachse wurde mit der Situierung des Spitals in der Vorstadt verlängert und zuletzt durch die hervorragende Architektur der Elisabethinenkirche (Franz Anton Pilgram nach 1739) an der Špitálská-Straße mit einem barocken *point de vue* abgeschlossen. Das in der Altstadt am besten beim Spazieren wahrnehmbare, gleichseitige Straßendreieck *Panská-Ventúrska-Sedlárska* wurde 1960 von Architekt Ivan Matušík als eine Form-Inspiration bei der Gestaltung des Kaufhauses Prior in Szene gesetzt (das Projekt für das neue Stadtzentrum mit Hotel Kyjev und Kaufhaus Prior, heute Tesco wurde mit dem „Jurkovic-Architekturpreis“ geehrt).

Das Netzparadigma der architektonisch betonten und im Stadtbild interessant verteilten Wahrzeichen und weiteren urbanen Brennpunkte fordert die ästhetische Sensibilität sowie das Gedächtnis heraus. In einer schönen Stadt ist der alte ästhetische Grundsatz „unitas multiplex“ verständlich verkörpert. Die latent im Stadtbild eingebauten Sichtachsen, Blickfänge, architektonische Parallelen, rhythmische Wiederholungen, alle anscheinend unnötigen, zeiträumlichen Beziehungen steuern zu dem alltäglichen Stadt-Chaos etwas tief Sinnvolles und im Grunde vielleich doch ganz Einfaches bei. Gegenüber der ideellen Konzeption der getrennten „duabus civitatibus“ (Augustin) gibt es die wirkliche „civitas permixta“.[32] Vergleichbare Stadtbild-Dualitäten könnten auch heute Städteplaner_innen für einen sinvollen Grundsatz halten. Aufgrund „stadtmorphologischer Analysen historischer Städte“ stellt Erich Raith im Bild erfolgreicher Städte zwei Komponenten fest: „Die ‚Stabilitas loci‘, die Unaustauschbarkeit und Unverwechselbarkeit des konkreten Ortes lässt in diesem Sinn die präzise bauliche Interpretation des Ortes, seiner Topographie seiner Geschichte, seiner Themen zu. [...] Zukunftstaugliche Stadtkonzepte und Stadtarchitekturen weisen somit Eigenschaften auf, die man auf Bücherregalen auch schätzt: Sie passen an ihren Standort, sind so robust gebaut, dass sie unterschiedlichen und sich verändernden Belastungen gewachsen sind, können sich in unterschiedlicher Weise auffüllen und lassen ständige Veränderungen in der Organisation dieser Auffüllungen zu. Sie gewärleisten eben Beständigkeit und Veränderbarkeit gleichzeitig."[33]

Allerdings ist die Pflege der ästhetischen und inteligenten Zusammenhänge der Stadtbildelemente auf jedem zeiträumlichen Niveau sinnvoll. Der langen Geschichte der Gestaltung der jeweiligen alten Innenstadt stehen zum Vergleich verschiedene Modelle der schnell wachsenden suburbanen Gebiete, z. B. die mit Einfamilienhäusern bebauten Siedlungen oder die erfolgreichen Schoppingcenter mit ihren geräumigen Parkplätzen. Auf den Straßen und Plätzen stehen oder bewegen sich die technisch präzisen, schön designten Fahrzeuge, auch Wohnmobile, die zur Befriedigung aller Geschmackssinne entwickelt wurden. Jeder kann sich ein Auto, das sein Schönheitsideal verkörpert, zwischen den variablen Modellen finden (wenn auch nicht immer finanzieren). Die gesamte Menge der am Straßenrand sowie Parkplätzen zufällig angetroffenen, allerschönsten Automobile, die erfolgreich selbstorganisiert, zuletzt dicht geordnet homogen alles füllen, findet jedoch kaum jemand schön und die meisten Stadtbewohner_innen stimmen sogar für das Parkverbot auf zentralen Stadtplätzen und Fußgeherzonen. Die Anreihung der Gebäude an der Baulinie und der Automobile am Straßenrand kann ähnlich vorkommen. Die Entropie der temporären Zusammenstellung der Automobile auf einem Parkplatz und die langsam konsensuell entstehenden nachbarschaftlichen und gestalterischen Zusammenhänge der Gebäude in einer Stadt sind jedoch unvergleichbar. Keinesfalls am Parkplatz, in der Stadt jedoch immer vom Anfang an, haben sich Bauherren, Baumeister und Architekten nicht nur um die Gestaltung einzelner Gebäude sondern auch um ihren Zusammenhang, um die Stadtgestaltung bemüht.

In diesem Sinne sollte das Modell der historischen Stadtstruktur eingehend erforscht und überprüft werden, um klare Vorgaben für geplante Hochhäuser zu definieren, damit diese gestalterisch – ohne ästhetische und strukturelle Schäden zu verursachen – in das bestehende Stadtbild eingefügt werden können.

1. Österreichische Kunsttopographie, Bd. XV, Kunsthistorischer Atlas der k. k. Reichshaupt- und Residenzstadt Wien und Verzeichnis der erhaltenswerten historischen Kunst- und Naturdenkmale des Wiener Stadtbildes. Von Hugo Hassinger, Wien (Schroll) 1916.
2. KÜHN, Karl, Die schöne Altstadt: ihr Schutz, ihr Umbau, ihre Verkehrsverbesserung; eine Untersuchung zur praktischen Auswertung der Erkenntnis vom Wesen der alten Stadt, Berlin (Ernst) 1932, 2.
3. KÜHN 1932, 3.
4. LÍBAL, Dobroslav, Starobylá města v Československu: Stavba jako obraz dějin, Prag (Artia) 1970.
5. Die Bauordnung für Wien 1970, § 67.
6. Die Bauordnung für Wien 1970, § 87, Abs. 2.
7. Die Bauordnung für Wien 1970, § 87, Abs. 3.
8. BUNDESDENKMALAMT (hg.), Atlas der historischen Schutzzonen in Österreich, Bd. I. Städte und Märkte, Graz (Böhlau) 1970.
9. HOŘEJŠÍ, Alena, Pražská památková reservace, urbanistické řešení ochrany a rozvoje historického jádra Prahy (=Prager Denkmalreservat, städtebauliches Programm für den Schutz und Entwicklung der Innenstadt), Prag o.J.
10. *Stadt und Topografie* Katalog zur Ausstellung der Technischen Universität München, Berlin (Ernst) 1990.
11. VALENA, Tomáš, Beziehungen. Über den Ortsbezug in der Architektur, Berlin (Ernst) 1994, 10.
12. KÜHNE, Olaf, Stadt-Landschaft-Hybridität. Ästhetische Bezüge, Saarbrücken-Wiesbaden (Springer) 2012, 122.
13. GOJDA, Martin, Archeologie krajiny, Akademia Prag 2000, 59.
14. LYNCH, Kevin, Das Bild der Stadt, Braunschweig (Vieweg) 1989, 11.
15. GAUSS, Norbert, *Gedanken zur Erfassung, Gliederung und Darstellung von Ensembles in grossstädtischen Regionen*, in: Österreichische Zeitschrift für Kunst und Denkmalpflege, XXXVII, Heft 3/4, 1983, 146–154.
16. Bundesgesetz betreffend den Schutz von Denkmalen, BGBl. 533/1923 in der Letztfassung von 2013, § 1.3.
17. BUNDESDENKMALAMT (hg.), Kunstwerk Stadt, Österreichische Stadt- und Ortsdenkmale, Salzburg-Wien (Residenz) 1988, 19.
18. Ibidem, 17.
19. Ibidem, 21.
20. REIDINGER, Erwin, Planung oder Zufall: Wiener Neustadt 1192, Wiener Neustadt (Merbod) 1995.
21. WILLEBRANDT, Johann Peter, Grundriss einer schönen Stadt [...], Hamburg-Leipzig (Bohn und Hilscher) 1775, Buch I.
22. THOMAS VON AQUIN, Über die Herrschaft der Fürsten, Stuttgart (Reclam) 1971, Buch 2, Kap. 4, 69–70.
23. Ibidem, Buch 1, Kap. 13, 51
24. Ibidem, Buch 1, Kap. 1, 10
25. Ibidem, Buch 1, Kap. 13, 51
26. Mo'ed, Erubin 2, 4, 1 u.a., Die Mischna: das grundlegende enzyklopädische Regelwerk rabbinischer Tradition (Übers. Dietrich Correns), Wiesbaden (Marix) 2005, 174ff.; zu „Erubin“ als Zeitraumbestimmung: KRUML, Milos, Die mittelalterliche Stadt als Gesamtkunstwerk und Denkmal, Wien (VWGÖ) 1992, 94–103 und besonders Abb. 34; Zu den Konsequenzen im Stadtverkehr: KNOFLACHER, Hermann, Harmonie von Stadt und Verkehr: Freiheit vom Zwang zum Autofahren. Wien (Böhlau) 1993, 181–189.
27. EIKE, von Repgow, Der Sachsenspiegel. SCHOTT, Claudieter (Hg.), Zürich (Manesse) 1984, Buch 2: 51, 140;

Buch 3: 66, 213.
28. „Albertinischer Plan", kol. Federzeichnung, 15. Jh., Wiener Stadt- und Landesarchiv, Sign. 1763.
29. BIRCKENSTEIN, Burkhard von, Ertz-Herzogliche Handgriffe des Zirckels und Linials, oder außerwehlter Anfang zu denen Mathematischen Wissenschafften [...] 1658, 2. Ausgabe 1689.
30. MENCLOVI, Václav und Dobroslava Bratislava, Prag (Stenc) 1936, 35, 39 und 43.
31. Ibidem, 40, 46, 48 und 49; PUŠKÁROVÁ, Blanka / PUŠKÁR, Imrich, Bratislava Pamiatková rezervácia (=Preßburg Denkmalreservat), Bratislava (Tatran) 1989, 18, 72, 80 und 97.
32. OTTO VON FREISING, Chronik oder die Geschichte der zwei Staaten, (Ausgewählte Quellen zur deutschen Geschichte des Mittelalters : 16), LAMMERS, Walther (Hg.) Darmstadt (Wiss. Buchgesellschaft) 1980, Vorwort zum 5. Buch, 374.
33. RAITH, Erich, Stadtmorphologie: Annäherungen, Umsetzungen, Aussichten, Wien–New York (Springer) 2000, 94–95.

Myopie und Weitblick.
John Ruskin und Camillo Sitte in der Wahrnehmung der Schönheit der Stadt

Mario Schwarz

John Ruskin, geboren im Jahr 1819 in London als Sohn eines wohlhabenden Weinhändlers und verstorben im Jahr 1900 im nordenglischen Brantwood, war als Schriftsteller, Maler, Kunstkritiker, Kunsthistoriker und Sozialphilosoph nach der Mitte des 19. Jahrhunderts eine der größten Autoritäten der Kulturgeschichte in Großbritannien.[1] Seine gesamten Veröffentlichungen umfassen 38 Bände.[2] Bereits mit dreißig Jahren publizierte er das viel beachtete Werk *The Seven Lamps of Architecture*, in welchem er die ethischen Grundlagen baukünstlerischen Schaffens zu definieren suchte.[3] Schon 1834, noch vor seinem Studium der Kunstgeschichte in Oxford, war er auf die architektonischen Schönheiten Venedigs aufmerksam geworden. Als er 1840 an Tuberkulose erkrankte, reisten seine Eltern mit ihm für sechs Monate nach Venedig und Rom.[4] In Venedig, das er als „Paradies unter den Städten" ansah[5], erfasste ihn die Sorge um den Verfall dieser Stadt, eine Empathie, die ihn zu einem privaten, groß angelegten Forschungswerk motivierte, dessen Ergebnisse er – wie er selbst sagte, nach siebzehnjährigen Vorarbeiten – im Jahr 1851 in drei Bänden unter dem Titel *The Stones of Venice* publizierte.

In scharfem Gegensatz zu seiner Begeisterung für die Baukunst Venedigs stand seine persönliche Geringschätzung für die damalige Bevölkerung dieser Stadt, die er für den Verfall Venedigs verantwortlich machte.[6] Auch die Herrschaft der Habsburger über Venedig, das 1815–1866 dem Königreich Lombardo-Venetien angehörte, sah Ruskin unter einem negativen Vorurteil, da er sie, der öffentlichen Meinung in England folgend, für repressiv hielt.[7] Auf kulturellem Gebiet entsprach dies allerdings keineswegs den Tatsachen. Vielmehr hatten die Österreicher etwa die von Napoleon nach Paris verschleppten berühmten Bronzepferde des Markusdomes unter großen Schwierigkeiten wieder nach Venedig zurückgebracht (Abb. 1)[8], und sie finanzierten bis zum Ende ihrer Herrschaft mit hohem Kostenaufwand die Restaurierung des Dogenpalastes, des Markusdomes und vieler anderer Kirchen.[9] Ruskin musste aber zu seiner Bestürzung – wie er aus seiner Sicht als Kunsthistoriker schreibt – feststellen, dass die venezianischen Altertumsforscher in der Datie-

Abb. 1: Allegorie auf die Rückkehr der Bronzepferde von San Marco nach Venedig am 13. 12. 1815 (FRODL 1988, p29).

Abb. 3: John Ruskin: Daguerrotypie des Markusdomes in Venedig (1845). (JACOBSON 2015, 14).

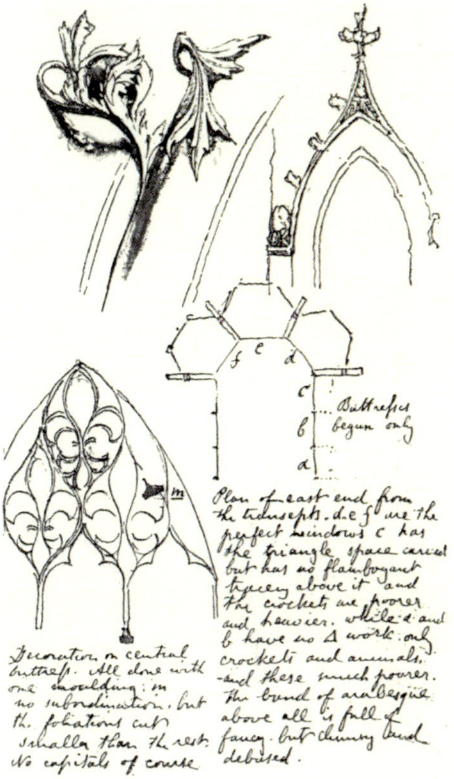

Abb. 2: John Ruskin: Seite aus seinem Notizbuch mit Studien zu Bauten in Venedig. (SPIELMANN, Marion H. : John Ruskin; a sketch of his life, his work, and his opinions, with personal reminiscences. Philadelphia 1900, 72).

rung der Fassade des Dogenpalastes um ein Jahrhundert voneinander abwichen und dass über die Baugeschichte der Bürgerhäuser Venedigs so gut wie nichts bekannt war.

Um das baukünstlerische Erbe Venedigs, das er akut bedroht sah, zu dokumentieren, begann Ruskin 1846 mit umfangreichen Bauaufnahmen in Form von Maßskizzen, Zeichnungen und Aquarellen (Abb. 2) und setzte auch die neue photographische Technik der Daguerreotypie (Abb. 3)[10] ein. Ruskins Methode war die Bauaufnahme „stone by stone" und „touch by touch"[11], also eine myopische sowie haptische Untersuchung aller Baudetails. In geradezu obsessivem Materialhunger vermaß und zeichnete Ruskin Profile und kategorisierte Fensterformen, Fassadenordnungen und Kapitelle mit dem Ziel auf dem Weg einer Membrologie vom Detail auf das Ganze zu schließen. Im Jahr 1849 sah man ihn, der mit seiner Frau Effie im eleganten Hotel Danieli sein Quartier genommen hatte, täglich an den Fassaden und auf den Dächern der Paläste herumklettern, um zu beobachten und zu messen.[12] Ruskin hielt es für unumgänglich, in der ganzen Stadt selbst die verstreutesten Bruchstücke zu untersuchen, wenn sie nur den geringsten Anhaltspunkt für die Bildung der architektonischen Stilarten bieten konnten.

Ruskin gliederte sein dreibändiges Werk, das er bescheiden „Essay" nannte, streng methodisch. Im ersten Band behandelte er Baumaterial und architektonische Glieder, wie Wand und Wandöffnung, Pfeiler, Säulen, Kapitelle, Bogen und Archivolten, um mit ausführlichen Analysen von Winkel, Kante, Wulst und Vertiefung noch mehr in die kleinsten Detailformen einzudringen. Im zweiten und dritten Band stellt der Verfasser die von ihm entwickelte stilistische Periodisierung vor:

Abb. 4: John Ruskin: Detailaufnahme von Steininkrustationen am Dom von Murano. Aus den Studien Ruskins zur byzantinischen Baukunst in Venedig (RUSKIN 1905, Bd. 2, Plate V).

Abb. 5: John Ruskin: Detailaufnahme eines gotischen Maßwerkfensters. Aus den Studien Ruskins zur gotischen Baukunst in Venedig (RUSKIN, The Seven Lamps of Architecture, 1855, Plate VIII).

Er beginnt seine Geschichte der Baukunst Venedigs mit der „byzantinischen Periode" und deren Hauptwerken wie dem Markusdom und den Kirchen von Torcello und Murano (Abb. 4). Es gelingt ihm, neun, wenn auch durch spätere Veränderungen schwerwiegend entstellte Paläste im byzantinischen Stil, u. a. den Fondaco dei Turchi, die Ca'Loredan und Ca'Farsetti, nachzuweisen.[13] Nach dieser Anfangsphase, welcher Ruskin auch die romanischen Architekturformen zuordnet, sieht er den Höhepunkt der Entwicklung in der „gotischen Periode" mit dem Dogenpalast (Abb. 5), der Ca'd'Oro, der Ca'Foscari und den Palästen Contarini-Fasan und Querini sowie in zahlreichen anonymen Privathäusern.[14] Die Periode der Renaissance bewertet Ruskin im III. Band kritisch bereits als Beginn eines Verfalls der baukünstlerischen Entwicklung. An einer Stelle missfällt ihm ein Renaissancegebäude, da es das mittelalterlich geprägte Ambiente störe. In der Erörterung von Einzelformen belegt Ruskin am Ende seines Werkes die festgestellten Stilqualitäten noch ausführlich im Detail.

Große Begeisterung entfaltet Ruskin in der Interpretation der gotischen Bauformen Venedigs. Rohe Kraft und Wildheit drücke die gotische Baukunst aus, sie sei barbarisch wie der Name der Goten, der gefürchteten Eroberer der Völkerwanderung, was aber nicht Abscheu und Ablehnung auslösen dürfe, sondern Ehrfurcht einfordern solle.[15] Veränderlichkeit und Liebe zur Abwechslung kennzeichne diese Periode, die dem Künstler große Gestaltungsfreiheit gewährt habe (Abb. 6). Im Naturalismus der Ornamentformen zeige sich die Liebe zur Natur und deren Verherrlichung in ihrer Wiedergabe. Im Sinn für das Groteske habe diese Periode die Phantasie voll ausgeschöpft. Starrheit und Eigensinn seien ebenso kennzeichnend für die Beharrlichkeit im Gestaltungswillen der Gotik gewesen wie Überfülle im Formenschatz, die als Zeichen von Großmut und Großzügigkeit bewertet werden könne.

Abb. 6: John Ruskin: Darstellung eines Kapitells vom Dogenpalast in Venedig. Lavierte Bleistiftzeichnung. (https://upload.wikimedia.org/wikipedia/commons/b/bb/Capital_36_of_the_Ducal_Palace.jpg?uselang=de 28.November 2022).

Ähnlich wie in der Argumentation seines ersten Buches *The Seven Lamps of Architecture*, in welchem er in nahezu poetischer Form die ethischen Grundlagen der Architektur nach einem Wertmaßstab von „Opfer, Wahrheit, Macht, Schönheit, Leben, Erinnerung und Gehorsam“ als Kriterien für die Qualität von Baukunst und für den Umgang mit dieser darlegt, erklärt Ruskin im Blick auf die von ihm akribisch analysierten Einzelformen, dass wohl keines dieser Details für sich genommen als „schön“ bezeichnet werden könne, sondern, dass der Eindruck der Schönheit erst in einer richtigen Zusammenfügung dieser Elemente entstehe.

Im Zuge der Untersuchungen gelangte Ruskin aber auch zu dem Ergebnis, dass sich die von ihm geplante Ordnung der Bestände nach Stilepochen nicht ausreichend erweist, um die Eigenart Venedigs zu erklären. Er fand stattdessen, was er gar nicht gesucht hatte: Ruskin entdeckte in ganz Venedig kein Gebäude aus der Zeit vor dem 16. Jahrhundert, das nicht in wesentlichen Teilen in mehreren Stilepochen

Abb. 7: John Ruskin: Bauplastisches Detail vom Dogenpalast in Venedig. Bleistiftzeichnung (RUSKIN 1905, Plate XIX).

Veränderungen an einem oder mehreren seiner bedeutsamsten Grundzüge erfahren hätte, dass die Bauten meist das Bild von drei oder vier verschiedenen Stilarten aufwiesen, dass oft nur der Name des Hauses, ähnlich einem Testament seines Erbauers, als Gewähr der historischen Identität geblieben sei, ja dass das Pasticcio der eigentliche Stil dieser Stadt sei.[16]

War man bereit, diesen Beständen historisch gewachsener Stilmischungen jene Wirkungsästhetik zuzubilligen, für die das Stadtbild Venedigs seit je her berühmt war, und die auch Ruskin so sehr ansprach, so musste eine solche Feststellung weit reichende Konsequenzen für den Umgang mit dieser Substanz haben. Aus dieser Frage entwickelte John Ruskin eine neue Perspektive zum Problem der Erhaltung oder Erneuerung von historischen Denkmälern, ja er wurde zum Schöpfer einer völlig neuen Theorie der Denkmalpflege. Ruskin erkannte, dass in der Kunst ein bei weitem komplexeres Phänomen vorliege, als viele seiner Zeitgenossen meinten. Das vom Künstler geschaffene und von der Kunstkritik als solches bewertete Kunstwerk besteht nach John Ruskin als eine abstrakte Wesenheit, entstanden aus einem Prozess, dem konkrete ökonomische und soziale Voraussetzungen zu Grunde liegen und dessen weiteres Schicksal mit der Zweckwidmung und den Absichten der Besitzer verbunden ist. Eine stilistische Restaurierung, wie sie von berühmten Zeitgenossen Ruskins, wie von Eugène Viollet-le-Duc (1814–1879), in Theorie und Praxis geübt und gelehrt wurde, sei deshalb unredlich, da sie Spuren späterer Veränderungen rücksichtslos beseitige; sie missachte damit die Authentizität des Kunstwerks und ersetze Erinnerung durch Fälschung. Daher sei gerade für Venedig als einzig wahrheitsgemäßer Umgang mit der historischen Bausubstanz die Konservierung des gewachsenen Zustands angemessen.

Eine weitere bemerkenswerte rezeptionsästhetische Feststellung konnte Ruskin aus seinen Forschungen ableiten: An den Fassaden sah er eine differenzierte Ausführungsqualität der Bauplastik, wobei weiter entfernte Details sich mit geringerer Sorgfalt ausgearbeitet erwiesen, was aber vom Betrachter der Gesamtwirkung nicht wahrgenommen werden konnte (Abb. 7). „Der Betrachter sollte an seinem Platz zufriedengestellt werden, er sollte das Gefühl bekommen, dass die Dekoration, wo immer sie erscheint, gleichermaßen voll und anmutig gestaltet ist.“[17] Dieser Effekt in der Baukunst wurde von Ruskin ähnlich gesehen, wie die Bildwahrnehmung der Impressionisten in der Malerei. In seinem Spätwerk verließ Ruskin als Maler die naturalistische Darstellungsweise seiner Frühzeit und schuf dynamische Skizzen auch aus seinem geliebten Venedig (Abb. 8). Im Einklang mit diesem Paradigmenwechsel wandte sich Ruskin von seinem ursprünglichen künstlerischen Vorbild Albrecht Dürer ab und dem Impressionisten William Turner zu, dessen Werke er eifrig sammelte.

Abb. 8: John Ruskin: Straßenansicht in Venedig. Kohlezeichnung 1876/1877 (KEMP 1983, Abb. 12).

Ruskins Monumentalwerk über Venedig war ganz wesentlich von seiner nahsichtigen, myopischen Betrachtungsweise geprägt. Unter den zahlreichen Tafelabbildungen in den *Stones of Venice* bildete Ruskin nur eine einzige Gesamtdarstellung eines Gebäudes, und zwar eine Vogelschau des Dogenpalastes, ab.[18] Dagegen ging Camillo Sitte vom Beginn seiner Forschungen zur Stadtbaukunst an davon aus, immer zuerst einen räumlichen Überblick zu gewinnen, was ihn zu neuen, ganz anderen Schlussfolgerungen über die ästhetischen Gesetzmäßigkeiten von Stadtgestaltung und deren Wahrnehmung führte. Camillo Sitte, im Jahr 1843 – also eine Generation später als Ruskin – im Herzen Mitteleuropas geboren, doch schon drei Jahre nach Ruskin verstorben, besaß dessen Werke in seiner persönlichen Bibliothek und versah sie stellenweise mit eigenen Notizen und Anmerkungen. In seinem umfangreichen Manuskript für ein Lehrbuch der Baustillehre von 1883/1884, das er zwar als Unterlage für seine Unterrichtstätigkeit in der Staatsgewerbeschule verwendete[19], welches aber zu seiner Lebenszeit nicht zur Drucklegung gelangte, wandte Sitte eine ganz ähnliche Methode verfeinerter Detailanalyse der architektonischen Formen an, wie Ruskin. Übereinstimmend mit Ruskin war auch Sittes Urteil, dass erst in der künstlerischen Vereinigung der zahlreichen Einzelelemente, die jeweils Träger überlieferter Bedeutungsinhalte seien, eine ästhetische Harmonie zu Stande gebracht werde. Um die Empfindung der Schönheit der Stadt zu ergründen, wählte Camillo Sitte jedoch ganz andere Wege als John Ruskin.

Sitte stellte die Platzgestaltung im Stadtraum in den Mittelpunkt seiner Überlegungen: Es erschien ihm „angezeigt, einmal den Versuch zu wagen, eine Menge schöner alter Platz- und überhaupt Stadtanlagen auf die Ursachen der schönen Wirkung hinzu untersuchen; weil die Ursachen, richtig erkannt, dann eine Summe von Regeln darstellen würden, bei deren Befolgung dann ähnliche treffliche Wirkungen erzielt werden müssten."[20] Sittes theoretisches Hauptwerk, sein Buch *Der Städte-Bau nach seinen künstlerischen Grundsätzen* (Wien 1889) ist überreich ausgestattet mit Grundrissskizzen von städtebaulichen Beispielen, mit denen er seine Beobachtungen und Schlussfolgerungen erläutert, denn „nichts ist schwerer, als aus der perspektivischen Ansicht den Grundriss eines Platzes zu entwickeln, nun gar erst aus der Erinnerung, besonders wenn man während des Anblickes auf diesen Umstand gar nicht dachte, sondern sich bloß dem Genusse all' der schönen Dinge hingab, die man hier reichlich sehen kann."[21] Sitte lieferte solcherart Instrumente, die Geheimnisse von mancherlei Prinzipien zu entschlüsseln, die die Grundlagen für eine Schönheitsempfindung seien, welche zunächst unbewusst wahrgenommen werde. Auch Sitte wählte in seinem Buch Venedig als Beispiel, auch er untersuchte die Umgebung des Dogenpalastes, den Markusplatz und die Piazzetta (Abb. 9), doch er befreite sich davon, den verführerischen Schönheiten der Details anzuhängen. Sitte erkannte die Mittel, mit welchen „diese unübertroffene Pracht erreicht ist" in der genialen Raumdisposition der Gebäude. Sitte erklärte dazu: „Der Markusplatz ist ein Tiefenplatz in Bezug auf die Kirche und ein Breitenplatz in Bezug auf die Procuratien; die Piazzetta ist ein Breitenplatz in Bezug auf die Längsfaçade des Dogenpalastes und ein Tiefenplatz in Bezug auf die Aussicht auf das Meer."[22] Bezüglich der Vielfalt der sich daraus ergebenden Effekte bemerkte Sitte: „Ich besitze 14 verschiedene Photographien dieser Platzgruppirung, von denen jede einzelne ein besonderes eigenes Stadtbild gibt."[23]

Für Ruskin besaß, ebenso wie für Sitte, das Motiv des „Malerischen" – the „Picturesque" – eine wichtige Bedeutung unter den Faktoren, die für das Schön-

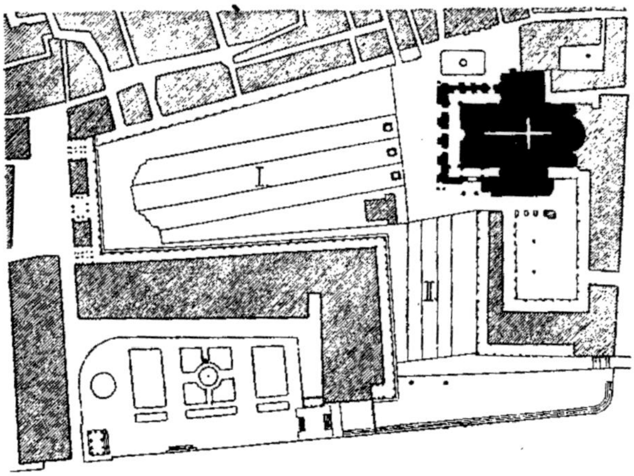

Abb. 9: Camillo Sitte: Markusplatz mit Piazzetta. Plandarstellung (SITTE 2003, 66).

heitsempfinden an einem Stadtbild maßgeblich seien. Ruskin sah, noch stark geprägt von Idealen der Romantiker, im Pittoresken den Anteil des Zufälligen, Akzidentiellen, Unerwarteten, das die Phantasie beflügelt. Wie seine stimmungsvollen Aquarelle zeigen, liebte er Zustandsbilder des Verfalls, wie überwachsene Ruinen, oder durch Umbauten rätselhaft verfremdete Fassaden, in denen er philosophische Stimmungsbilder erkannte, die an die Vergänglichkeit gemahnen. Dabei war seine Einschätzung des Pittoresken durchaus zwiespältig: Wenn dieses im Stande war, gegenüber dem wahrhaft Erhabenen die Aufmerksamkeit durch Neugier und Lust am Spielerischen noch stärker an sich zu reißen, war es in Ruskins Augen in Wahrheit parasitär.

Camillo Sitte hatte zum Malerischen eine viel pragmatischere Einstellung. Auch er sah dessen Wirkung hauptsächlich ausgelöst durch das Zufällige, Abwechslungsreiche bis hin zum „grottesken Durcheinander“ und zum „phantastischen Bühnenbild“. Sitte erkannte die malerische Wirkung im Stadtbild aber vor allem in verschränkten Perspektiven, die er in der Übereckstellung von Gebäuden, im Effekt schräger Straßeneinmündungen in Plätze, in absichtlichen Asymmetrien an unzähligen seiner Beobachtungen vor sich sah. Als Architekt und Städtebauer setzte Sitte derartige malerische Effekte auch selbst gestalterisch ein und erläuterte diese Absicht auch ausdrücklich in Kommentaren, wie etwa bei der Positionierung der Kirche von Přivoz / Oderfurth, wo er sowohl für die städtebauliche Disposition als auch für den Einzelentwurf verantwortlich war.[24]

In ihrer Auffassung der Denkmalpflege gingen die Ansichten von Ruskin und Sitte allerdings diametral auseinander. Während Ruskin als letzte Konsequenz seiner Überlegungen vom ethisch motivierten Verzicht auf Ergänzung forderte,

Abb. 10: Camillo Sitte: Bauarbeiten auf Burg Kreuzenstein (SITTE 2010, 503).

dass man Gebäude, die sich nicht mehr konservieren ließen, in Würde sterben lasse, war Sitte hingegen von der Idee begeistert, aus Trümmern mittelalterlicher Burgen neugotische Schlösser wiedererstehen zu lassen, wie er dies am Projekt des Wiederaufbaus von Burg Kreuzenstein bei Wien durch Hans Wilczek realisiert sah (Abb. 10).[25] An die Stelle ungeschminkter Authentizität und Wahrhaftigkeit, welche Ruskin propagierte, setzte Sitte die Inszenierung virtueller Vergangenheit, die er auch bei eigenen Entwürfen anwandte: Auf Bauplätzen von geschichtlicher Bedeutungslosigkeit plante er Neubauten in historistischen Stilformen, die in ihrem Aussehen eine „gewachsene“ bauhistorische Entstehungsgeschichte erzählen sollten.[26] Damit war Sitte als ein im Umbruch zur Moderne in Wien verankerter Zeitgenosse Otto Wagners und Sigmund Freuds viel mehr Romantiker als John Ruskin, der sich zwar im Kreis der englischen Neuromantiker des „Arts and Crafts Movement“ und der Präraffaeliten bewegte, gleichzeitig aber in seinem Buch *Modern Painters* kämpferisch für den fortschrittlichen William Turner eintrat.

Der beharrlichen Myopie Ruskins steht der offene Weitblick des jüngeren Sitte gegenüber. In den Werken beider erkennen wir aber das ehrliche Bestreben, welches manchmal fast zur Besessenheit ausartet, jenes Phänomen zu ergründen, das in der Wahrnehmung der Stadt Schönheitsempfindung auslöst.

1. dearden, James S., Facts of Ruskin. London – Edinburgh 1970; hunt, John Dixon, The Wider Sea. A Life of John Ruskin, London – Melbourne – Toronto 1982.
2. cook, Edward T. / wedderburg, Alexander (Ed.), John Ruskin. The Works (The Library Edition), 38 Bde., London 1903–1912.
3. lipp, Wilfried, Kultur des Bewahrens. Schrägansichten zur Denkmalpflege, Wien – Köln – Weimar 2008, 118.
4. kemp, Wolfgang, John Ruskin. Leben und Werk, München – Wien 1983, 61.
5. evans, Joan / whitehouse, John Howard (Ed.) John Ruskin. The Diaries, Oxford 1956, 183.
6. kemp 1983, 146–147.
7. lipp, 2008, 119.
8. donin, Richard Kurt, *Österreichische Denkmalpflege in Venedig 1815-1866*, in: Mitteilungen der Gesellschaft für vergleichende Kunstforschung VII (Wien 1954), 19–26; frodl, Walter, Idee und Verwirklichung. Das Werden der staatlichen Denkmalpflege in Österreich. (Studien zu Denkmalschutz und Denkmalpflege XIII), Wien – Köln – Graz 1988, 29.
9. Mittheilungen der kaiserl. königl. Central-Commission zur Erforschung und Erhaltung der Baudenkmale, Wien 1859, 82 und 285–286.
10. kemp 1983, 147–148. jacobson, Ken & Jenny, Carrying Off the Palaces: John Ruskin's Lost Daguerrotypes, London 2015.
11. kemp 1983, 149, 154
12. kemp 1983, 150.
13. ruskin, John, The Stones of Venice, 2 (The Universal Edition of John Ruskin's Works, London 1905, 12–164.
14. ruskin 1905, 165–406.
15. kemp 1983, 178.
16. kemp 1983, 157; lipp 2008, 120.
17. cook / wedderburn 1903–1912, IX, 292–293.
18. kemp 1983, 156.
19. sitte, Camillo, *Vorträge über Geschichte der Baustyle (1883-1884)*, in: semsroth, Klaus / mönninger, Michael / crasemann collins, Christiane, Camillo Sitte. Schriften zu Kunsttheorie und Kunstgeschichte (Camillo Sitte Gesamtausgabe Bd. 5), Wien-Köln-Weimar (Böhlau) 2010, 151–313. schwarz, Mario, *Zu Camillo Sittes „Vorträgen über Geschichte der Baustyle"*, ibidem, 87–112.
20. sitte, Camillo, *Der Städte-Bau nach seinen künstlerischen Grundsätzen.* Reprint der Erstausgabe von Mai 1889, in: semsroth, Klaus / mönninger, Michael / crasemann collins, Christiane, Camillo Sitte. Schriften zu Kunsttheorie und Kunstgeschichte (Camillo Sitte Gesamtausgabe Bd. 3), Wien-Köln-Weimar (Böhlau) 2003, III.
21. sitte 2003, 56.
22. sitte 2003, 65.
23. sitte, Camillo, *Über alte und neue Städteanlagen mit Bezug auf die Plätze und Monument-Aufstellung in Wien (1889)*, in: semsroth, Klaus / mönninger, Michael / crasemann collins, Christiane, Camillo Sitte. Entwürfe und städteauliche Projekte (Camillo-Sitte-Gesamtausgabe Bd. 2), Wien-Köln-Weimar (Böhlau) 2010,
24. schwarz, Mario, *Architekturentwürfe und architektonische Projekte von Camillo Sitte*, in: semsroth, Klaus / mönninger, Michael / crasemann collins, Christiane, Camillo Sitte. Entwürfe und städteauliche Projekte (Camillo-Sitte-Gesamtausgabe Bd. 6), Wien-Köln-Weimar (Böhlau) 2014, 30–31, 137-162. mönninger, Michael, *Camillo Sitte als Städtebauer*, ibidem, 310–357.
25. sitte, Camillo, *Aus der Burg Kreuzenstein (1898)*, in: semsroth, Klaus / mönninger, Michael / crasemann

COLLINS, Christiane, Camillo Sitte. Entwürfe und städteauliche Projekte (Camillo-Sitte-Gesamtausgabe Bd. 2), Wien-Köln-Weimar (Böhlau) 2010, 476–510. SCHWARZ, Mario, *Camillo Sittes Schriften zur Architektur*, ibidem, 142–143.
26. SCHWARZ 2014, 30–33.

Die Stadt als „ein Kunstwerk ersten Ranges“.

Der Wiener Diskurs zur Schönheit der Stadt im Vor- und Umfeld Camillo Sittes – Grundlage einer *Wiener Schule des Städtebaus*?

Andreas Zeese

In einem Ende Januar 2015 geführten Interview mit dem Berliner Tagesspiegel äußerte der New Yorker Architekt Daniel Libeskind einige bemerkenswerte Dinge. Befragt nach seiner Einschätzung über das Umfeld des 2006 eröffneten Berliner Hauptbahnhofs formulierte Libeskind sein Missfallen an der Gestaltung des „schreckliche[n] Areal[s].“[1] Dabei kritisierte er nicht nur „Gebäude ohne Charakter, ohne Ideenreichtum“, sondern auch die städtebauliche Struktur als „typisch für instrumentalisierte Bürokratie in der Planung, wo alles auf dem Papier logisch erscheint, aber wo keiner über die Stadt als Kunstwerk nachdenkt“. Anschließend forderte Libeskind: „Wir müssen Schönheit haben, Proportionen und Aktivitäten, die Entwicklung fördern, nicht nur ökonomisch, sondern auch mental. Das ist der Grund, warum Menschen noch heute in Scharen nach Florenz oder in andere alte Städte fahren.“ (Abb. 1 und 2)

Libeskinds Stellungnahme zur aktuellen Berliner Stadtentwicklung ist auch deshalb erstaunlich, weil sie „den Sinn und den Nutzen einer guten und schönen Stadt“ für die urbane Entwicklung unterstreicht. So führt er aus: „Schönheit ist etwas, worüber heute keiner mehr spricht. Schönheit verschwindet. Aber es gibt sie tatsächlich, die schöne Stadt, das schöne Gebäude, das schöne Fenster, einen wunderschönen Sinn für Fantasie. Städte müssen keine uniformen, formalistischen Orte sein, [...]“. Ein Schlüssel dazu sieht Libeskind in der Gestaltung des öffentlichen Raumes: „In der Renaissance haben Künstler wie Michelangelo oder Raffael öffentliche Plätze gestaltet. Heute entwerfen vielleicht Architekten Gebäude, aber die echten Masterpläne werden von Technokraten und Bürokraten entwickelt.“

Libeskinds Aussagen über die Schönheit der Stadt, über die Stadt als Kunstwerk und über die ideelle Grundlage von städtischer Architektur fügen sich in eine lange Traditionslinie des Städtebaudiskurses ein. Insbesondere bilden sie eine

Abb. 1: Berlin, Washingtonplatz mit Hauptbahnhof, 2016 (© dubaibobby 2016).

Abb. 2: Florenz, Piazza della Signoria (SITTE 1889, Fig. 5.).

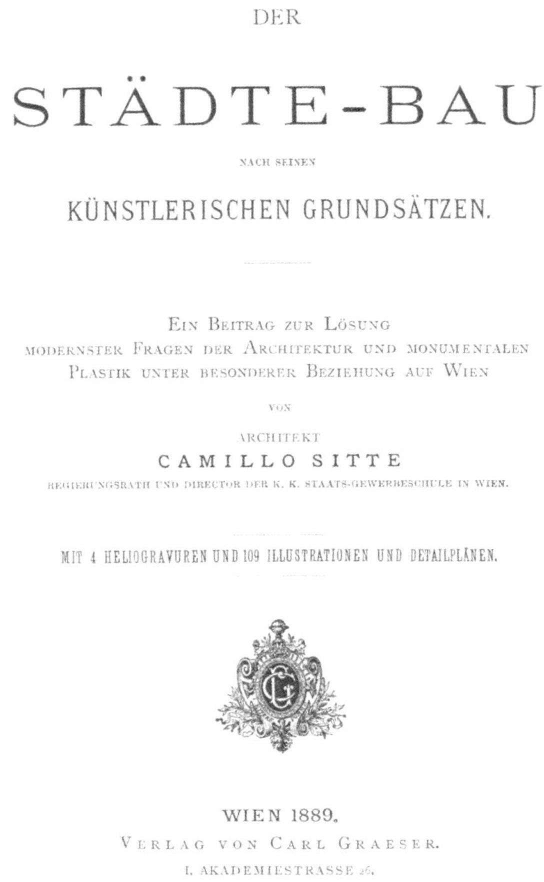

DER

STÄDTE-BAU

NACH SEINEN

KÜNSTLERISCHEN GRUNDSÄTZEN.

EIN BEITRAG ZUR LÖSUNG
MODERNSTER FRAGEN DER ARCHITEKTUR UND MONUMENTALEN
PLASTIK UNTER BESONDERER BEZIEHUNG AUF WIEN

VON

ARCHITEKT

CAMILLO SITTE

REGIERUNGSRATH UND DIRECTOR DER K. K. STAATS-GEWERBESCHULE IN WIEN.

MIT 4 HELIOGRAVUREN UND 109 ILLUSTRATIONEN UND DETAILPLÄNEN.

WIEN 1889.
VERLAG VON CARL GRAESER.
I. AKADEMIESTRASSE 26.

Abb. 3: Camillo Sitte: *Der Städte-Bau nach seinen künstlerischen Grundsätzen*, Wien 1889, Titelblatt.

Brücke in das Wien des 19. und frühen 20. Jahrhunderts, das für die Entwicklung der städtebaulichen Debatte maßgebend war. Hier kam es – ausgelöst durch den kaiserlichen Erlass zur Erweiterung der inneren Stadt 1857 und parallel zum enormen Wachstumsschub in den folgenden Jahrzehnten – zu einer grundlegenden Theoriebildung über die künstlerische Gestaltung der schönen Stadt.[2]

Geradezu paradigmatisch für diese Theoriebildung steht dabei das Werk Camillo Sittes, der in seinem 1889 veröffentlichten Buch *Der Städte-Bau nach seinen künstlerischen Grundsätzen* den Versuch unternahm, historische Platz- und Stadtanlagen „auf die Ursachen der schönen Wirkung hin zu untersuchen".[3] (Abb. 3) In seiner Publikation zielte Sitte darauf, aus der Analyse ästhetisch ansprechender Beispiele der Geschichte „eine Summe von Regeln" zu destillieren, um die Anlage der Stadt nicht bloß als „technische Frage", sondern als „Kunstfrage" im „höchsten Sinne" zu etablieren.[4] Die Befolgung dieser traditionellen Regeln in der Jetzt-Zeit sollte ähnlich befriedigende Ergebnisse hervorbringen und dem „Praktiker"[5] helfen, die „Zerfahrenheit und Langweiligkeit"[6] der zeitgenössischen Stadtgestaltung zu überwinden. Dabei hatte Sitte vor allem die Wiener Verhältnisse vor Augen, insbesondere natürlich die Anlage der Wiener Ringstraße, auf die er seine Beobachtungen im letzten Kapitel des Buches anwendete.[7] (Abb. 4)

Im Folgenden soll der Versuch unternommen werden, Sittes Opus in eine *Wiener Schule des Städtebaus* einzureihen, in der ästhetischen Fragen der Stadtgestaltung eine zentrale Rolle zukam.[8] Diese Theoriebildung ging mit der Entwicklung und Erweiterung der Stadt Wien ab Mitte des 19. Jahrhunderts einher und reflektierte die in der Praxis gesammelten Erfahrungen – entweder affirmativ-bejahend, häufiger jedoch kritisch-abwägend und auf künftige Verbesserungen bedacht. Zentralpunkte in diesem Diskurs der Wiener Schule, in der die Gestaltung von Stadtanlagen als eine „eminent künstlerische Aufgabe"[9] propagiert wurde, bildeten dabei die Beiträge des Kunsthistorikers Rudolf Eitelberger Ende der 1850er Jahre und des Architekten Heinrich Ferstel 1877.[10] Als Lehrer Camillo Sittes beeinflussten beide Persönlichkeiten nicht nur dessen Denkweise und Methodik, sondern legten auch den Grundstein für eine Debatte, die in technischen Fachvereinigungen, im Feuilleton und in der Öffentlichkeit mitunter leidenschaftlich geführt wurde.

I. Auftakt: Erste Theoriebildung – die Geschichte als Lehrmeisterin

Entscheidend für den Diskurs in der Frühphase war vor allem Rudolf Eitelberger,[11] der 1858 in einem Vortrag den Stellenwert der kaiserlichen Entscheidung zur Erweiterung der Inneren Stadt Wien erläuterte und versuchte, die „architektonischen Grundformen einer Stadt" aus der Geschichte heraus abzuleiten.[12] (Abb. 5) Dabei interpretierte er die Aufgabe der Ausgestaltung der Stadt zu einem neuen „kaiserliche[n]" Wien[13] als nationale Kulturaufgabe ersten Ranges. Eitelberger wies der Kunst eine entscheidende Rolle zu, da sie bei „Städtebauten und Städteanlagen" dem Bedürfnis entspringe und damit den „Zwecken der Gesellschaft" diene.[14] Die Aufgabe der Kunst, speziell der Architektur sei es, den „geisti-

Abb. 4: Camillo Sitte, Projekt zur Neugestaltung des Universitätsrings zwischen Parlament und Votivkirche, 1889 (SITTE 1889, Fig. 108).

gen Organismus" der Stadt „zu durchdringen und zu klären".[15]

Von Interesse für die Gegenwart waren für Eitelberger mit der Antike und dem Mittelalter jene zwei Epochen, „die mit gleich künstlerischer Konsequenz [...] die Stadtbauten als Objekte der Kunst behandelten".[16] Als Vorbild für das neue Wien empfahl er angesichts ähnlicher Größendimensionen das kaiserliche Rom mit seiner „Architektur der Massen für die Bedürfnisse der Massen";[17] bei den mittelalterlichen Anlagen lobte er die „Schönheit der Stadtbauten" und der Platz-

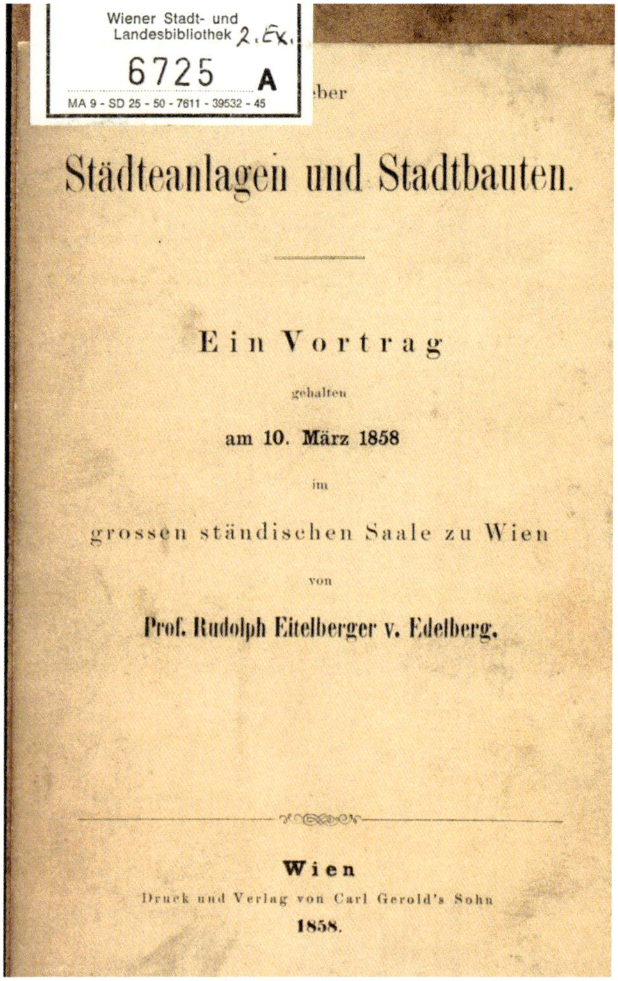

ber

Städteanlagen und Stadtbauten.

Ein Vortrag

gehalten

am 10. März 1858

im

grossen ständischen Saale zu Wien

von

Prof. Rudolph Eitelberger v. Edelberg.

Wien

Druck und Verlag von Carl Gerold's Sohn

1858.

Abb. 5: Rudolf [Rudolph] Eitelberger von Edelberg, Ueber Städteanlagen und Stadtbauten, Wien 1858, Titelblatt.

anlagen.[18] Im Gegensatz zu Paris, das den „Prototyp einer modernen Hauptstadt darstelle",[19] erkannte Eitelberger im zeitgenössischen Wien mangels bedeutender Monumentalbauten nicht „de[n] Charakter einer Grossstadt".[20] Die „architektonische Schönheit Wiens" sah er „ausschliesslich in den Gebäuden der Zukunft."[21]

Die von Eitelberger angeführten Aspekte zur ästhetischen Ausgestaltung der Stadt prägten den Wiener Diskurs auch in der Folgezeit: So lehnte er „Zirkel und Lineal" als „einzige[n] künstlerische[n] Massstab bei der Anlage" von Städten ab[22] und forderte die Abkehr von „eine[r] regelrechte[n] Führung der Gebäude in breiten Straßen“.[23] Seine Hoffnung, dass im künftigen Stadtbild keine Monotonie entstehen werde, machte Eitelberger an der Vielfalt der Bauaufgaben, an den schönen landschaftlichen Gegebenheiten und am Reiz des künftigen Gegensatzes zwischen Alt- und Neu-Wien fest. Der Reichtum an „schönen Aussichten und Motiven zu architektonischen Anlagen“ werde – künstlerisch weiterentwickelt –, so die Hoffnung Eitelbergers, zu einem befriedigenden Ergebnis führen.[24]

Abschließend nannte Eitelberger einige Aspekte, die in den Diskursen zur Ästhetik des Stadtbildes nur selten vorkommen und eine psychologisierende, geradezu partizipativ ausgerichtete Betrachtungsweise belegen. Hierbei kam der Wiener Bevölkerung als primärer Nutzerin der Stadt die Rolle eines Hauptakteurs/Entscheiders zu, der den Prozess der Urbanisierung angesichts der bevorstehenden Veränderungen aus eigenem Interesse aktiv verfolgen sollte. Durch die Ausbildung eines ästhetisches Urteilsvermögens in der Bewohnerschaft wollte Eitelberger sicherstellen, dass dem „Unverstand“ bei der planlosen Anlage von Straßen, „bei dem unsicheren Herumtappen, der Gleichgiltigkeit gegen architektonische Schönheiten“ entgegengewirkt werden könne.[25]

Als einen wichtigen Faktor führte Eitelberger hierbei das „Gemüth“ an – und thematisierte damit Fragen der Wirkung des Stadtraums auf den Menschen, wobei „Aspekte der physischen und psychischen Gesundheit“ berührt wurden.[26] Albertis Vergleich von Stadt und Haus aufgreifend, schrieb Eitelberger: „In einer Stadt soll es, wie in einem Hause, wohnlich sein“.[27] Damit die Stadt „wohnlich genannt werden kann, müssen die Formen, die Anlagen wohlthuend auf unser Gemüth wirken.“[28] Und weiter: „Das Wüste der Stimmung, die Leere des Gemüthes, die Unbehaglichkeit des Seins steht in genauer Wechselwirkung mit der öden Fläche der Strassen, der nüchternen geistlosen Form der Plätze, dem kahlen kunstlosen Schmuck unserer Kirchen.“

Stadtgestaltung und Stadtbau wurden damit als Schlüssel für das Wohlbefinden der Bevölkerung erkannt, Fragen der Ästhetik, der Proportionierung und Nutzung von öffentlichen Räumen zu entscheidenden Komponenten für das Zusammenleben erhoben – auch hier übrigens wieder in Anlehnung an Alberti.[29] Die Schönheit der Stadt sollte nicht bloß ein ästhetischer Mehrwert bleiben, sondern wurde als eine existenzielle Frage für die Bewohnerschaft erkannt.

Die hier geäußerten Gedanken prägen auch Eitelbergers weitere Veröffentlichungen zum Thema Stadterweiterung, die in den beiden Folgejahren 1859 und 1860 erschienen.[30] Grundlegend für diese und letztlich konstituierend für die *Wiener Schule des Städtebaus* war wiederum die Breite der Betrachtungsweise, wobei der Kunst als Mittel der Sublimierung des Notwendigen erneut eine entscheidende Rolle zugestanden wurde. So forderte Eitelberger 1859 nicht nur, bei der Gestaltung von Stadtanlagen keinen Unterschied zwischen Nutzbauten und Monumentalbauten zu machen, da „sich wahre Zweckmäßigkeit mit echter Schönheit" paare.[31] Vielmehr sollten alle Bauten zur Wahrung der künstlerischen und ethischen Interessen der Bevölkerung „gleichmäßig unter ein höheres Kunstgesetz" gestellt[32] und entsprechend sorgfältig gestaltet werden.

Ergänzend definierte Eitelberger die Planung von Städteanlagen nun als Raumkunst, die nicht rein objektbezogen agiere, sondern das Zusammenwirken von Einzelbauten zum Thema habe. Die Phantasie des Künstlers müsse „raumgestaltend und Raum schaffend wirken, eine Totalität von Gebäuden unter höheren Gesichtspunkten gruppiren und dem öffentlichen Wohle dienstbar machen"[33] – eine Aussage, die an Sempers Diktum der „Raumespoesie" erinnert, also der Kombination von Raumeinheiten zu einer Gesamtwirkung.[34]

Mit seinen Vorträgen und Veröffentlichungen setzte Eitelberger zwischen 1858 und 1860, also zu Beginn der Phase der Wiener Stadterweiterung, nicht nur einen wichtigen Maßstab für die öffentliche Bewertung der Wettbewerbsarbeiten zur Ringstraße; vielmehr wurden seine Beiträge zu einem Grundpfeiler für die städtebauliche Theoriebildung in der österreichischen Hauptstadt.

II. Nachjustierung – das Wiener Stadtbausystem zwischen Einheitlichkeit und Mannigfaltigkeit

In der Folge bildete die entstehende Wiener Ringstraße den Kristallisationspunkt städtebaulicher Reflektionen. Mit der Komplettierung von Teilabschnitten, mit der Fertigstellung erster Häuser und Platzanlagen auf dem Gelände des früheren Glacis ging ab Beginn der 1860er Jahre auch eine Verlagerung des Diskurses von der zweidimensionalen Planebene auf den dreidimensional sich ausbildenden Stadtraum einher.

Hierbei wurde vor allem das Verhältnis zwischen Freiraum und Baumasse bzw. zwischen Repräsentations- und Wohnbauten thematisiert – als Stichworte seien die Begriffe „Einheitlichkeit" und „Mannigfaltigkeit" genannt.[35] Diese Fragen zielten auf die perspektivische Wirkung der neuen Straßenkorridore, deren Randbebauung sich entweder einem Gesamteindruck unterordnen (Einheitlichkeit) oder jeweils eigene Akzente setzen sollte (Mannigfaltigkeit). Als Hintergrundbild wirkte der Haussmannsche Umbau von Paris mit seinem System gleichförmig gestalteter Miethäuser, deren Aneinanderreihung in den auf Points de Vue ausgerichteten Avenuen zu einer Steigerung des Effekts führte.[36]

Ebenfalls thematisiert wurde ab Mitte der 1860er Jahre die Frage nach dem Verhältnis von Platzanlagen, Stadtraum und Monumenten. Das häufig beklagte Fehlen eines „öffentlichen imposanten Platzes“[37] im Bereich der Wiener Ringstraße sollte etwa durch den Neubau der Hofmuseen wettgemacht werden, mit denen ein neuer „architektonischen Mittelpunkt“ der Stadt geschaffen werden sollte.[38] Erst mit der Anlage des Semperschen Kaiserforums bzw. mit der monumentalen Umgestaltung des ehemaligen Paradeplatzes zum Rathausplatz wurde an der Ringstraße das bis dato herrschende Prinzip der isolierten Anordnung öffentlicher Bauten zugunsten eines effektvolleren „Gruppensystem[s]“ aufgegeben.[39]

Durch die dabei tangential bzw. orthogonal zum Straßenverlauf angeordneten Bauten und Platzanlagen entstand ein eigenes Wiener System der Gruppierung von Großbauten, mit dem das künstlerische Potential der polygonal gebrochenen Straßen wirkungsvoll ausgeschöpft wurde – und das bald wieder zum Ausgangspunkt urbanistischer Verbesserungsvorschläge wurde (wie eingangs erwähnt u.a. durch Camillo Sitte).[40]

III. Ausweitung des Blicks – die Großstadt als ein Kunstwerk ersten Ranges

Im Wien der 1860er und 1870er Jahre bildete die Ringstraße zwar das zentrale Entwicklungsareal; im Zuge der Industrialisierung und der Bevölkerungszunahme wuchs die Stadt jedoch nicht nur im Gebiet des ehemaligen Glacis, sondern insbesondere im Bereich der Vororte außerhalb des Linienwalls.

Als zentrale Plattform für die Diskussion über Fragen des Stadtwachstums fungierte ab Mitte der 1860er Jahre der Österreichische Ingenieur- und Architektenverein (ÖIAV), dem nicht nur die Leitfiguren Heinrich Ferstel, Theophil Hansen und Friedrich Schmidt, sondern alle wichtigen Wiener Architekten jener Zeit angehörten.[41] Seiner interdisziplinären Ausrichtung entsprechend, widmete sich der Verein sowohl technischen und ingenieurwissenschaftlichen Fragen der Stadtentwicklung als auch künstlerischen und ästhetischen Aspekten.[42] Für die *Wiener Schule des Städtebaus* und ihre Diskussion um die Schönheit der Stadt war der ÖIAV von zentraler Bedeutung: Hier wurden alle wichtigen stadtgestalterischen Aspekte diskutiert – von kleineren künstlerischen Fragen, wie der Aufstellung von Denkmälern, über die Gestaltung wichtiger Repräsentations- und

Sakralbauten bis hin zu Baulinienplänen und Straßendurchbrüchen.

Den entscheidenden Beitrag des ÖIAV zur Frage der ästhetischen Ausgestaltung des Stadtraums stellen drei Denkschriften dar, die zwischen 1877 und 1891 erschienen.[43] In ihnen wurde die Schaffung eines einheitlichen, das Wachstum der Stadt in geregelte Bahnen lenkenden Stadtentwicklungsplans angeregt – eine Initiative, die 1892 schließlich zur Ausschreibung des Wettbewerbs zum Wiener Generalregulierungsplan führte.

In der Folge soll die Aufmerksamkeit auf die erste, 1877 maßgeblich von Heinrich Ferstel verfasste Denkschrift gelenkt werden, in der Eitelbergers Forderung nach einer künstlerischen Durchbildung des Stadtbilds auf die Großstadt ausgeweitet wurde.[44] (Abb. 6) Die in der Forschung bisher vergleichsweise wenig beachtete Schrift – Karin Wilhelm hat 2005 Auszüge daraus publiziert –[45] bildete nicht nur das Substrat der im Zuge des Ringstraßenbaus innerhalb von 20 Jahren angehäuften Erfahrungen, sondern berücksichtigte auch ingenieurwissenschaftliche Forderungen. Als stadtplanerische Grundlagenschrift weitete sie den Blick zu einer grundsätzlichen *Tour d'Horizon* über Fragen der räumlichen, sozialen und ökonomischen Organisation einer Millionenstadt. Der Gedanke, dass die gesamte Stadt als „ein Kunstwerk ersten Ranges"[46] aufgefasst und geplant werden müsse, blieb dabei grundlegend.[47]

Beeindruckend – und für das Thema der Schönheit der Stadt von besonderem Interesse – war dabei nicht nur die räumliche und historische Analyse, sondern vor allem die systematische Abhandlung der funktionalen und morphologischen Grundelemente einer Stadt. Hierbei glich die Schrift einem Katechismus der Stadtbaukunst, deren Aufgabe Ferstel darin sah, die technischen Notwendigkeiten einer Großstadt und die Wohnbedürfnisse der Bevölkerung durch künstlerische Mittel zu einem schönen Stadtbild zu sublimieren.

Die Schönheit einer Stadt beruhte in Ferstels Augen ganz wesentlich auf der Ausbildung des Straßennetzes – des „Knochengerüste[s]" –[48] und hierbei insbesondere auf dem Verhältnis zwischen der Dimension der Straßen und der Höhe der Gebäude.[49] So war der Architekt davon überzeugt, dass durch die Berücksichtigung unterschiedlicher Verkehrserfordernisse und Repräsentationsbedürfnisse bei einer gut ausgebildeten Stadtanlage quasi von selbst eine gewisse Mannigfaltigkeit von Straßen- und Platzräumen entstehen werde.

Dieses abwechslungsreiche, aus der Erfüllung unterschiedlicher Bedürfnisse hervorgegangene, künftige Stadtbild stellte Ferstel der zeitgenössischen „Monotonie unseres chablonenartigen Hausbaues" gegenüber, die er auf die „alles nivelli-

65

DENKSCHRIFT

über die

künftige bauliche Entwicklung Wiens.

Verfasst vom

österreichischen Ingenieur- und Architekten-Vereine

aus Anlass der

Berathungen über die Verfassung eines General-Baulinienplanes für Wien und Umgebung.

Der österr. Ingenieur- und Architekten-Verein hat schon wiederholt Gelegenheit gehabt, auf den empfindlichen Mangel eines General-Baulinien-Planes für Wien und Umgebung hinzuweisen.

Ueber specielle Anregung hat der Verein aus seiner Mitte ein Comité bestellt, welches die Beschaffung eines solchen Planes zu erörtern hatte.

Die vorliegende Denkschrift ist das Ergebniss dieser Berathungen und der Verein hofft mit derselben zu überzeugen, dass die richtige Lösung dieser Aufgabe für Wien eine Lebensfrage ist, womit auch die Ausführlichkeit, mit welcher auf die einzelnen, dabei berührten Fragen eingegangen wird, ihre Rechtfertigung finden dürfte.

Wenn auch das Bedürfniss nach einem solchen Plane allgemein gefühlt wird, so scheinen hingegen die Ansichten über die Beschaffenheit desselben und über die Mittel, durch welche er zu Stande kommen kann, gegenwärtig noch sehr verschiedenartig zu sein.

Um aber das Richtige zu treffen, muss man das anzustrebende Ziel genau kennen, und die nachfolgenden Erörterungen sind aus der Ueberzeugung hervorgegangen, dass die in Rede stehende Aufgabe nicht mit einzelnen Verbesserungen und Veränderungen des Stadtplanes erledigt werden könne, sondern dass sie die Verfassung eines neuen Stadtplanes involvirt, der als geeignete Grundlage für die künftige bauliche Entwicklung Wiens gelten kann. Hiermit wird also in gleicher Weise der Verbesserung des Bestehenden, als auch der künftigen Erweiterung Rechnung getragen. Insoferne jede künftige bauliche Veränderung oder Erweiterung an das Bestehende anknüpft, wird es sich empfehlen, vorerst den heutigen Stadtplan in seiner Beschaffenheit zu untersuchen.

Die Geschichte der baulichen Entwicklung Wiens liefert den Beweis, dass nur die von den jeweiligen Wällen begrenzte (sogenannte innere) Stadt eine, von gleichartigen Rücksichten bedingte Entwicklung erfahren hat, ebenso auch, dass die fortschreitende Erweiterung im organischen Anschlusse an das Bestehende erfolgte, dass hingegen alle übrigen, ausserhalb dieses verhältnissmässig kleinen Centrums liegenden Stadttheile aus ganz verschiedenartigen Rücksichten, zum grossen Theile mehr zufällig entstanden sind, und daher einer auf das grosse Ganze gerichteten planmässigen Grundlage entbehren.

Die Erklärung liegt nahe.

Die innere Stadt konnte, trotz ihrer wiederholten Erweiterung, aus fortificatorischen Rücksichten doch nur eine beschränkte Ausdehnung erlangen, und dem gesteigerten Raumbedürfniss wurde durch dichteres Verbauen und namentlich durch vergrösserte Haushöhe entprochen.

Mit dem Wechsel der Zeiten ist soviel von der alten Kaiserstadt verloren gegangen, dass man sich nur beiläufig noch das Bild der sich allmälig verändernden alten Anlage vergegenwärtigen kann.

Mit Rücksicht auf die Verhältnisse, unter welchen sie entstanden ist und sich entwickelt hat, wird man das Herz unserer Stadt, wenn auch an Schönheit vielen anderen alten Städten nicht vergleichbar, immerhin wegen der stattlichen, mit zahlreichen Monumentalbauten und Brunnen geschmückten Plätze und Hauptstrassen, sowie auch wegen ihrer sinnreich verzweigten Nebenverbindungen als eine Anlage bezeichnen müssen, welche auf durchaus wohl durchdachten und verständigen Grundlagen entstanden ist; als ein organisch Gewachsenes.

Die ausserhalb der Wälle gelegenen, durch den Glacisgürtel getrennten Ackergründe und Weingärten wurden anfangs nur zu Schloss- und Villenbauten ausgewählt, und erst dann, als die anwachsende Bevölkerung im Innern der Stadt nicht mehr Raum fand, erfolgten auch ausserhalb derselben Ansiedlungen der Bürgerschaft. Dieselben hatten

9

Abb. 6: [Heinrich Ferstel], Denkschrift über die künftige bauliche Entwicklung Wiens, 1877; aus: WÖIAV, Jg. 2 (1877), Nr. 8, 65–75, hier 65.

renden Baugesetze[n]" zurückführte.[50] Den Status quo der Wiener Neubaugebiete beschrieb er wie folgt: „Ueberall ein Netz von gleichartigen, zumeist parallelen und senkrechten Strassen, woraus auch ganz gleichförmige kleine Baublöcke resultieren [...]. Nirgends Rücksicht auf grössere Luft-Reservoirs – Plätze, Gärten – ausser, dass irgend eine dieser uniformen Parzellen (ein Tropfen im Häusermeehre) unverbaut bleiben soll."[51]

Wie 20 Jahre zuvor bereits Eitelberger tadelte Ferstel die schematische Anlage von Stadträumen mit „Cirkel und Lineal", bei der die lokalen Bedingungen unberücksichtigt blieben.[52] Zudem kritisierte er die weitverbreitete Auffassung, dass Straßen „durchwegs geradlinig sein müssen", und wies auf Situationen hin, in denen eine Anlage „in gebrochenen Linien oder Curven" zweckmässiger und angemessener sei.[53] Darüber hinaus plädierte er – unter Hinweis auf den Reiz italienischer Bergstädte – etwa dafür, vorhandene Unebenheiten des Terrains nicht als Hindernis, sondern als ein „Motiv zur pittoresken und abwechslungsreichen Gestaltung der Stadtanlage" zu betrachten[54] – allesamt Punkte, die auch Sitte zwölf Jahre später in seinem Städtebau-Buch anführte.

Das Stadtbild werde dann zum Kunstwerk – so Ferstel in Anlehnung an Leon Battista Albertis Definition von „Formenschönheit" (wenn „man weder etwas hinzufügen noch hinwegnehmen oder verändern könnte"[55]) –, wenn die Einzelteile schön gegliedert und „nach verständlichen und richtigen Grundsätzen [...] zu einem Ganzen" zusammengefügt seien.[56] Entsprechend hielt er fest: „Nicht jedes Bauwerk einer Stadt muss sich durch Schönheit auszeichnen; das Städtebild kann dennoch immer schön sein."[57]

Demgemäß bewertete Ferstel die zweckmäßige Ausbildung der unterschiedlichen Gebäude- und Raumtypologien als zentralen Faktor für eine ansprechende Wirkung.[58] Den Schlüssel zum charakteristischen und damit schönen Stadtbild sah er vor allem in einer Weiterentwicklung des Wohnhausbaus, der – da quantitativ vorherrschend – maßgeblich über die Ästhetik des Stadtraums entscheide. Dabei spielten für ihn Grundsätze des *decorums* (also der Angemessenheit der Mittel) eine wichtige Rolle – womit Ferstel insbesondere die Übertragung von Formen des Palastbaus auf den Mietshausbau kritisierte. Die Verwässerung von gestalterischen Ausdrucksmitteln der Kunst führe – so Ferstel – in der Stadt schließlich zu einem Verlust von Vielfalt und Charakter, wodurch „die Schönheit des Ganzen" verschwinde.

Entsprechend plädierte Ferstel für klare Begrifflichkeiten – insbesondere im Hinblick auf Freiraumtypologien. So definierte er die öffentlichen Plätze – bezugnehmend auf antike und mittelalterliche Vorbilder – als Orte der „Entfaltung des grossstädtischen Lebens und zur Anlage öffentlicher Bauwerke und Monumente“.[59] Bei ihrer Gestaltung müsse die beabsichtigte künstlerische Wirkung und das Bedürfnis beachtet werden, wobei Ferstel die Unterschiede zwischen den Typologien Platz, Park und *Square* herausarbeitete.[60] Gleiches gelte – so der Architekt – für die Aufstellung von Brunnen und Monumenten. Hier sei eine bewusste Auswahl aus dem tradierten Fundus „geeigneter Kunstformen“ zu treffen, um eine charakteristische Ausbildung des Stadtbildes herbeizuführen.[61]

Und Sitte?

Auch wenn Ferstels im Auftrag des ÖIAV verfasste Denkschrift zunächst ohne direkte Folgen blieb, bildete sie dennoch einen Meilenstein im städtebaulichen Diskurs. Nachdem die vom ÖIAV beabsichtigte Ausschreibung eines „Generalregulierungsplan“ Ende der 1870er Jahre nicht umgesetzt wurde, wies der Verein 1886 und 1891 mit zwei weiteren Petitionen erneut auf die Dringlichkeit einer einheitlichen planerischen Grundlage für die künftige bauliche Entwicklung Wiens hin.[62] Als Referenz diente dabei jeweils das hier vorgestellte erste Memorandum von 1877, dass nach Auffassung der Vereinsmitglieder in Form und Inhalt weiterhin Gültigkeit besaß.

Fragt man abschließend nach dem Einfluss der geschilderten Diskurse und Beiträge auf Camillo Sitte und dessen Städtebau-Buch von 1889, so lassen sich vier Vergleichspunkte feststellen:

- die Wiederkehr zentraler Begrifflichkeiten und Gedanken;
- der Bezug auf die Historie, insbesondere auf die Stadtanlagen der Antike und des Mittelalters;
- das Interesse an einer exakten Analyse baulicher, räumlicher, künstlerischer und funktioneller Zusammenhänge; und schließlich
- die Einbeziehung psychologischer und sinnesphysiologischer Aspekte.

Es wird an anderer Stelle genauer zu untersuchen sein, inwieweit Eitelbergers Beiträge und Ferstels Denkschrift mit ihrer Propagierung von Stadtbau als Raumkunst letztlich auch das stadtplanerische Denken Otto Wagners prägten. Da Wagner – bei aller Ablehnung der „malerische[n] Strassen“ und der „kleinliche[n] Dinge“[63] – in seinen Stadtplanungsprojekten 1894[64] und 1911[65] „das Hauptgewicht“ auf die künstlerische Durchbildung legte[66] und die Schönheit als Leitgedanken propagierte,[67] führte er die skizzierte Wiener Traditionslinie ebenfalls weiter – wenn auch mit anderen Schlüssen als sein Antipode Sitte. Sowohl die von Wagner in den Mittelpunkt gestellte Relation von Schönheit, Nützlichkeit und Bewohnerzufriedenheit,[68] als auch sein Denken in „schönheitliche[n] Stadtbilder[n]",[69] das Verdammen gestalterischer „Langweiligkeit"[70] und die Forderung nach „Abwechslung" [71] fügen sich – ebenso wie etwa die Kritik am „Uebelstand allzu großer Plätze" oder am „Freilegen alter Gebäude"[72] – in diese Linie ein.

Insofern lassen sich sowohl Eitelbergers Texte als auch Ferstels Denkschrift in ihrer breiten thematischen Fächerung, in der Vielfalt der Anregungen und Gedanken als Gründungsschriften der *Wiener Schule des Städtebaus* charakterisieren. Von ihnen konnten nicht nur Camillo Sitte, sondern auch Otto Wagner wichtige Anregungen erhalten; letztlich bildeten sie ein gemeinsames Fundament für eine künstlerisch ausgerichtete Wiener Städtebau-Theorie, die mit Sittes und Wagners Schriften zwei zum Teil radikal entgegengesetzte, international einflussreiche Beiträge hervorbringen konnte.

Der Anmerkungsapparat wurde im Stand von Oktober 2017 belassen. Etwaige spätere Publikationen sind nicht ergänzt. Andreas Zeese, 17. Aug. 2023.

1. Dieses und die folgenden Zitate: Daniel Libeskind über Berlin: „Das neue Areal rund um den Hauptbahnhof ist schrecklich“, in: Der Tagesspiegel (Berlin), 24.01.2015. http://www.tagesspiegel.de/wirtschaft/immobilien/daniel-libeskind-ueber-berlin-berlin-scheint-heute-malmoe-nachzueifern/11269532-2.html (07. Juli 2023).
2. Siehe hierzu auch: ZEESE, Andreas, *Die Entstehung der Ringstraße zwischen ästhetischer Kritik und städtebaulicher Theoriebildung*, in: STÜHLINGER, Harald R. (Hg.): Vom Werden der Wiener Ringstraße. Ausst.Kat. Wienbibliothek im Rathaus, Wien 2015, 325–344.
3. SITTE, Camillo, Der Städte-Bau nach seinen künstlerischen Grundsätzen, Wien (Graeser) 1889. Dieses und das folgende Zitat: Vorrede, III.
4. Ibidem, 2.
5. Ibidem, IV.
6. Ibidem, 4.
7. Ibidem, Kapitel XII: „Beispiel einer Stadtregulirung nach künstlerischen Grundsätzen“, 154–174.
8. Der Terminus *Wiener Schule des Städtebaus* wurde vom Autor geprägt: Siehe ZEESE 2015 (Anm. 2), 327, 344.
9. [FERSTEL, Heinrich], *Denkschrift über die künftige bauliche Entwicklung Wiens*, in: WÖIAV, Jg. 2 (1877), Nr. 8, 65–75, hier 73.
10. Hierzu bereits grundsätzlich: WILHELM, Karin, *Ordnungsmuster der Stadt. Camillo Sitte und der moderne Städtebaudiskurs*, in: WILHELM, Karin / JESSEN-KLINGENBERG, Detlef, Formationen der Stadt. Camillo Sitte weitergelesen (= Bauwelt Fundamente 132), Gütersloh u.a. 2005, 15–96, hier 67.
11. Ibidem, zudem: POSCH, Wilfried, *Camillo Sittes städtebauliche Schriften*, in: SEMSROTH, Klaus / MÖNNINGER, Michael / CRASEMANN COLLINS, Christiane, Camillo Sitte. Entwürfe und städteauliche Projekte (Camillo-Sitte-Gesamtausgabe Bd. 2), Wien-Köln-Weimar (Böhlau) 2010, 11–79, hier 29–35.
12. EITELBERGER, Rudolf von, Ueber Städteanlagen und Stadtbauten. Ein Vortrag gehalten am 10. März 1858 im grossen ständischen Saale zu Wien von Prof. Rudolph Eitelberger v. Edelberg, Wien 1858, 4.
13. Ibidem, 1.
14. Ibidem, 5.
15. Ibidem, 14.
16. Ibidem
17. Ibidem, 20–21, das Zitat 21.
18. Ibidem, 27.
19. Ibidem, 29.
20. Ibidem, 33.
21. Ibidem
22. Ibidem, 17.
23. Ibidem, 34.
24. Ibidem, 35.
25. Ibidem, 35–36.
26. Dieses und das folgende Zitat: Ibidem, 36.
27. Alberti schreibt 1452 in seinem Traktat über die Baukunst: „Und wie man in der Stadt das Forum und die Plätze, so wird man im Hause das Atrium, den Saal und Räume dieser Art haben, die […] vollkommen zugänglich sein müssen.“ ALBERTI, Leon Battista: De re aedificatoria, 1485, deutsche Übersetzung zit. n. NEUMEYER, Fritz, Quellentexte zur Architekturtheorie, München u.a. 2002, 99.
28. Dieses und das folgende Zitat: EITELBERGER 1858, 36.
29. So schreibt Alberti, dass Schönheit „zugleich der Bequemlichkeit und der Unvergänglichkeit eine große Unterstützung gewährt“. „Anmut und

Wohlgefälligkeit" komme „nirgends anders her, als von der Schönheit und vom Schmucke." Daher müssten jene, „welche etwas Wohlgefälliges leisten wollen, vor allem insbesondere auf größte Schönheit sehen." ALBERTI 1485 (Anm. 27), 99–100.

30. EITELBERGER, Rudolf von, Die preisgekrönten Entwürfe zur Erweiterung der inneren Stadt Wien, Wien 1859; EITELBERGER, Rudolf von / FERSTEL, Heinrich, Das bürgerliche Wohnhaus und das Wiener Zinshaus, Wien 1860.

31. E[ITELBERGER, R[udolf] v[on], *Die Erweiterung der inneren Stadt Wien und die Preispläne. I.*, in: Wiener Zeitung, 2. April 1859, 1480–1481, hier 1481.

32. Ibidem, 1480.

33. Ibidem, 1481.

34. SEMPER, Gottfried: Der Stil in den technischen und tektonischen Künsten oder Praktische Aesthetik. Ein Handbuch für Techniker, Künstler und Kunstfreunde, Bd. 1 (= Textile Kunst), Frankfurt a. M. 1860, 481. Hier schreibt Semper im Kapitel „Die Römer. Frühe Zeit" von der „Art Raumespoesie[,] die sich ausdrückt durch das Zusammenstellen vieler architektonisch geordneter und geschmückter Raumeinheiten zu einer einzigen Gesammtwirkung nach vorher berechnetem Plane".

35. Siehe hierzu ZEESE 2015, 335–336.

36. Zur unterschiedlichen Rezeption des Stadtumbaus von Paris siehe etwa [EITELBERGER, Rudolf von,] *Die Renaissance in Wien*, in: Neue Freie Presse, 6. Dezember 1871, Abendblatt, 4; D'AVIGDOR, E[lim H[enry], Das Wohlsein der Menschen in Grossstädten. Mit besonderer Rücksicht auf Wien, Wien 1874, 175–179 und 184–185.

37. HANSEN, Theophil, *Erläuterungen zu dem von Theoph. Hansen verfassten Projekte der zwischen dem Burgthore und den k. k. Hofstallgebäuden neu auszuführenden k. k. Museen in Wien*, in: Allgemeine Bauzeitung, Jg. 32 (1867), 306–309, hier 308.

38. FERSTEL, Heinrich, *Denkschrift zu dem im Auftrage des hohen k. k. Ministeriums verfassten Konkurrenz-Entwurfe für den Bau der neuen Museen von Heinrich Ferstel, k. k. Professor*, in: Allgemeine Bauzeitung 1867, 298–306, hier 298.

39. DODERER, W[ilhelm]: *Die Bauthätigkeit Wien II.*, in: Zeitschrift für Bildende Kunst, Bd. 6 (1871), 10–19, hier 11.

40. Anm. 7.

41. Franz Sitte war seit 1864, Camillo Sitte spätestens ab 1880 Mitglied. Siehe ZÖIAV, Jg. 16 (1864), Nr. 6, 137; Wochenschrift des österr. Ingenieur- und Architekten-Vereines (im Folgenden: WÖIAV), Jg. 5 (1880), Nr. 42, 177–178.

42. Hierzu ZEESE, Andreas, *Der Beitrag der ÖIAV-Fachgruppe für Architektur und Hochbau zur städtebaulichen Entwicklung Wiens 1864–1900 – ein Überblick*, in: ÖIAZ, Jg. 159 (2014), 5–13.

43. FERSTEL 1877 (Anm. 9); NEUMANN, Franz von / SCHMIDT, Friedrich von u.a.:, *II. Denkschrift betreffend die künftige bauliche Entwicklung Wien's und der Vororte,* in: WÖIAV, Jg. 11 (1886), Nr. 14, 130–132; KAISER, Eduard / KLUNZINGER, Paul / NEUMANN, Franz R. v., *Wohllöblicher Gemeinderath der k. k. Reichshaupt- und Residenzstadt Wien!*, in: WÖIAV, Jg. 16 (1891), Nr. 17, Beilage.

44. FERSTEL 1877 (Anm. 9).

45. WILHELM / JESSEN-KLINGENBERG 2005 (Anm. 10), 187–195.

46. So Ferstel an anderer Stelle über die Stadt Paris: „Das heutige Paris bildet eine lehrreiche, gleichsam lapidare Abhandlung der vom Ingenieur- und Architekten-Verein seinerzeit [eben 1877] so eindringlich gestellten Forderung einer planmässigen Grundlage für unsere Stadt."

FERSTEL, Heinrich Ritter v., *Bericht über die Architektur auf der Pariser Weltausstellung 1878*, in: WÖIAV, Jg. 3 (1878), 199–206, hier 204.
47. Ferstel schreibt, „dass die Anlage einer Stadt“ (FERSTEL 1877 [Anm. 9], 69) bzw. dass „die Verfassung des Stadtplanes in seiner Gesammtheit, sowie im Einzelnen [...] eine eminent künstlerische Aufgabe“ ist (Ibidem, 73).
48. Ibidem, 69.
49. Ibidem, 68.
50. Ibidem, 68.
51. Ibidem, 69–70.
52. Ibidem, 73. Vgl. EITELBERGER 1858, 17 (Anm. 12).
53. Ibidem, 69.
54. Ibidem, 69. Hierzu schreibt Ferstel: „Aus der Noth eine Tugend machen, ist hier, wie in so vielen Fällen, die Aufgabe der Kunst, [...].“
55. ALBERTI 1485 (Anm. 27), 100.
56. FERSTEL 1877 (Anm. 9), 73. Vgl. hierzu auch Palladios Definition in Buch I, Kap. I: „Schönheit entspringt der schönen Form und der Entsprechung des Ganzen mit den Einzelteilen, wie der Entsprechung der Teile untereinander und dieser wieder zum Ganzen, so daß das Gebäude wie ein einheitlicher und vollkommener Körper erscheint.“ PALLADIO, Andrea, Die vier Bücher zur Architektur. Nach der Ausgabe Venedig 1570 I Quattro Libri dell'Architettura, Basel u.a. 2009, 20.
57. Ibidem, 74.
58. Hierzu und zum Folgenden: Ibidem, 74. Das „schöne Städtebild“ sei – so Ferstel – „zum grossen Theile durch die Nützlichkeit“ bestimmt.
59. Ibidem, 70.
60. Ibidem, 72.
61. Ibidem, 73.
62. Anm. 43.
63. WAGNER, Otto: Erläuterungs-Bericht zum Entwurfe für den General-Regulirungs-Plan für das gesammte Gemeindegebiet von Wien mit dem Kennworte: „Artis sola domina necessitas“, Wien 1894², 13–14.
64. Entwurf zum Generalregulierungsplan für Wien 1892–1894: Siehe Ibidem.
65. WAGNER, Otto, Die unbegrenzte Großstadt 1911: Die Groszstadt. Eine Studie über diese von Otto Wagner, Wien 1911
66. WAGNER 1894 (Anm. 63), 6.
67. Ibidem, 18. Siehe auch WAGNER 1911, 8.
68. „Je besser eine Großstadt ihren Zweck erfüllt, je größeres Behagen ihrer Bewohner sie hervorruft und je mehr die Kunst dabei zu Worte kommt, desto schöner ist sie“ (WAGNER 1911, 5–6). An anderer Stelle ergänzt er, „daß eine Großstadt ihren Zweck, der befriedigende Aufenthalt einer Millionenbevölkerung zu sein, nur dann ganz erfüllen kann, wenn die Großstadt auch schön ist, [...].“ (Ibidem, 23)
69. Ibidem, 15.
70. WAGNER 1894, 20.
71. Ibidem, 43; auch 15.
72. Ibidem, 21.

Dritte Abteilung
Städtebauliche Theorie

Die Schönheit der Struktur.
Die Bedeutung von Gestalttheorie und Systemtheorie für die ästhetische Bewertung von Stadt in den 1960er Jahren

Sonja Hnilica

Einleitung

Herman Hertzberger analysierte 1962 in der Zeitschrift *Forum*, die er in den sechziger Jahren mit Jacob Berend Bakema und Aldo van Eyck herausgab, die mittelalterlichen Städte Split und Arles. Beide Städte hatten sich bekanntlich in funktionslos gewordene römische Großbauten eingenistet: Split in den Palast des Kaisers Diokletian, Arles in ein Amphitheater (Abb. 1). Hertzberger bewunderte die antiken Strukturen für ihre Größe und Stärke. Die Formen, so Hertzberger, hätten sich als „polyvalent" erwiesen, sie stünden in keinem Zusammenhang mit der ursprünglichen Funktion. Man könne solche Großformen (*megaforms*) für jeden Zweck benutzen. Obwohl die eingebauten Häuser alle verschieden voneinander seien, entstehe ein ganzheitliches Bild von vollständiger Einheit.[1] Dahinter steht der Gedanke, dass die Form eines Amphitheaters so stark ist, sie selbst dann noch ordnend auf ihre Umwelt wirkt, wenn sie ihre Funktion und Teile ihrer Substanz eingebüßt hat.

Zwar behaupteten viele moderne Architekten von sich, Architektur sei keine Kunstform und das Streben nach künstlerischer Gestaltung sei grundsätzlich abzulehnen, da jede Form aus der Funktion entstehen müsse. Doch offensichtlich gab es auch, auch andere Stimmen. Hertzberger steht hier stellvertretend für viele andere Architekten, die es als ihre Aufgabe begriffen, Form zu geben.

Ich möchte in diesem Aufsatz der Frage nachgegen, wie diese Architekten versuchten, eine solche Haltung rational begründen. Sich einfach auf die künstlerische Freiheit zu berufen, das war den Nachkriegsjahrzehnten nicht ohne weiteres möglich. Wissenschaftliche Argumente waren nötig, denn in den sechziger Jahren war es für Architekten sehr schwierig von Gestaltung, Form oder gar Schönheit zu sprechen. Viele Akteure lehnten die Beschäftigung mit Ästhetik programma-

Abb. 1: MEGAFORM. Amphitheater in Arles nach Herman Hertzberger. Das Theater war nach 550 zu einer befestigten Stadt mit ca. 200 Häusern umgebaut worden. 1826 wurden im Zuge denkmalpflegerischer Maßnahmen alle Ein- und Aufbauten außer den Tortürmen wieder entfernt. (HERTZBERGER 1962).

tisch ab – aus künstlerischen und politischen Gründen. Dennoch blieb die Frage nach der Schönheit auch in städtebaulichen Diskursen der sechziger Jahre präsent, wenn auch teilweise gewissermaßen subkutan. Diesen Sachverhalt möchte ich im Folgenden anhand ausgewählter Beispiele kurz umreißen.[2]

Wie die neue Gesellschaft, sollte auch deren bauliche Umwelt demokratisch entstehen. Das tradierte Selbstverständnis von Architekten als Gestalter wurde unter dieser Prämisse hochgradig suspekt. Jede Bezugnahme auf klassische Architektur lief – besonders in Deutschland – Gefahr, als faschistisch gebrandmarkt zu werden. Das formale Repertoire öffentlicher Repräsentationsarchitektur wurde in den ersten Nachkriegsjahrzehnten konsequent gemieden. So wurde etwa die Ruhr-Universität Bochum (1962–84 von Hentrich Petschnigg und Partner et al.) ihrer Größe und kompositorischen Strenge wegen scharf kritisiert. Michael Nauman, späterer langjähriger ZEIT-Herausgeber, schalt das Ensemble als „mussolinihaft“.[3] Aus dem Eingeständnis der Schuld an den Gräueln des Krieges war ein Bedürfnis nach Katharsis erwachsen, die sich auch in der Architektur ausdrücken sollte. Wobei dem hinzugefügt werden muss, dass die Moderne schon vor dem Krieg ein problematisches Verhältnis zum Monumentalen gehabt hatte. Eine Demokratie habe kein Verlangen nach Monumenten, behauptete etwa Walter Curt Behrendt 1937.[4]

Gestalt

In Vermeidung der in Deutschland diskreditierten Worte prägte Otto Ernst Schweizer in den fünfziger Jahren den Begriff „architektonische Großform“, um den Gestaltungsanspruch von Architekten zu erneuern.[5] Der Begriff Großform wurde ursprünglich von Geologen verwendet, um großräumige Reliefformen zu bezeichnen, etwa Becken, Gräben, Rücken oder Plateaus. Schweizers Schüler Oswald Mathias Ungers entwickelte ihn in persönlicher Lesart weiter. Er hatte 1965 am Treffen des Team X in Berlin teilgenommen (an dem sich auch der eingangs zitierte Hertzberger beteiligte) und verschmolz in der Folge Hertzbergers „megaform“ mit dem Begriff seines Lehrers. In seinem Büchein Großformen im Wohnungsbau betonte Ungers, dass man den Massenwohnungsbau in gestalterische Bahnen lenken müsse, da er sich entweder übermäßig ballen oder uferlos ausbreiten werde. Dazu brauche es große Gesten. Er schlug vor, den Großwohnbauten starke, einfache Formen zu geben, wie Wand, Brücke, Block oder Turm und präsentierte dafür historische und aktuelle Beispiele (etwa Le Corbusiers Plan Obus für Algier oder den Torre Velasca in Mailand).

Ungers strich heraus: „Eine beliebige Anzahl von Einzelteilen ergibt lediglich eine Anhäufung [...]. Das Ergebnis bleibt zufällig, unverbindlich und amorph. Erst wenn zu der Summe von Einzelteilen eine neue Qualität hinzukommt [...], entsteht eine Großform.“[6] Mit dieser Forderung gab Ungers den zentralen Gedanken der Gestalttheorie wieder.[7] Die Gestalttheorie ist ein aus der Psychologie kommenden Ansatz, der im Verlauf des 20. Jahrhunderts für viele Disziplinen bedeutend werden sollte. Der österreichische Philosoph Christian von Ehrenfels hatte sich 1890 gefragt, wie es sein könne, dass sechs einzelne Töne als Melodie wahrgenommen würden, wobei man diese Melodie sogar dann wiedererkenne, wenn sie in eine andere Tonart transponiert werde, also keiner der Töne gleich bleibe. Er formulierte die kühne These, dass zu der Summe der sechs Töne ein siebtes Element hinzukommen müsse; dieses siebte nannte er „Gestaltqualität".[8] Daraus entwickelte sich die Idee, dass dieses „siebte Element" (die „Gestalt") als primär anzusehen sei und die einzelnen Teile, aus denen sich diese Gestalt zusammensetzt, als sekundär. Max Wertheimer formulierte darauf aufbauend den Gedanken, dass man Probleme nur dann wirklich verstehen könne, wenn man die „inneren Strukturgesetze" des Ganzen verstanden habe, da diese die Ausformung aller Einzelteile bestimmten.[9]

Der Wahrnehmungspsychologe Wolfgang Metzger beschrieb 1941, dass das Erkennen innerer Strukturen nach bestimmten Kriterien funktioniere: „Die gegebenen Elemente schließen sich […] stets so zusammen, dass möglichst einfache, einheitliche […] möglichst dichte (geballte), geschlossene, auf die Dauer möglichst feste (form- und materialbeständige), ferner möglichst symmetrische, […] endlich möglichst ‚vollständige' und untereinander […] gleichartige Ganzgebilde entstehen."[10] In einem weiteren Schritt wurde gefolgert, dass es also bestimmte Formen der Gestaltung gebe, die dieses integrierende Sehen unterstützen. Rudolf Arnheim formulierte in *Art and Visual Perception* 1954 eine auf den „Gestaltprinzipien" basierende allgemeine Ästhetik. Der Rückgriff auf Wahrnehmungspsychologie ermöglichte es, ästhetische Entscheidungen aus ihrem diskreditierten historischen Kontext zu lösen und wissenschaftlich rational zu begründen. Dabei standen die neuen Kriterien keineswegs im Widerspruch zu tradierten Prinzipien der Ästhetik. Schon Aristoteles hatte beispielsweise betont, dass „Einheit und die Ganzheit […] der Anschauung" die Voraussetzung dafür seien, einen Gegenstand ästhetisch zu beurteilen.[11]

Noch vor Ungers übertrug Kevin Lynch gestalttheoretische Ansätze auf den Städtebau, als er gemeinsam mit dem Künstler György Kepes ein Forschungsprojekt über „The Perceptual Form of the City" am MIT durchführte.[12] In seinem brühmten Buch *The Image of the City* (1960) interpretierte Lynch städtebauliche Phänomene Gestalten, die sich dort als prägnant bzw. gut erweisen, wo sie eine größtmögliche Geschlossenheit, Ordnung und Eindeutigkeit aufweisen. Wie Lynch begriff Ungers es als seine Aufgabe, in der Unübersichtlichkeit moderner

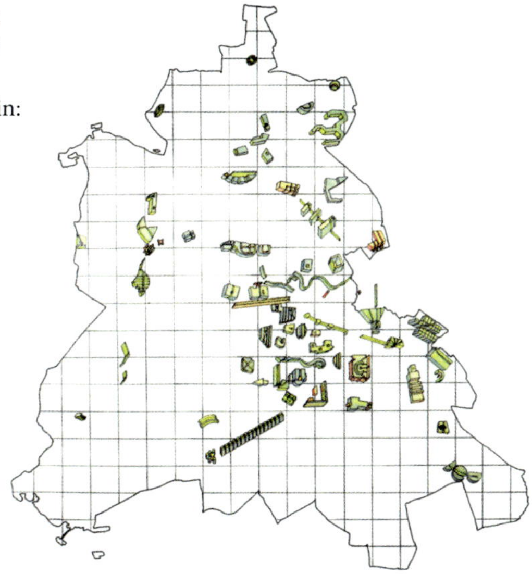

Abb. 2: GESTALTBILDENDE FORMEN. Projekt für Westberlin von O.M. Ungers et al., 1970 (HERTWECK, Florian Hertweck / MAROT, Sébastien (Hg.), Die Stadt in der Stadt. Berlin: ein grünes Archipel [...], Zürich 2013).

Großstädte prägnante Formen zu kreieren. (Abb. 2) Es erscheint naheliegend, dass er Hertzbergers Text über die megaform von 1962 gekannt hat und diesen Gedanken von ihm übernahm.

Wichtig ist also festzuhalten: der Begriff der Großform betont ganz explizit die Formgebung als Aufgabe von Architekten. Ungers wendet sich damit gegen die funktionalistische Vorstellung, dass jede Form aus der Funktion sich wie von selbst ergeben oder organisch „hervorwachsen“ würde. Die Großform ist also eine autonome Setzung – jenseits von Funktion oder technisch-konstruktiven Erfordernissen. In die gleiche Kerbe schlug Ungers' österreichischer Zeitgenosse Hans Hollein. Hollein provozierte 1963 mit der Aussage: „Form folgt nicht der Funktion. Form entsteht nicht von selbst. Es ist die große Entscheidung des Menschen, ein Gebäude als Würfel, als Pyramide oder als Kugel zu machen.“ Formgebung wird hier ganz klassisch verstanden als von einem Autor in künstlerischer Gestaltungsabsicht geschaffene, in sich geschlossene Komposition. Ein paradigmatisches Kunstwerk, wie da Vincis Mona Lisa oder Beethovens Fünfte Symphonie, ist ein organisches Ganzes, sowohl in der Konzeption durch den Künstler als auch in der Wahrnehmung durch den Betrachter. Es hat seine eigene Realität, die uns ästhetisch so perfekt erscheint, dass jede kleinste Änderung seine Vollkommenheit zerstören würde. Leon Battista Alberti formulierte als Bedingung der perfekten Harmonie, dass jede kleinste Änderung uns als Änderung zum Schlechteren vorkäme.[13] Diese Tradition blieb im Diskurs um die Großform wirksam.

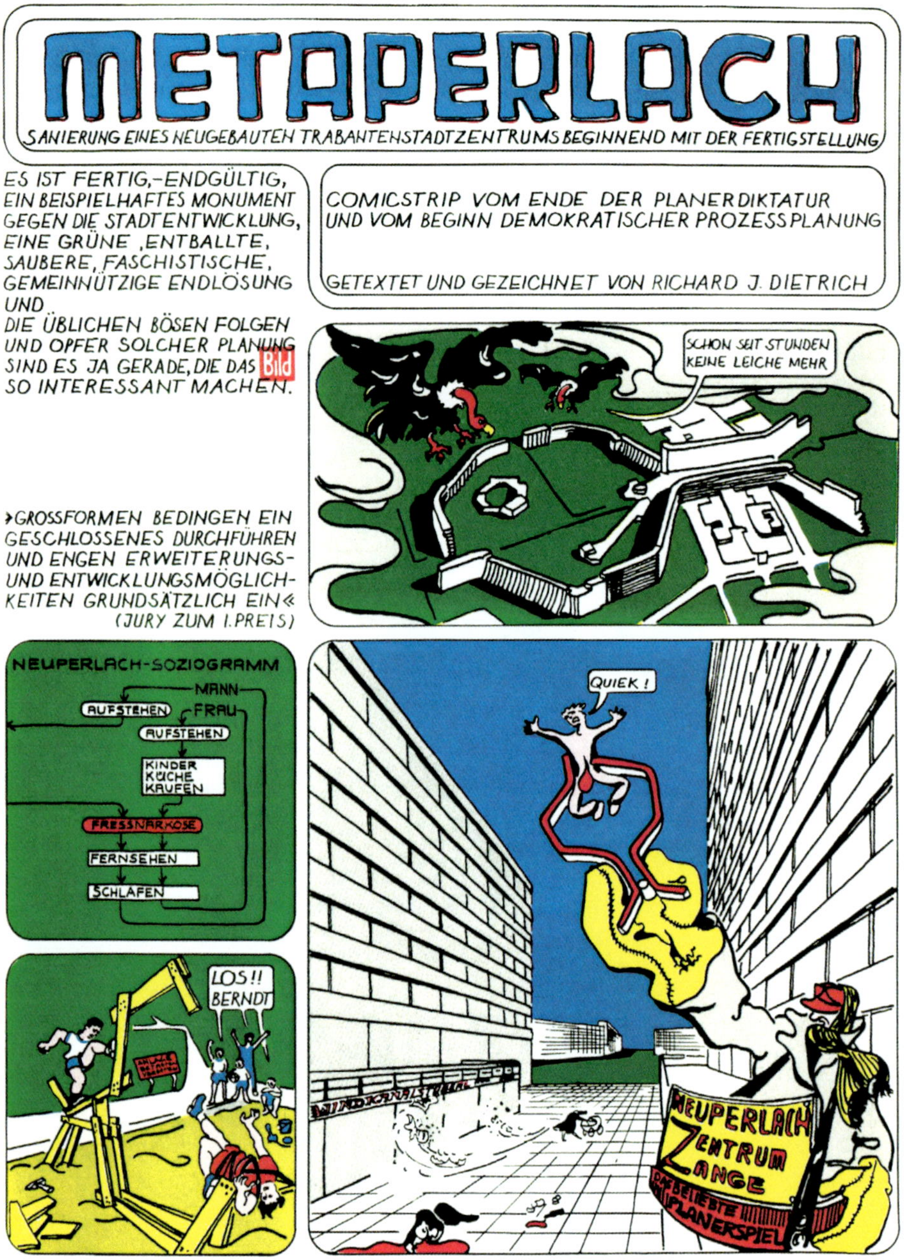

Abb. 3: WIDER DIE GESCHLOSSENHEIT. Schmähschrift gegen Bernt Lauters Entwurf für München-Neuperlach von Richard J. Dietrich, 1969 (DIETRICH 1969A).

Ungers und seine Kollegen positionierten sich in einer sehr grundsätzlichen und politisch aufgeheizten Debatte. Wie schwer man sich in Deutschland damit tat, illustriert das folgende Beispiel: Als Zentrum der neuen Großsiedlung München-Neuperlach hatte der Architekt Bernt Lauter 1968 eine ringförmige Großform vorgeschlagen.[14] Der Entwurf wurde in den deutschen Architekturzeitschriften mit Unbehagen kommentiert, wobei der Architekt Richard R. Dietrich in der Zeitschrift *Baumeister* extreme Worte fand. (Abb. 3) Er kritisierte die Großform als zu „geschlossen", eine derartige „Planerdiktatur" ermögliche den Bewohnern keine Mitgestaltungsmöglichkeiten. Die Verunglimpfung gipfelt in dem Vorwurf, Lauter habe eine „saubere, faschistische, gemeinnützige Endlösung" entworfen.[15]

System

Was verleitete Dietrich zu seiner Polemik? Die Suche nach einer demokratischeren Architektur, die die Bewohner in den Prozess der Planung mit einbeziehen sollte, hatte ihn, wie viele seiner Zeitgenossen, zur Systemtheorie geführt. Der Biologe Ludwig von Bertalanffy (1901–72) hatte ab Mitte der 1940er Jahre eine „Allgemeine Systemtheorie" formuliert. Gesetzmäßigkeiten, die er in unterschiedlichen Feldern wie der Physik, der Biologie und der Ökonomie beobachtet hatte, wollte Bertalanffy formalisieren und für die Planung technischer, und sozialer Prozesse handhabbar machen.[16] Sogenannte „Komplexe Systeme" sind per Definition selbstregelnd. Sie halten sich über Rückkopplungsschleifen in einem dynamischen Gleichgewicht. Als komplexe Systeme wurden so unterschiedliche Sachverhalte wie das Internet und die Ausbreitungsdynamik von Epidemien beschrieben. Allen diesen Phänomenen ist gemeinsam, dass eine große Zahl von Teilchen nach einer nicht klar erkennbaren Ordnung miteinander in Wechselwirkung steht. Die Wechselwirkungen sind nichtlinear und deren Auswirkungen daher schwer vorhersehbar. Auch wenn eine einzelne Person nicht in der Lage ist, das System gänzlich zu verstehen (beziehungsweise wenn diese nur mit großem Aufwand mathematisch modelliert werden können), gibt es aber offenbar Ordnung, denn die Systeme bleiben in ihrer Gesamtheit stabil, auch wenn sich ihre einzelnen Komponenten ständig verändern.

Auch Städte wurden als Systeme interpretiert.[17] Diese Vorstellung konnte sich allgemein durchsetzen und prägt bis in die Gegenwart unsere Wahrnehmung urbaner Prozesse. In den sechziger Jahren versuchten verschiedene Architekten, die Systemtheorie direkt baulich umzusetzen. Zahlreiche „Bau-Systeme" wur-

Abb. 4: STADTBAUSYSTEM. Metastadt-System von Richard J. Dietrich, ab 1965, Modellfoto. (DIETRICH, Richard J., METASTADT. Ein Stadtbausystem, Broschüre, hg. von der Metastadt-Entwicklungsgesellschaft, München 1974).

den entwickelt. Der oben zitierte Architekt Dietrich etwa erfand das sogenannte METASTADT-System.[18] Konstruktiv gesehen war die METASTADT ein Raumgitter aus Fertigteilen, aus dem große stadtähnliche Gebilde konstruiert werden konnten. Die Bewohner sollten dieses mittels der standardisierten Baukastenteile je nach Bedarf selbst verändern können. (Abb. 4) Dietrich erläuterte seinen Ansatz folgendermaßen: „Ohne größere Vorausinvestitionen kann das Stadtbausystem mit allen seinen Trag- und Ausbauelementen in einem organismenhaft zellulären Wachstumsprozess aufgebaut, immer mehr verdichtet, auf wechselnde Anforderungen eingestellt und schließlich ständig regeneriert werden.“[19] Seine

Wortwahl weist Dietrich eindeutig als Anhänger der Systemtheorie aus. Die Architektur sollte sich quasi als technischer Part in das des „sozio-technische Gesamtsystem" Stadt eingliedern.[20] So verrückt das klingt, Dietrich war einer der wenigen Architekten, denen es gelang, einen größeren Prototypen zu realisieren. Das gewagte Experiment Metastadt Wulfen (1974–75) wurde allerdings nach nur 12 Jahren Lebensdauer wieder abgerissen.

Helmut Schulitz, der ebenfalls mit Bausystemen experimentierte, kritisierte die von seinen Kollegen entwickelten Bausysteme als ineffizient. Es sei grundsätzlich unmöglich, als Einzelner ein komplexes System zu entwickeln.[21] Schulitz forderte stattdessen „offene Systeme", die untereinander beliebig kombinierbar sein sollten, und führte dazu aus: „Es manifestiert sich eine offene Ästhetik: eine Zuordnung von Teilen, die andeutet, dass Gebäude zur Veränderung gemacht sind. [...] Mit dem System gebaute Projekte sollten zunächst bewusst unfertig erscheinen, um Phantasien und Aktionen der Bewohner zu stimulieren."[22]

Die „Offenheit" eines Bausystems wurde von Schulitz also ästhetisch gedeutet: als Gegensatz zur von einem Autor durchkomponierten „geschlossenen" Komposition (wie es die Ungers'sche Großform implizierte). In der Systemtheorie ist „Offenheit" zwar tatsächlich ein Schlüsselbegriff, jedoch bedeutet eigentlich etwas anderes, als Schulitz darunter verstehen wollte: Deutet man Lebewesen als hochorganisierte komplexe Systeme, so müssen diese gemäß dem zweiten Hauptsatz der Thermodynamik in ständigem Stoff- und Energiewechsel mit der Umgebung stehen. Denn das Herausbilden von Ordnung, das lebende Materie charakterisiert, bedeutet einen Anstieg des Energieniveaus. Alle lebenden Systeme müssen also aus physikalischer Logik heraus als „offen" angenommen werden.

Mit der Forderung nach „Offenheit" manövrierten sich die Architekten der Systeme in eine Zwickmühle: Gemäß der oben zitierten klassischen Definition ist ein Kunstwerk nach der Vision eines einzigen Autors geformt – ein vollendetes Objekt, das sich nicht mehr in einem Prozess der Veränderung befindet. Ein ideales Bausystem, wie es Dietrich oder Schulitz vorschwebte, wird hingegen von den Bewohnern stetig verändert. Eine hierarchische Planung durch einen Architekten ist in dieser Wahrnehmung kontraproduktiv. Das Verlangen nach einem kohärenten Entwurf ist demnach unvereinbar mit der Auffassung eines Bauwerks als offenes System. Das erkannten die beteiligten Akteure auch bereits selbst.[23] Anhänger der Systemtheorie mussten ihre Rolle als Architekten vollkommen neu definieren, wobei die politischen Ideen der Studentenbewegung einen entscheidenden Einfluss hatten. 1968 druckte die Zeitschrift Stadtbauwelt ein Pamphlet

Abb. 5: OFFENHEIT. Arbeit an den Berliner Ökohäusern. Sitzung der Baugruppe, Frei Otto hinten links im Bild (DIJK, Caro van (O.J.): „Unfinished business – designing for the unknown", Caro van Dijk Architectuur Blog, http://www.carovandijk.nl/stories/unfinished-business-designing-for-the-unknown/ (03. Mai 2018)).

von Architekturstudierenden der TU Berlin ab, in dem diese erklärten, die Architektur sei schon viel zu lange ein Werkzeug der Herrschenden zur Unterdrückung der Mehrheit gewesen.[24] Planung müsse wissenschaftlichen Prinzipen folgen, sich auf politische Prozesse konzentrieren und sich „vom Werkcharakter einer der traditionellen Architektur verhafteten ‚Stadtbaukunst'" vollständig und endgültig lösen.[25]

Das Thema der „Offenheit" war auch in der bildenden Kunst ein Thema, wie die Ausstellung „Torso" (1964) in der Kunsthalle Recklinghausen zeigt. Das Unvollendete und die Versehrtheit wurden hier als ästhetisch reizvoll gedeutet, gerade weil in beiden Fällen ist die organische Ganzheit des Kunstwerks gestört ist: „Was früheren Generationen als unvollendet galt, wird heute wesentliches Gestaltungsprinzip: Das Andeutende und Fragmentarische, das als bewusst gewollter Reiz zur Steigerung der Ausdrucksmöglichkeiten und der Mitbeteiligung durch den Betrachter provoziert wird, das scheinbar Unvollendete wird künstlerische Form", führte Thomas Grochowiak aus.[26]

Diese Ästhetik prägte etwa die von Frei Otto entwickelten Ökohäuser in Berlin (entstanden im Rahmen der IBA 1981–91), für die Otto ein „Gestell" aus Stahlbeton entwarf, in das 50 „Häuser" von den Bewohnern wie Schubladen in ein Regal individuell eingeschoben werden sollten. Die Entwürfe sollten nicht abgestimmt werden. Es gab nur einen einzigen Termin, an dem alle Modelle gemeinsam in die Struktur eingeschoben wurden. (Abb. 5) Das Ergebnis sollte „anarchisch" aussehen. Die Kritik lobte „die zusammengewürfelte Ästhetik, die den beiden [...] Öko-Gestellen den Charme des Spontanen und Nicht-Vollendeten verleiht".[27]

Struktur

Solchen Prozessen eine gewisse, aber nicht zu starre Ordnung zu geben, war das Ziel der sogenannten „Strukturalisten". In der Architektur wird dieser Strömung ein heterogenes Feld von Architekten zugerechnet, darunter Herman Hertzberger, Aldo van Eyck, Alison und Peter Smithson und Shadrach Woods. Als Auftakt des Strukturalismus in der Architektur gilt der CIAM-Kongress 1959 in Otterlo, wo das „Team X" Kritik am Funktionalismus formulierte, der als technoid und mechanisch empfunden wurde. Alison und Peter Smithson wollten statt herkömmlicher Häuser „urbane Strukturen" kreieren, die mit den komplexen Strukturen der städtischen Gesellschaft korrespondieren sollten. (Abb. 6)

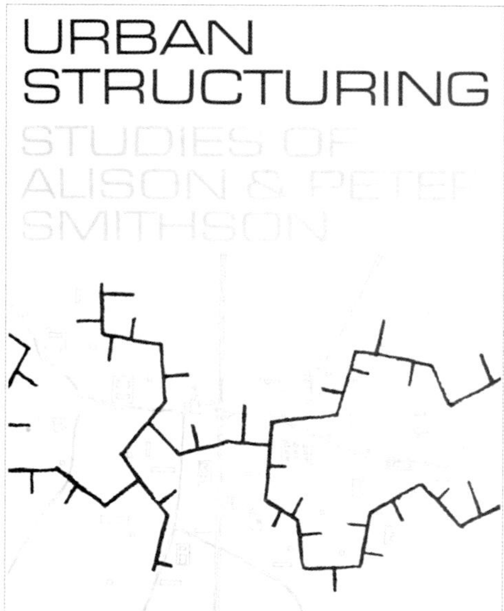

Abb. 6: STRUKTURALISMUS. Buchcover. SMITHSON, Alison und Peter, Urban Structuring, London/New York 1967.

Kenzo Tange entwickelte mit seinem berühmten Projekt für die Tokyo Bay (1960) ein Konzept, das unter dem Namen „Megastruktur" sehr einflussreich werden sollte.[28] Eine Kette ringförmiger Highways und Magnetbahnen, aufgeständert in 40 Metern Höhe, sollte ein Grundgerüst bilden und als gigantische neue Achse die neuen Stadtteile mit der alten Kernstadt verbinden. Daran sollten kammartig die Wohngebiete andocken. (Abb. 7) Die großen Strukturen, wie das Verkehrsnetz und ein Raster senkrechter, bis zu 250 Meter hoher cores auf der Mittelachse, sollten dauerhaft sein, während die eingehängten Wohnbauten sich

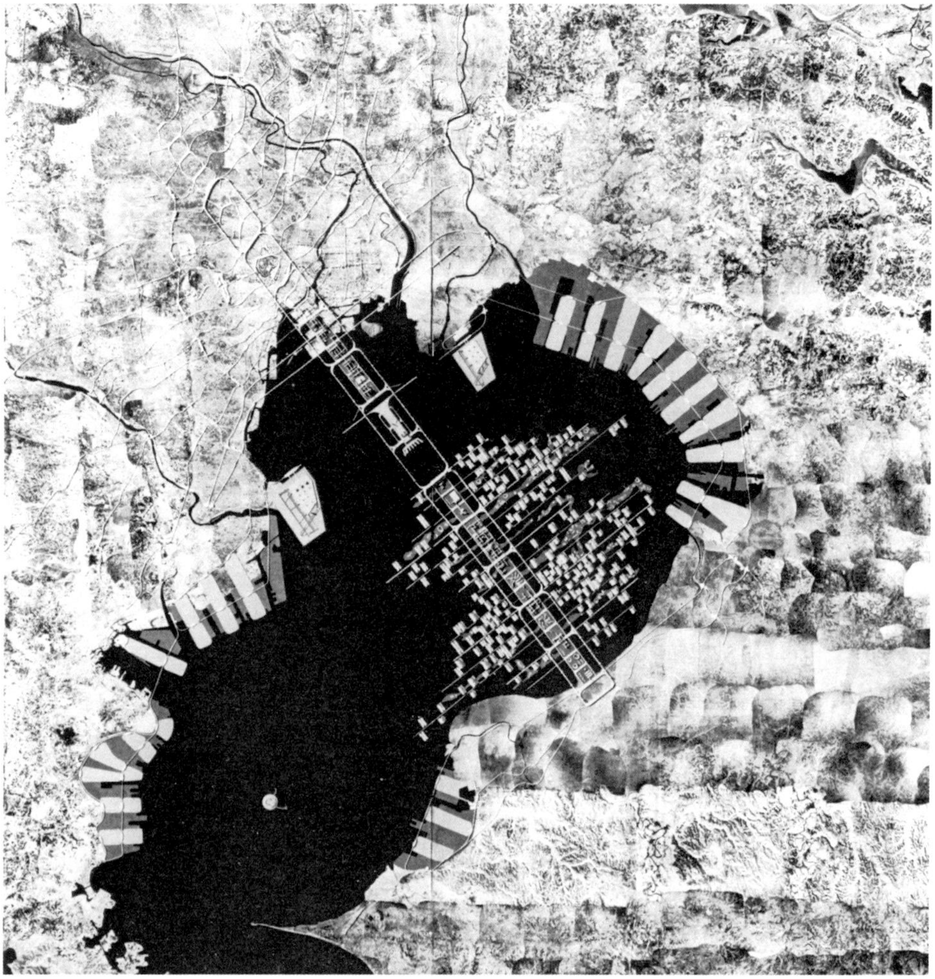

Abb. 7: MEGASTRUKTUR. Plan für Tokyo von Kenzo Tange et al., 1960 (TANGE 1961).

je nach Bedarf schneller verändern könnten. Den Begriff „Megastruktur" prägten Fumihiko Maki und Masato Ohtaka kurz darauf in ihrer Interpretation von Tagens Entwurf: „Die Megastruktur ist ein großer Rahmen (*large frame*), in welchem alle Funktionen der Stadt oder eines Stadtteils untergebracht werden. Sie ist erst durch die heutige Technik möglich geworden. Sie ist eine von Menschen gebaute Landschaft."[29] In diesem langlebigen ordnenden Rahmenwerk, so Maki und Othaka, könnten die dort lebenden Bewohner kurzlebige Ausbauten nach eigenen Bedürfnissen errichten.

Es fehlt hier der Raum, die Verbreitung des Konzepts der Megastruktur rund um den Globus weiter zu verfolgen. Der Punkt, den ich hier machen möchte, ist folgender: Im Konzept der Megastruktur sollte der hier aufgerissene Grundwiderspruch zwischen Geschlossenheit und Offenheit versöhnt werden. Innerhalb einer von einem Architekten nach künstlerischen Gesichtspunkten komponierten Grundordnung können die Ausbauten spontan (und demokratisch) wachsen. Dadurch versprach die Megastruktur, den Gegensatz zwischen geschlossener Gestalt und offenem System aufzuheben. Dieser Gedanke wirkte auf die Architektenschaft weltweit geradezu elektrisierend. In den folgenden Jahren wurden rund um den Globus unzählige utopische Stadtentwürfe entwickelt, die auf dem Strukturgedanken aufbauten.

Wenn sich in selbstorganisierenden Systemen stabile Ordnungen herausbilden, spricht man ebenfalls von „Strukturbildung". Diese Ordnungen sind dann besonders interessant, wenn sie effizient erscheinen und eine komplexe Geometrie haben. Bis zur Einführung der Chaostheorie waren komplexe Strukturen eher als Unordnung empfunden worden und daher negativ belegt. Etwa zu der Zeit, als diese irregulären Formen mathematisch beschreibbar wurden, entdeckten Architekten und Künstler auch deren ästhetischen Wert. Dies war die Motivation von Mustersammlungen, wie sie der bereits erwähnte Künstler Kepes erstmals in 1956 in der Ausstellung „The New Landscape in Art and Science" am MIT zeigte. Er war fasziniert von der Ähnlichkeit, die solche „Strukturen" in den verschiedensten Bereichen aufweisen (etwa zellulare, lineare oder konzentrische). In seinem Buch *Struktur in Kunst und Wissenschaft* zeigte Kepes 1969 etwa mikroskopische Aufnahmen von Kristallen und daneben das von Nahem betrachtet ganz ähnlich aussehende Speicherelement eines IBM-Computers.[30] (Abb. 8) Die Ästhetik inspirierte zahlreiche Werke der abstrakten Kunst, wie die Ausstellung Kunst und Naturform in Basel 1958 herausarbeitete. Eine Skulptur von Max Bill wurde etwa die mikroskopische Aufnahme von Knochengewebe gegenübergestellt, die starke strukturelle Ähnlichkeiten aufweist.[31]

Bernard Rudofsky kuratierte 1964/65 am MoMA in New York die berühmte Ausstellung „Architecture without Architects", in der er die Schönheit traditioneller Siedlungsformen hervorstrich, deren komplexe Geometrien in der Moderne zu Unrecht als „primitiv" etikettiert worden seien. Unter dem Titel „Town Structures" zeigte Rudofsky zwei Luftbilder der Altstädte von Sansibar und Marrakesch, die durchaus Ähnlichkeit mit den Fotos mikroskopischer Präparate haben. (Abb. 9) Der Einfluss solcher Bildersammlungen von natürlichen und künstlichen Ordnungsmustern auf die Architektenschaft kann gar nicht hoch ge-

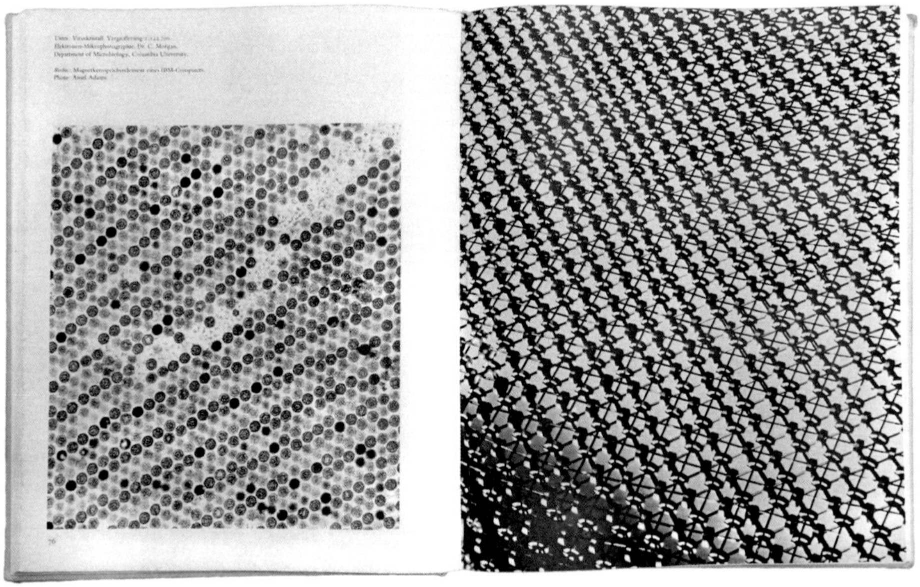

Abb. 8: STRUKTURBILDUNG. Elektronen-Mikrophotographie eines Viruskristalls und eines Magnetkernspeicherelement eines IBM-Computers. (KEPES 1969, 76–77)

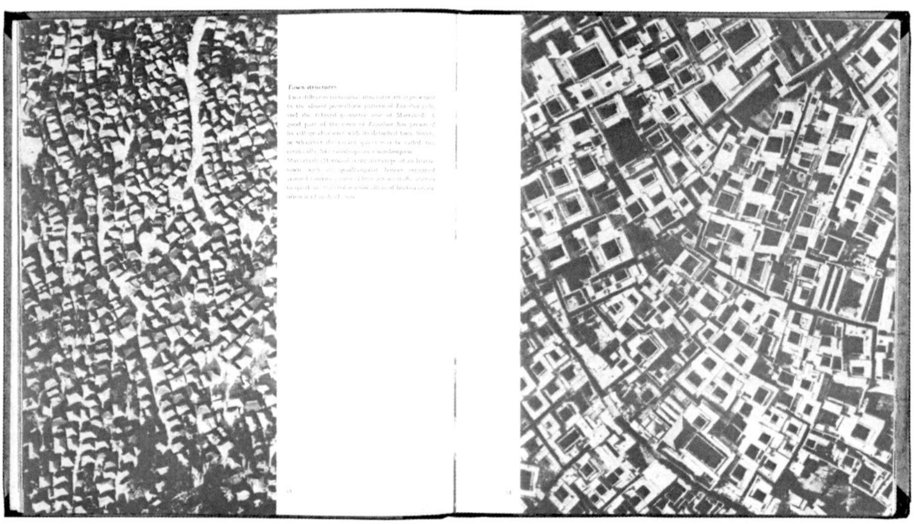

Abb. 9: KOMPLEXE STADTSTRUKTUREN. Altstadt von Sansibar und Altstadt von Marrakesh. (RUDOFSKY, Bernard, Architecture without Architects, New York 1964, 53–54).

Abb. 10: STRUKTURANALOGIEN. Verästelung in der Architektur und in der Natur (UNGERS 1976, 92–93).

nug eingeschätzt werden. Und dies betraf nicht nur bekennende Strukturalisten, sondern auch Architekten wie Ungers. (Abb. 10)

Die britische Stadtplanerin Jaqueline Tyrwhitt beispielsweise war von Kepes' Mustersammlung fasziniert.[32] 1966 publizierte sie einen Artikel über die sogenannten Mastix-Dörfer auf der Insel Chios. Diese höchst kompakten befestigten Anlagen aus dem 14. Jahrhundert interpretierte sie als „urban megastructures" und empfahl sie als Vorbilder für aktuelle Projekte.[33] Parallel zur Debatte um Megastrukturen begann man also, auch existierende Städte – und vor allem anonyme Architekturen – als Strukturen aufzufassen. In diesem Sinne könnte man Wegenetz, Stadtgrundrisse, Parzellierung, Bebauungstypen und andere Ordnungsmuster von Städten als (Mega-)strukturen beschreiben. Im Gegensatz zum Begriff der Großform – deren Fürsprecher Formgebung und Funktion ganz dezidiert voneinander zu lösen suchten –, versprach der Begriff der Struktur, Funktion und Formbildung wieder zu einer Einheit zu führen. Sibyl Moholy-Nagy gab ihrem 1968 publizierten Buch über die Geschichte der Stadt den Titel *Matrix of Man*. Moholy-Nagys Abhandlung verteidigte dichte, gewachsene, „unordentliche"

Städte gegen die Eingriffe moderner Stadtplanung – als höchstes Kulturgut und Grundlage der menschlichen Existenz. Moholy-Nagy interpretierte die Architektur der Stadt gewissermaßen als „Abdruck" der Gesellschaft und gleichzeitig als bergenden Behälter, der die menschlichen Aktivitäten räumlich ordnet.

Fazit

Das Ringen um Schönheit war für moderne Architekten angesichts der Hegemonie funktionalistischer Ideen ein schwieriges Terrain. Doch obwohl viele Akteure die Beschäftigung mit Ästhetik vordergründig ablehnten, blieb die Frage nach der Schönheit in den städtebaulichen Diskursen der sechziger Jahre ständig präsent. Als Katalysatoren wirken zwei interdisziplinäre Theorieansätze: die Gestalttheorie und die Systemtheorie eröffneten Wege, funktionalistischen Dogmen zu entkommen, ohne Bezug auf die Geschichte nehmen zu müssen. Die Gestalttheorie erschien als Möglichkeit, die Suche nach Schönheit wissenschaftlich abzusichern. Klassische ästhetische Kompositionsregeln, wie die Angemessenheit von Form und Inhalt, eine erkennbare Ordnung oder die „Geschlossenheit" der Komposition, konnten so wirkungsvoll modernisiert werden.

Über weite Strecken dominierte aber die Suche nach demokratischen Strategien der Formgebung den Diskurs. Chaos- und Systemtheorie ebneten den Weg zur Würdigung komplexer Formen und vernakularem Städtebau. Aus einem mit der Systemtheorie gekoppelten Strukturbegriff erwuchs ein neuartiges Verständnis für die Schönheit komplexer Geometrie. Das beförderte die ästhetische Neubewertung von traditionellen, anonymen Architekturen. Hier, so befanden viele Architekten, fänden sich einheitliche Gestalt und offenes System in optimaler Form vereint. Indem starke Parallelen zwischen baulicher Struktur und Gesellschaftsstruktur angenommen wurden, erneuerte sich die modernistische Idee der Übereinstimmung von Funktion und Form.

1. HERTZBERGER, Herman, *Flexibility and Polyvalency*, in: Forum, Heft 3, 1962, 115–121, hier 115.
2. Der Vortrag auf dem Symposium 2016 und der vorliegende Aufsatz entstanden im Rahmen der Arbeit an dem Manuskript für ein umfangreicheres Buch, das inzwischen erschienen ist: HNILICA, Sonja, Der Glaube an das Große in der Architektur der Moderne. Großstrukturen der 1960er und 1970er Jahre, Zürich (Park Books) 2018.
3. NAUMANN, Michael, *RUB CG 05/509 meldet sich nicht. Die Horror-Architektur der Ruhr-Universität Bochum*, in: Die Zeit, 23. August 1974.
4. BEHRENDT, Walter Curt, Modern Building. Its nature, problems and forms, New York (Harcourt, Brace) 1937, 179–182.
5 SCHWEIZER, Otto Ernst, Die architektonische Großform. Gebautes und Gedachtes. Karlsruhe (Braun) 1957.
6. UNGERS, Oswald Mathias, Großformen im Wohnungsbau, hg. MÜHLTHALER, Erika, Berlin (Univ.-Verlag) 2007 (Erstveröffentlichung 1966), ohne Paginierung.
7. Auch in seinem Buch *Morphologie. City Metaphors* berief Ungers sich explizit auf die Gestalttheorie. UNGERS, Oswald Mathias, Morphologie. City Metaphors, Köln (König) 1982 (Erstveröffentlichung 1976), 7. Zu Ungers' Interesse an der Gestalttheorie siehe auch SCHRIJVER, Lara, *Grossform. A Perspective on the Large-Scale Urban Project*, in: De Stads Enclave Rotterdam, Heft 5, 2011, 40–55.
8. EHRENFELS, Christian von, *Über „Gestaltqualitäten"* (Erstveröffentlichung 1890), in: WEINHANDL, Ferdinand (Hg.), Gestalthaftes Sehen. Ergebnisse und Aufgaben der Morphologie, Darmstadt (Wiss. Buchges.) 1960, 11–43, hier 14; WERTHEIMER, Max, *Über Gestalttheorie. Vortrag vor der KANT-Gesellschaft, Berlin, am 17. Dezember 1924*, in: Symposion. Philosophische Zeitschrift für Forschung und Aussprache, Heft 1, 1925, 39–60, hier 46.
9. WERTHEIMER 1925, 43.
10. METZGER, Wolfgang, Psychologie. Die Entwicklung ihrer Grundannahmen seit der Einführung des Experiments, Dresden-Leipzig (Stainkopff) 1941, 105.
11. ARISTOTELES, Poetik, Stuttgart (Reclam) 1982, 1451a l.
12. Vgl. WAGNER, Kirsten, *Die visuelle Ordnung der Stadt. Das Bild der Stadt bei Kevin Lynch*, in: H/Soz/Kult, 14. September 2006, http://www.hsozkult.de/debate/id/diskussionen-774#note32top/ (07. Juli 2023).
13. ALBERTI, Leon Battista, Zehn Bücher über die Baukunst, Darmstadt (Wiss. Buchges.) 1991, VI, 2. Alberti knüpfte damit an Aristoteles an. Vgl. ARISTOTELES 2008, 1106b 10–15.
14. N.N., *Städtebaulicher Ideenwettbewerb für ein Zentrum in München-Perlach*, in: Bauwelt, Heft 34, 1968, 1059–1074, hier 1061.
15. DIETRICH, Richard. J., *Metaperlach*, in: Baumeister, Heft 12, 1969A, S. 1575–1578, hier S. 1575.
16. BERTALANFFY, Ludwig von, General System Theory. Foundations, Development, Applications, New York (Braziller) 1973, 3–4.
17. MARTIN, Reinhold, *The Organizational Complex. Cybernetics, Space, Discourse*, in: Assemblage, Heft 37, 1998, 103–127, hier 117.
18. DIETRICH, Richard J., *Metastadt. Ein Versuch zur Theorie und Technik des Mensch-Umwelt-Systems*, in: DBZ Deutsche Bauzeitschrift, Heft 1, 1969B, 4–17.
19. DIETRICH, Richard J., *Metastadtprojekt 1 1965–66. Ein Beispiel*", in: DBZ Deutsche Bauzeitschrift, Heft 1, 1969C, 18–21, hier 19.
20. DIETRICH 1969B, 10.
21. Schulitz, Helmut C., *Ein Haus - ein*

Stahlskelett - ein offenes System, in: db Deutsche Bauzeitung, Heft 11, 1976, 49–56.
22. SCHULITZ, Helmut C., *Collage-Architektur*, in: Bauen + Wohnen, Heft 2, 1978, 69–72, hier 70.
23. Vgl. ABEL, Chris, *Evolutionary planning*, in: Architectural Design, Heft 12, 1968, 563–564, hier 564.
24. Autorenkollektiv der Fachschaft Architektur, TU Berlin, *„Planer-Flugschrift". Ein Beitrag zur Planerausbildung*, in: Stadtbauwelt, Heft 20, 1968, 1499–1504, hier 1500.
25. Ibidem, 1499.
26. GROCHOWIAK, Thomas, *Zur Ausstellung*, in: Kunsthalle Recklinghausen (Hg.), Torso. Das Unvollendete als künstlerische Form, Recklinghausen (Bongers) 1964, ohne Paginierung.
27. BODE, Peter M., *Hängende Gärten mit dem Charme des Spontanen*, in: Art, Heft 2, 1990, 19.
28. TANGE, Kenzo et al., *A Plan for Tokyo, 1960. Towards a Structural Reorganization*, in: The Japan Architect, 1961, 7–38.
29. MAKI, Fumihiko, *Group Form*, in: Das Werk, Heft 7, 1963, 258–263, hier S. 258. Dieser Text basiert auf den gleichnamigen Artikel von Maki und Masato Ohtaka in der ersten Ausgabe von „Metabolism".
30. Vgl. KEPES, György, Modul, Proportion, Symmetrie, Rhythmus, Brüssel (Connaissance) 1969, 76–77; vgl. MARTIN 1998, 121–122.
31. SCHMIDT, Georg, Kunst und Naturform, Basel (Basilius) 1960, 70–71, 112–113.
32. Vgl. SHOSHKES, Ellen, *Jaqueline Tyrwhitt and transnational discourse on modern urban planning an design, 1941–1951*, in: Urban History, Heft 2, 2009, 262–283, hier 281.
33. TYRWHITT, Jaqueline, *Town Planning. Order out of Chios*, in: The Architectural Review, Heft 832, 1966, 475–478, hier 475.

Vergleich des Malerischen Camillo Sittes mit dem Prägnanten Gernot Böhmes

Markus Karner

Das Malerische ist im städtebaulichen Diskurs zum Inbegriff eines Städtebaus nach den Prinzipien Camillo Sittes geworden. Dabei ist zu beobachten, dass die dem Begriff des Malerischen inhärente Antiquiertheit auf Camillo Sittes Idee des Städtebaus übertragen wird. Die hier angestellten Überlegungen beruhen auf der Diplomarbeit *Das „Malerische" Camillo Sittes und das „Atmosphärische" Gernot Böhmes.*[1] In dieser wurde Sittes ästhetischer Ansatz mit einer zeitgenössischen ästhetischen Theorie von Gernot Böhme verglichen. Der Vergleich basiert auf der Frage, ob und inwieweit Camillo Sittes ästhetisches Verständnis heute noch für die Theorie des Städtebaus relevant ist.

Bereits zum Zeitpunkt seiner Publikation *Der Städtebau nach seinen künstlerischen Grundsätzen*[2] hat man Camillo Sitte kontrovers diskutiert. Otto Wagner zum Beispiel kritisierte Sittes Überlegungen zum Städtebau als in die Vergangenheit gerichtete Idee.[3] Le Corubisier verdichtete den Begriff des Malerischen zum Prinzip der krummen Linie.[4]

Gegenwärtig dürfte das Interesse an Camillo Sitte wieder steigen, nimmt man die Anzahl der Publikationen als Maßstab,[5] was sich aber auch damit begründen lässt, dass der Begriff der Schönheit im Städtebau wieder verstärkt Zuspruch findet. In der Stadtplanung selbst, der Kunst, aber auch der Literatur und den Medien sorgt man sich zunehmend um die Abwesenheit des Schönen in den gebauten Räumen. Ein Unbehagen gegenüber sowie in der urbanen Umwelt macht sich breit. Von einer Verschandelung Österreichs wird gesprochen, auch ein ästhetischer Analphabetismus wird dem Städtebau vorgeworfen.[6] Dabei mangelt es weder am ästhetischen Anspruch der Objekt-Entwerfenden, noch an der Fülle der Institutionen, die sich um den Schutz gebauter Denkwürdigkeiten kümmern, ebensowenig an einer unbedarften behördlichen Verfahrensabwicklung. Das menschliche „Zentralbedürfnis" (Stefan Sagmeister) bleibt zu großen Teilen unbefriedigt zurück. Wir können also festhalten: Der Mangel an gelungenen, neu errichteten oder umgebauten Stadträumen eint das ausgehende 19. Jahrhundert Camillo Sittes mit dem begonnenen 21. Jahrhundert. Sittes Kritik an „modernen

Anlagen" führt ihn zu einer eingehenden Analyse historischer Stadt- und Platzanlagen, woraus seine vielfältig rezipierte Monographie *Der Städtebau nach seinen künstlerischen Grundsätzen* entstanden ist. Der Vorwurf des historisierenden Denkens erscheint in diesem Zusammenhang keineswegs als unangemessen. Das Interessante an seiner Monographie ist, dass er historische Platzanlagen nicht bloß hinsichtlich ihrer Wirkungen beschreibt, sondern allen Beispielen gemeinsame Herstellungsprinzipien freilegen will. Ausgehend von der persönlichen Wahrnehmungserfahrung – viele der beschriebenen Platzanlagen besuchte Sitte persönlich – versuchte er mit Hilfe selbst erstellter Grundrissskizzen, die im wesentlichen Schwarzplänen gleichen, allen gelungenen Platzanlagen gemeinsame strukturelle Merkmale zu extrahieren. Eine solche Vorgehensweise setzt voraus, die Ursachen der subjektiven Eindrücke in objektiven, raumstrukturellen Bedingungen zu suchen. So sehr seine Erläuterungen über die gewonnenen Eindrücke über solchen Platzanlagen ihn in die Nähe der romantisierenden Verklärung der Vergangenheit rücken, so weit entfernt er sich in seinen Schwarzplanskizzen wieder davon, sind sie doch Ausdruck seines empirisch-wissenschaftlichen Zugangs (an manchen Stellen weist sein Städtebau eine Nähe zum dialektischen Denken auf. Dort, wo Sitte vom inneren Widerstreit zwischen dem Malerischen und Praktischen spricht[7]). Der Zusammenhang zwischen Wahrnehmungsobjekt, Wahrnehmungsorgan und Wahrnehmungsinhalt bildet bis heute einen wichtigen Gegenstand zur Erforschung ästhetischer Erfahrungen (vgl. Theorie der Ästhetik, Sinnespyhsiologie, Wahrnehmungspsychologie). Auch in der Praxis finden bislang gemachte Erkenntnisse ihre Verwendung (vgl. Produktdesign, Bühnenbild, Produkvermarktung).

Ein wichtiger Vertreter innerhalb der Theorie der Ästhetik ist der Philosoph Gernot Böhme, der mit *Atmosphäre. Essays zu einer neuen Ästhetik* ein äußerst produktiv rezipiertes Grundlagenwerk für ein neues ästhetisches Verständnis geschaffen hat.[8] Besondere Aufmerksamkeit widmet er dabei der gebauten Umwelt, die wichtige Kapitel in seiner genannten Monographie umfassen. Zudem hat er die darin enthaltenen Überlegungen zu einer eigenständigen Publikation mit dem Titel *Architektur und Atmosphäre* ausgebaut.[9] Böhme beruft sich in seinem philosophischen Selbstverständnis auf Hermann Schmitz, der als Begründer der Neuen Phänomenologie gilt, in der die unmittelbaren, selbst gemachten, leiblichen Erfahrungen in den Mittelpunkt rücken.[10] Auch Böhme geht von unmittelbaren, subjektiven (aber nicht willkürlichen) Eindruckserfahrungen aus und versucht sie auf bestimmte Strukturprinzipien des (hergestellten) Raumes zurückzuführen.

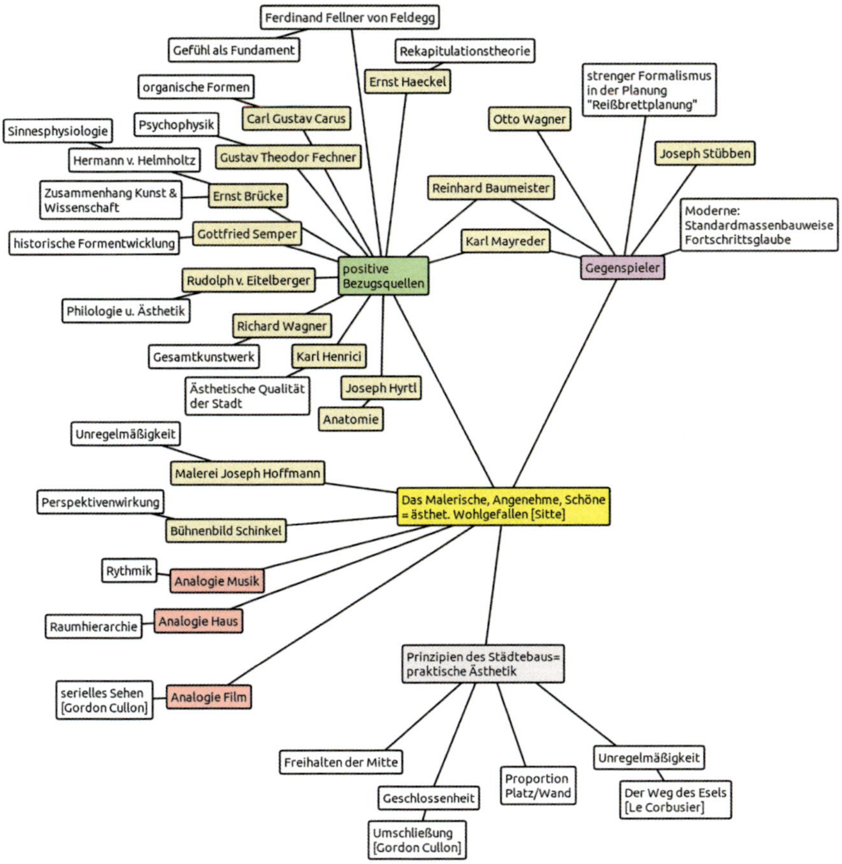

Abb. 1: Beziehungsschema

Gleichzeitig beobachtet er eine zunehmende Marginalisierung ästhetischer Erkenntnisweisen. Sowohl Sitte als auch Böhme sehen im verlorengegangen Wissen ästhetischer Herstellungsprinzipien die Ursache für die Produktion unschöner Stadtanlagen.

Ein solcher Mangel an ästhetisch gelungener Lebenswelt ist die Ästhetisierung der Lebenswelt entgegenzustellen, wie Böhme sagt. Während die Ästhetik das Bedürfnis nach Schönheit und Wohlgefallen befriedigt oder zumindest nicht größer werden lässt, zielt der Ästhetizismus darauf ab, ein Begehren nach Etwas zu erzeugen: verbleibt man bei der Ästhetik im Feld der leiblichen und sinnlichen Erfahrung des von mir Unterschiedenen (das/der Andere), so befeuert der Ästhetizismus das Verlangen nach der Tilgung einer solchen Differenz. Das Ästhetische befriedigt das Bedüfrnis nach Schönheit, das Ästhetizistische weckt erst andere,

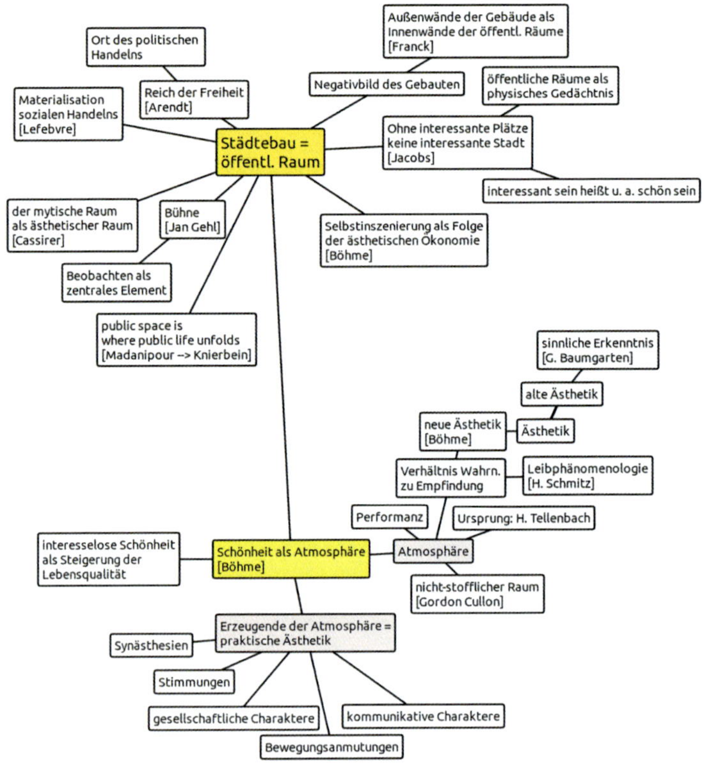

Abb. 1: Beziehungsschema

libidinös besetzte Begehrlichkeiten. Daher ist Stadtästhetik vom Stadtästhetizismus zu unterscheiden.

Sitte und Böhme eint das Anliegen einer empfindungsbetonten Ästhetik, die zugleich als allgemeine Wahrnehmungslehre konzipiert ist. Sie macht keinen Unterschied zwischen Kunst und Alltagswelt oder zwischen Natur und Kultur. Ebenso entfernen sich beide von einem symbolischen Ästhetikverständnis. Das Wahrgenommene steht nicht als Zeichen für etwas Anderes (Abwesendes), sondern für sich selbst. Der Sinn der ästhetischen Erkenntnis ist nicht die semantische Bedeutung, sondern die Erfahrung der leiblichen Präsenz des eigenen Körpers eingebettet in ein Feld vieler anderer Körper. Die Grundlagen einer solchen Ästhetik hat Sitte in der Sinnesphysiologie gefunden. Dabei greift Sitte auf zeitgenössische, experimentelle Erkenntnisse von Hermann von Helmholtz und Ernst Brücke zurück (Abb. 1). Aber auch die Psychophysik von Gustav Theodor Fechner gehörte zur Lektüreliste Sittes.[11] Sitte versuchte diese Erkenntnisse auf den Städtebau zu übertragen.

Böhme selbst fundiert seine Theorie auf Hermann Schmitz' Leibphänomenologie. Seine Kritik an der objektfixierten Erkenntnisstheorie kommt vor allem in seiner Beschäftigung mit Jakob Böhme zum Vorschein, der im frühen 17. Jahrhundert eine Ontologie entwickelte, die an moderne Feldtheorien wie zum Beispiel die Gravitationstheorie erinnern. Gleichsam wie die Saiten eines Musikinstruments Töne „ausstrahlen" und diese sich überlagern und gegenseitig beeinflussen, strahlen die Baukörper in den Stadtraum hinaus und wirken auf unser Wahrnehmungserlebnis ein.

Böhme greift auf ein altgriechisches Begriffspaar zurück, um den Vorrang der Phänomenalität in seiner Ästhetik zu bezeugen. Im Gegensatz zur „eukastike techne" beschreibt die „phantastike techne" ein Prinzip der bildenden Kunst, bei der die Ausformung der Proportionen einer Skulptur vom Beobachterstandpunkt abhängig gemacht wird. Zudem verwendet Böhme auch noch das Begriffspaar spatium/topos, um auf die unterschiedlichen Prinzipien aufmerksam zu machen.[12]

In Sittes Städtebau ist mehrmals von der Orthogonale als einem von örtlichen Eigenheiten abstrahierenden Prinzip die Rede. In der Ignoranz des orthogonalen Prinzips gegenüber dem „genius loci" sieht Sitte ein wesentliches Übel des modernen Städtebau. Von der Orthogonale ist es nicht weit zur Monotonie. Und von dort nur mehr ein Stück zur Langeweile, Borniertheit. Das Diktum der Industrialisierung, Reproduzierbarkeit und Gleichartigkeit für die rationelle Herstellung von Waren ist nicht auf den Städtebau zu übertragen, so Sitte. Das menschliche Auge gehorcht den Gesetzen der Optik. Sitte sieht das Malerische/Sinnberückende/Harmonische, Böhme die schöne/anregende/belebende Atmosphäre als eine Empfindung, die auf ganz bestimmte Wahrnehmungsqualitäten zurückzuführen ist, deren Voraussetzungen in raumstrukturellen Merkmalen liegen. Obwohl das Ergebnis nur auf subjektiver Ebene – der Wahrnehmungs- und Empfindungsinhalt eines einzelnen Subjekts – greifbar ist, ist Schönheit keine Glückssache, kein von Gott geschaffener Zustand, kein Genieblitz, sondern auf empirisch feststellbare Raumqualitäten zurückzuführen.

Damit sind wir bei den Produktionsbedingungen der Ästhetik angelangt. Doch zuvor ist noch zu klären, was produziert werden soll, also welche ästhetischen Qualitäten anzustreben sind. Sie wurden schon mehrmals erwähnt und sollen nun näher definiert werden: Das Malerische Camillo Sittes und das Atmosphärische Gernot Böhmes.

Sitte greift in seiner Monographie den Begriff des Malerischen immer wieder auf. Genau genommen verwendet er das Wort in seinem Städtebau siebzehn Mal. Zusätzlich verwendet er noch andere Termini, die vor dem Hintergrund einer fehlenden Ausdifferenzierung durch Sitte selbst als gleichwertige Substitute angesehen werden können. Dazu zählt das Harmonische (kommt neun Mal vor), das Erhebende (ein Mal), das Sinnberückende (ein Mal), das Wohlgefällige (drei Mal), das Überein- und Zusammenstimmende (vier Mal). Er denkt die Ästhetik dualistisch. Entweder es ist ein geplanter und hergestellter Stadtraum geglückt, dann ist er malerisch, sinnberückend, harmonisch oder er ist nicht geglückt, dann zählt er zu den nicht gelungenen rein technischen Stadträumen. Eine vielschichtigere Kategorisierung findet bei Sitte nicht statt, ausgenommen jener zarten Andeutungen, die darauf schließen lassen, dass Sitte sehr wohl die ästhetischen Anforderungen abhängig macht von ihrer Funktion und Lage im Stadtraum: nicht für jede Straße, für jeden öffentlichen Raum gilt der Maßstab der malerischen Platzanlage Sittescher Prägung.

Versucht man das Malerische (und mit ihm auch die erwähnten Wortsubstitute) in ihrem begrifflichen Inhalt näher zu spezifizieren, so stößt man auf Sub-Begriffe wie Rhythmus, Schwerpunktsetzung, Motivenvielfalt, harmonischer Gesamteindruck. In dualistischer Abgrenzung dazu stehen Sub-Begriffe wie Monotonie, (strenge) Symmetrie, (strenge) Regelmäßigkeit: „Je größer die Mannigfaltigkeit, je größerer Reichtum von Motiven aber zulässig, vorhanden, erwünscht ist, desto verwerflicher wird hier die geschraubte Regelmäßigkeit, zwecklose Symmetrie und Einförmigkeit moderner Anlagen.“[13] Der Markusplatz gilt Sitte als Musterbeispiel einer malerischen Anlage.

Während Sitte den Wahrnehmungsvorgang als zeitlichen Prozess nicht näher beleuchtet, unterteilt Gernot Böhme diesen in unterschiedliche Phasen. Zur Primärerfahrung zählt er das unmittelbare Spüren der Atmosphäre einer räumlichen Situation. „Atmosphären sind räumlich ergossene Stimmungsqualitäten“, ganz im Sinne Jakob Böhmes. Das heißt, sie erfüllen den Raum, in dem wir Menschen uns bewegen. Wir bewegen uns durch diese räumlich ergossenen Stimmungsqualitäten hindurch. Sie sind nicht weiter teilbare Qualitäten, auch wenn sie auf unterschiedliche Einzelobjekte – in der Regel Baukörper im Städtebau – zurückzuführen sind. Ihre Qualität ist bestimmt durch die Konstellation der Dinge zueinander. Die Atmosphäre ist eine zusammengesetzte Qualität, die sich aber nicht durch Zerlegung in ihre Einzelteile hinreichend erklären lässt. Während Sitte mit dem Malerischen zugleich eine inhaltliche Festlegung trifft, ist die Atmosphäre nach Böhme etwas rein Formales, nämlich die Qualität eines Raumes, die wir unmittelbar am Körper wahrnehmen. Die Atmosphäre ist Teil der Primärerfahrungswelt, die wir leiblich spüren. Dieses Spüren der Anwesenheit von Etwas, der Atmosphäre eines Raumes, findet in der ersten Phase unserer Wahrnehmung statt. In dieser Primärerfahrungsphase wird das Wahrgenommene noch gar nicht registriert von unseren spezifischen Sinnesorganen, allen voran dem Auge. Erst im nächsten Schritt beginnt sich diese Primärerfahrung etwas auszudifferenzieren; Böhme spricht dann von atmosphärischen Raumqualitäten im Unterschied zur Atmosphäre des Raumes. Dazu zählt die Physiognomik, der gesellschaftliche Charakter und der synästhetische Charakter einer Wahrnehmungsdisposition. Wir können an dieser Stelle also festhalten, dass Böhme den Wahrnehmungsvorgang in mehrere Phasen unterteilt, wobei sich der Wahrnehmungsinhalt im Verlauf konkretisiert, aber in den Bahnen der Primärerfahrung verbleibt. Gleichzeitig durchkreuzt Böhme die dualistische Anschauung Sittes. Das Atmosphärenkonzept kennt neben der wohlgefälligen Atmosphäre auch noch andere Kategorien als ihren bloßen Gegensatz, wie die schaurige und die melancholische Atmosphäre, die auf bestimmte atmosphärische Raumqualitäten zurückzuführen sind, wobei eine Typologie ausbleibt und die Vielfalt atmosphärischer Typen nur angedeutet wird. Eindeutig steht für Böhme eine atmosphärische Qualität im Mittelpunkt: die schöne, belebende Atmosphäre. Mit dem Begriff der Physiognomie handelt Böhme die visuellen Raumqualitäten ab, die für unsere Vergleichsstudie mit dem „Augenmensch" (Gabriele Reiterer) Sitte von besonderer Relevanz sind. Es sei nur kurz erwähnt, dass auch die Zahl der Anwesenheit von Menschen Einfluss auf das ästhetische Erleben haben, die bei Böhme in der Kategorie der gesellschaftlichen Charaktere behandelt werden. Auch bei Sitte lassen sich solche „Störgrößen" in seinem Städtebau finden.

Die nähere Definition des (physiognomisch) Schönen zeigt, dass Böhme die Ausgrenzung der strengen Symmetrie und Regelmäßigkeit mit Sitte teilt: „Nicht Regelmäßigkeit und Symmetrie sind für das gegenwärtige Schönheitsempfinden charakteristisch, sondern gerade Unbestimmtheit, Ereignis, Atmosphäre."[14] Zur Raumkonstellation nach Böhme ist neben dem Arrangement der Körper auch das Erscheinungsmedium dazuzuzählen. Für die ästhetische Erfahrung macht es einen Unterschied, ob etwas zur Mittagszeit oder im Dunkel der Nacht vernommen wird. Mit Rückgriff auf Herbert Lehmann spezifiziert er das physiognomisch Schöne durch den Begriff des Prägnanten: „Wir nennen einen Ausdruck prägnant, wenn er bei aller Kürze treffend und vielsagend zugleich ist. Im visuellen Bereich erscheint eine Form prägnant, wenn sie eine blitzartig einleuchtende ganzheitliche Auffassung ermöglicht, gleichzeitig aber einen ganzen Komplex von mehr oder minder bewußten Assoziationen auslöst und damit die Phantasie anregt."[15] Damit haben wir mit dem Prägnanten das unmittelbare Pendant zum Malerischen gefunden.

Das Prägnante wird von Böhme auch näher definiert. Er bedient sich dabei der Sub-Begriffe des harmonischen Gesamteindrucks, der wohlgeordneten Proportion der Volumina, der produktiven Vagheit der (einzelnen) Motive, der historischen Tiefe, des Spiels mit Blickbeziehungen und des Spiels mit unterschiedlichen Erscheinungsweisen.[16]

Stellt man diesen Erzeugenden des Prägnanten, wie es bei Böhme heißt, die städtebaulichen Grundsätze Sittes gegenüber, so lassen sich Ähnlichkeiten auf den ersten Blick ausmachen. Der Grundsatz der harmonischen Bauten zueinander verweist auf das Prinzip des harmonischen Gesamteindrucks bei Böhme, die den optischen Gesetzen gemäße Größen- und Tiefendimension der Plätze auf die wohlgeordneten Proportionen der Volumina, die Unregelmäßigkeit durch die Berücksichtigung des genius loci auf die historische Tiefe. Die Geschlossenheit der Plätze sowie das Freihalten der Mitte bei Sitte finden schwerer ein angemessenes Gegenüber bei Böhme. Die Prinzipien des Spiels mit Blickbeziehungen und dem Spiel der Erscheinungsweisen wiederum finden implizit ihr Pendant im Grundsatz der interessanten Wahrnehmungsabfolge, der in Sittes Städtebau ebenfalls auftaucht.

Obwohl Böhmes Begriff des Prägnanten Ähnlichkeiten zu Sittes Begriff des Malerischen aufweist, sind sie nicht ohne weiteres austauschbar. Das physiognomisch Prägnante nimmt vor allem das Medium in dem Etwas erscheint auf, gleichzeitig verbleiben die Erzeugenden bei Böhme abstrakter. Dem gegenüber sind Sittes Grundsätze konkreter, so dass sie ohne großer Interpretationsvorarbeit in den Entwurf beziehungsweise in die Analyse eines Stadtraumes einfließen können. Bei beiden zeigt sich klar, dass die baulich-räumliche Ordnung wesentlich auf das Wahrnehmungserlebnis einwirkt.

Als Absolvent der Studienrichtung Raumplanung und Raumordnung lässt sich daraus ein unmittelbarer Auftrag ableiten. Weniger die Architektur mit ihren Objektentwürfen ist für die städtebauliche Raumqualität verantwortlich, vielmehr die Raum- und Stadtplanung beziehungsweise die raumordnungsrechtlichen Festlegungen im Flächenwidmungs- und Bebauungsplan. Dort wird über die baulich-räumliche Organisation entschieden. Dort werden Festlegungen über die Anordnung und Abfolge von Baukörpern und Freiraum getroffen. Dort werden Fluchtlinien und Höhenbegrenzungen festgelegt.

Über die erfolgreiche Rückkehr der städtebaulichen Qualität in die Praxis der Stadtraumproduktion entscheidet das Vermögen, bereits auf Ebene raumordnungsrechtlicher Festlegungen grundlegende ästhetische Anforderungen zu berücksichtigen. Camillo Sitte war es auch, der sich verstärkt mit Teilungsplänen, Parzellierungsentwürfen und Bebauungsplänen beschäftigt hat.[17] Die Aktualität jenseits eines bloß historischen Interesses an Sitte liegt in der Kenntnis des maßgeblichen Zusammenhangs von raumordnungsrechtlichen Bestimmungen mit stadtästhetischer Qualität. Die Raumordnung entscheidet über die Schönheit der Stadt.

1. KARNER, Markus, Das „Malerische" Camillo Sittes und das „Atmosphärische" Gernot Böhmes: Vergleich der beiden ästhetischen Begriffe aus städtebaulicher Perspektive und ihre Relevanz für die Analyse öffentlicher Plätze. Diplomarbeit an der Technischen Universität Wien, 2014.
2. SITTE, Camillo, Der Städtebau nach seinen künstlerischen Grundsätzen, Reprint der 4. Auflage aus dem Jahr 1909, Basel (Birkhäuser) 2010.
3. Vgl. SEMSROTH, Klaus / MÖNNINGER, Michael / CRASEMANN COLLINS, Christiane, Camillo Sitte. Entwürfe und städteauliche Projekte (Camillo-Sitte-Gesamtausgabe Bd. 2), Wien-Köln-Weimar (Böhlau) 2010, oder auch AMANN, Wolfang, Platzgruppen bei Camillo Sitte. Der Wandel der Konzeption des Künstlerischen im Städtebau um die Jahrhundertwende am Beispiel Camillo Sittes. Diplomarbeit Universität Wien, 1991.
4. Vgl. die berühmt gewordene Textstelle bei Le Corbusier in seiner Monographie *Urbanisme*, mit der er unmittelbar Sittes Grundsatz der Unregelmäßigkeit angriff: „Die gekrümmte Straße ist der Weg der Esel, die gerade Straße ist der Weg der Menschen." LE CORBUSIER, Urbanisme, 1929, X, 5–6 und 10.
5. Vgl. die Zahl der Diplomarbeiten, Dissertationen und wissenschaftlichen Publikationen in den letzten fünf Jahren allein an der Technischen Universität Wien. Im Katalog sind 50 Einträge zu *Camillo Sitte* zu finden.
6. Vgl. LEITNER, Tarek, Mut zur Schönheit. Streitschrift gegen die Verschandelung Österreichs, Wien (Brandstätter) 2012; vgl. diverse Konferenzen zur Schönheit der Stadt vom Deutschen Institut für Stadtbaukunst in Dortmund; vgl. Vortrag *Why Beauty Matters* von Stefan Sagmeister am 18.09.2016 in der MAK-Ausstellungshalle.
7. SITTE 2010, 122.
8. BÖHME, Gernot, Atmosphäre. Essays zur neuen Ästhetik, 7. Auflage, Berlin (Suhrkamp) 2013A.
9. BÖHME, Gernot, Architektur und Atmosphäre, München (Fink) 2013B.
10. SCHMITZ, Hermann, Der Leib, der Raum und die Gefühle, Bielefeld (Sirius) 2007.
11. vgl. REITERER, Gabriele, Augensinn. Zu Raum und Wahrnehmung in Camillo Sittes Städtebau, Salzburg-München (Pustet) 2003.
12. BÖHME 2013A, 15 und 161.
13. SITTE 2010, 62.
14. BÖHME 2013A, 62.
15. LEHMANN, Herbert, Essays zur Physiognomie der Landschaft, Wiesbaden (Steiner) 1985, 164.
16. Vgl. KARNER 2014, 58–60.
17. Vgl. SEMSROTH, Klaus / MÖNNINGER, Michael / CRASEMANN COLLINS, Christiane, Camillo Sitte. Entwürfe und städteauliche Projekte (Camillo-Sitte-Gesamtausgabe Bd. 6), Wien-Köln-Weimar (Böhlau) 2014.

„Der Städtebau nach seinen wissenschaftlichen und sozialen Grundsätzen."

Einblicke in den verschollenen zweiten Band Camillo Sittes

Stefan Johannes Kubin

Das Interesse an Camillo Sittes zentralem Werk *Der Städte-Bau nach seinen künstlerischen Grundsätzen* war ungebrochen als sein plötzlicher Tod 1903 zu einer jähen Zäsur führte.

Die verheißungsvolle Ankündigung Karl Henricis, dass „[...] ein zweiter Band seines Buches, welcher den Titel ‚Der Städtebau nach wissenschaftlichen und sozialen Grundsätzen' tragen, und von seinem Sohn, dem Architekten Siegfried Sitte, herausgegeben werden wird [...]"[1], wurde mit großer Erwartung aufgenommen. Sittes Ausführungen und Theorien zum Städtebau sollten mit dieser Fortsetzung in die praktische Anwendbarkeit übertragen werden.

1905 führte Theodor Bach anlässlich der Enthüllung des Ehrengrabes Camillo Sittes am Wiener Zentralfriedhof relativ gleichlautend aus: „Durch sein epochemachendes Werk ‚Der Städtebau nach seinen künstlerischen Grundsätzen' ist Sitte zum Schöpfer des modernen Städtebaues geworden [...]. Dem bedeutenden Werke sollte ein zweiter Band folgen: ‚Der Städtebau nach seinen wirtschaftlichen und sozialen Grundsätzen', dessen Erscheinen zu erleben Sitte nicht mehr vergönnt gewesen und dessen Herausgabe durch seinen ältesten Sohn erwartet werden darf."[2] Bemerkenswert sind in beiden Zitaten die unterschiedlichen Titelangaben „wissenschaftlich" und „wirtschaftlich".

Trotz der intensiven Publikationstätigkeit Siegfried Sittes – und insbesondere trotz aller Fehlinterpretationen, Vereinnahmungen und späteren Schmähungen in der ersten Hälfte des 20. Jahrhunderts – kam es nie zu einem zweiten Band des *Städte-Bau.* Stattdessen erschienen weitgehend unveränderte Neuauflagen und internationale Übersetzungen des ersten Bandes. Selbst als der Nachlass der Architektenfamilie Sitte 1963 an die TU Wien gelangte, fanden sich darin keine Hinweise auf einen zweiten Band des *Städte-Bau*, der als verschollen galt.

1997 wurde – gemeinsam mit Franz Stokreiter – posthum Siegfried Sittes *Das Wirtschaftsbild* vom Institut für Städtebau und Raumplanung (heute Institut für Städtebau, Landschaftsarchitektur und Entwerfen) der TU Wien herausgegeben.

Abb. 1: Original-Kassetten aus der Materialiensammlung Camillo Sitte (© Kubin).

Wie Franz Stokreiter dazu feststellt: „Da der Bau von Wohnstätten [...] einen wesentlichen Bereich des Städtebaues bildet und eine grundlegende Voraussetzung für die Lösung sozialer Fragen ist, entspricht dieser Teil von Siegfried Sittes ‚Wirtschaftsbild' jenem Werk, das sein Vater Camillo Sitte als ‚Der Städtebau nach seinen wirtschaftlichen und sozialen Grundsätzen' geplant hatte."[3] Damit schien die Suche nach der Fortsetzung ein vorläufiges Ende gefunden zu haben.

Mit dem Manuskript für *Das Wirtschaftsbild* gelangten – neben anderen Unterlagen – auch zwei Original-Kassetten (Abb. 1) aus der verschollen geglaubten Materialiensammlung Camillo Sittes an das Institut. Theodor Bach zufolge hatte Sitte in „mehr als 400 Kästchen [...] Tausende und aber Tausende von eigenen Betrachtungen und von Auszügen aus mehr als tausend Werken die er gelesen, hinterlegt und sorgsam nach Stoff und Form geordnet".[4] Wie Michael Mönninger im ersten Band der Gesamtausgabe konstatiert hatte, scheint dieses umfangreiche Archivmaterial verschollen,[5] mit Ausnahme dieser beiden Kassetten, die als sogenanntes Konvolut Knab-Stokreiter Gegenstand der Forschung des Autors sind.[6]

So konnte nachgewiesen werden, dass eine dieser Kassetten Materialien für die Fortsetzung des *Städte-Bau* enthält. Daraus folgt, dass es zu kurz gegriffen wäre, *Das Wirtschaftsbild* generell mit dem zweiten Band Camillo Sittes gleichzusetzen denn es besteht eine formale und inhaltlich deutliche Trennung zwischen beiden Werken, auch wenn sie in einem engen Kontext zueinanderstehen. Das Konzept – oder besser – die unterschiedlichen Konzepte des von Camillo Sitte geplanten Werkes umspannen ein wesentlich breiteres Themenspektrum als eine Fokussierung auf rein wirtschaftliche Aspekte der Stadtplanung. Mit den jüngsten Untersuchungen des Autors konnte auch mit hoher Sicherheit ausgeschlossen werden, dass es jemals einen fertiggestellten Fortsetzungsband des Sitte'schen *Städte-Bau* gab.[7]

Das Konvolut Knab-Stokreiter[8] enthält – wie von Bach beschrieben[9] – eine lose Blattsammlung von Notizen, manche davon mit spärlich gesetzten und zum Teil abgekürzten Querverweisen. Es sind knapp gehaltene Textbausteine beziehungsweise Textfragmente, die einigen Spielraum zur Interpretation eröffnen, Gedankenskizzen und Schlagworte, beigelegt sind Fotografien, Zeitungssauschnitte, Faltpläne und Handskizzen, alles thematisch geordnet in kleinen Faltmäppchen.[10]

Zusätzlich zu dem fragmentarischen Gerüst für den Fortsetzungsband des *Städte-Bau* besteht die eigentliche Besonderheit des Konvoluts Knab-Stokreiter in der Möglichkeit, Einblick in ein sehr frühes Stadium der Sitte'schen Textproduktion zu erhalten, wie sie bei seinen anderen Publikationen nur teilweise erhalten ist. Die von Sitte zahlreich veröffentlichten Feuilletons und Artikel in der rezenten Tagespresse, Vorträge sowie Publikationen zur Pädagogik[11] ermöglichen nur bedingt einen Rückschluss auf die – von Bach und anderen Zeitgenossen Sittes beschriebene – zugrunde liegende Sammlung, so wie sie nun für den geplanten zweiten Band vorliegt.

Als Direktor der Staatsgewerbeschule in Wien baute Camillo Sitte eine umfangreiche Bibliothek auf, sammelte intensiv antiquarische Werke und tagesrezente Publikationen zu fachspezifischen Themen, wie der rekonstruierbare Bestand der Bibliothek illustriert.[12] Dabei verschmolz die private Sammlung mit der Lehrbibliothek, die ursprünglichen Signaturen erlauben heute Rückschlüsse auf die Aufstellung, ausgewählte Bände tragen den Vermerk „Atelier(e)“. Vereinzelte Bände enthalten Annotationen, die mittlerweile auch Sitte zugeordnet werden konnten. Camillo Sitte (und vermutlich auch sein Sohn Siegfried) erstellte – wie dargelegt – ergänzend dazu eine Kollektion unterschiedlicher Materialien, hauptsächlich Zeitungssauschnitte, die im Nachlass an der TU Wien allgemein als Arbeitsbehelfe thematisch gruppiert erfasst sind, die diese Sammeltätigkeit belegen – bisher fanden diese jedoch kaum Beachtung. Eine Zuordnung dieser Papiere ist nur möglich, wenn Kolumnentitel oder Vergleichbares erhalten blieben. So finden sich darunter nachweislich Ausschnitte aus der *Deutschen Bauzeitung* oder der Illustrierten *Das interessante Blatt*, die ab 1882 jeweils wöchentlich erschien.[13]

Bei ausgewählten Veröffentlichungen Camillo Sittes – beispielsweise zur Burg Kreuzenstein[14] – beziehungsweise Erläuterungen zu städtebaulichen Planungen – wie etwa Reichenberg[15] – sind Vorarbeiten oder abweichende Versionen im Nachlass erhalten, die den Prozess des Schreibens nachvollziehbar werden lassen.

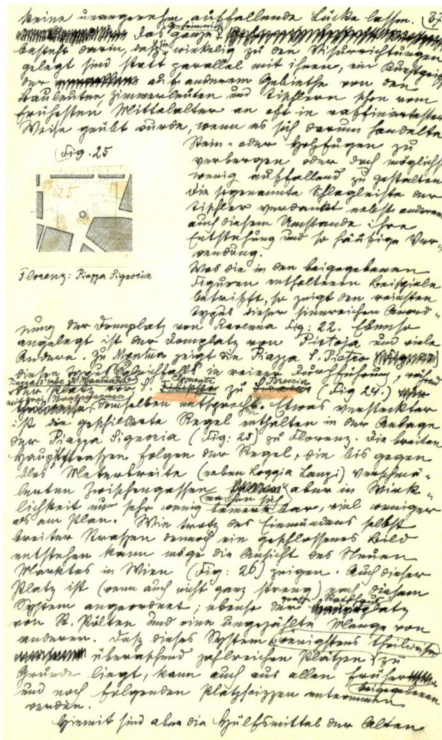

Abb. 2: Seite 37 aus dem Manuskript zum *Städte-Bau* von Camillo Sitte (1889) mit zahlreichen Korrekturen (© Archiv der TU Wien, SN 444-377).

Im Gegensatz zu den im Konvolut Knab-Stokreiter enthaltenen Passagen und Auszügen handelt es sich zumeist um längere Studien oder bereits fertig ausformulierte Texte, die einerseits mit Querverweisen auf andere Schriften versehen sind und andererseits eine redaktionelle Überarbeitung aufweisen. An dieser Stelle sei etwa der Aufsatz „Grundsätze zur Reform des Zeichenunterrichts“ von 1899[16] angeführt. Dieses Autograph enthält zahlreiche Randnotizen mit Querverweisen – eine dieser Anmerkungen lautet „Wissen und Können“[17], für die bisher keine Erklärung im Nachlass enthalten war. Das Konvolut Knab-Stokreiter beinhaltet ein kleines Manuskript aus neun Blättern, das genau diesen Titel trägt und sich nun mit dem Aufsatz in Verbindung bringen lässt.

So ist für den ersten Band *Der Städte-Bau nach seinen künstlerischen Grundsätzen* im Nachlass der Architektenfamilie Sitte keine vergleichbare Materialiensammlung nachzuweisen, aber möglicherweise anzunehmen. Das Manuskript – im Nachlasskatalog[18] unter der Inventarnummer SN 444–377 verzeichnet – weist vielfach Korrekturen von Sittes Hand und spätere redaktionelle Anmerkungen auf, die auf einen längeren Entstehungsprozess des *Städte-Bau* hindeuten (Abb. 2). Dies gilt in vergleichbarer Art für eine von Sitte zusammengestellte Baustilkunde mit dem Titel *Vorträge über Geschichte der Baustyle,*[19] das mehrfach überarbeitet wurde und Anmerkungen und Korrekturen wie der *Städte-Bau*-Autograph enthält. Auch in diesem Fall kann ein Stück aus dem Konvolut Knab-Stokreiter – ein Faltplan der altägyptischen Tempelanlage in Karnak – nachträglich zugeordnet werden.

Die beiden Manuskripte *Städte-Bau* und *Baustyle* wurden als Vergleichsstü-

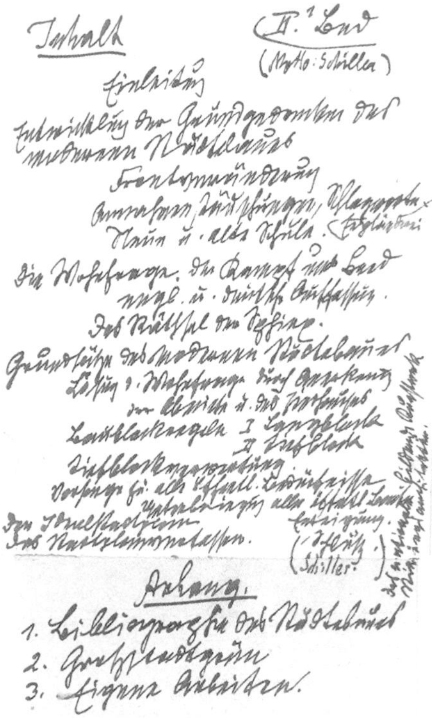

Inhalt (II. Band (Motto: Schiller)

Anhang.
1. Bibliographie des Städtebau
2. Großstadtgrün
3. Eigene Arbeiten.

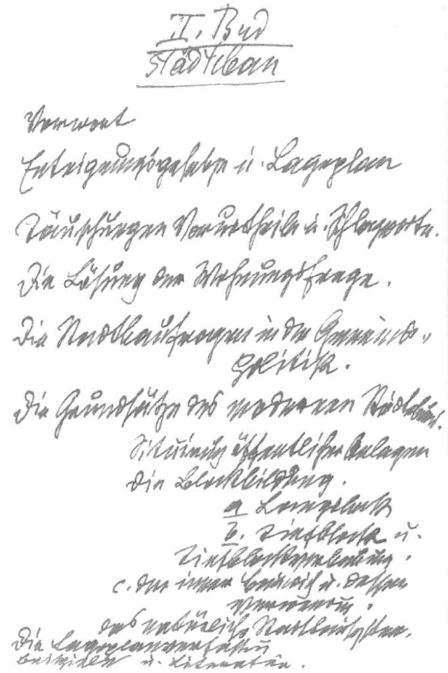

II. Band
Städtebau

Abb. 3: Gliederungsentwurf für den zweiten Band auf zwei montierten Blättern. Auch Siegfried Sittes *Das Wirtschaftsbild* enthält auf Seite 84 ein Zitat von Schiller, ob ein Bezug zu dem „Motto Schiller“ besteht, kann nicht geklärt werden. Der Anhang verweist auf eine „Bibliographie des Städtebau“, den Aufsatz „Großstadtgrün“ und „Eigene Arbeiten“ (Konvolut Knab-Stokreiter, M01 f01).

Abb. 4: Gliederungsentwurf für den Fortsetzungsband (Konvolut Knab-Stokreiter, M01 f02).

cke zur Gegenprobe herangezogen, um die Autorenschaft des Inhalts der beiden Kassetten zu klären. Während eine Kassette zweifelsfrei Siegfried Sitte zugeordnet werden konnte, war dies im Fall der anderen nicht so eindeutig wie zu Beginn der Untersuchungen angenommen.[20] Die Handschriften von Camillo und Siegfried sind sich auf den ersten Blick täuschend ähnlich und nur anhand kleiner Details voneinander zu unterscheiden. Besonders die eng beschrifteten Blätter stellten eine große Herausforderung bei der Überprüfung dar. Trotz dieser Problematik sind die vier verschiedenen Entwürfe für die Gliederung des Fortsetzungsbandes zum *Städte-Bau* in der ersten Mappe des Konvoluts klar erkenn-

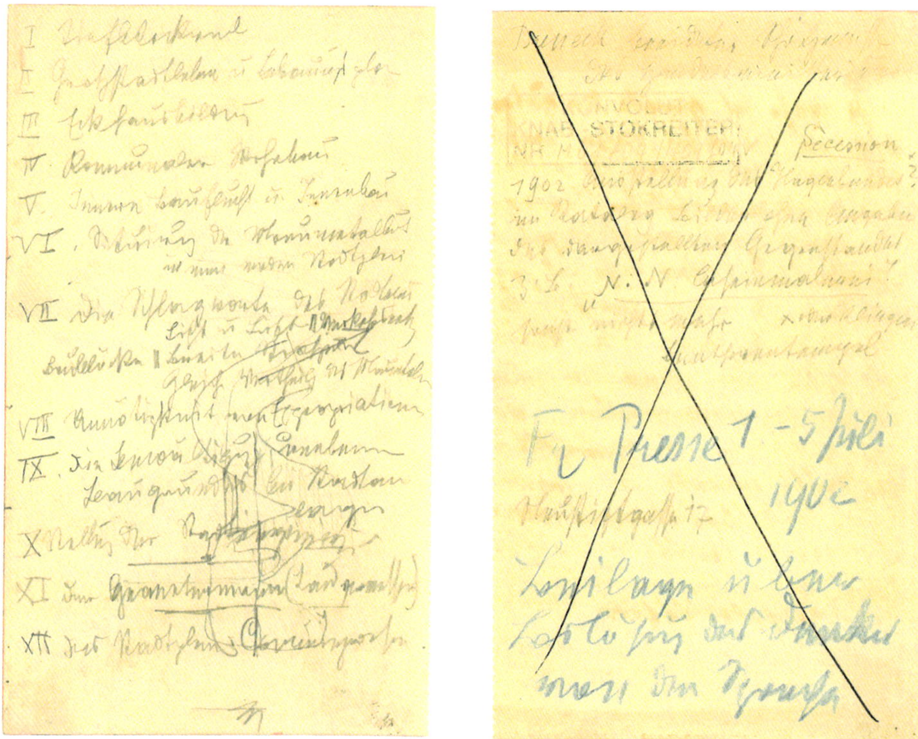

Abb. 5: Gliederungsentwurf für den Fortsetzungsband mit zwölf Kapiteln, auf der Rückseite Vermerke zur Wiener Secession und zum Hagenbund, sowie Hinweis auf einen Zeitungsartikel von 1902 in Blaustift (Konvolut Knab-Stokreiter, M01 f04).

bar von Camillo Sitte verfasst worden. Eine der Gliederungen ist überdies – in Analogie zum ersten Band – ebenfalls in zwölf Kapitel unterteilt (Abb. 3–6).

Die unterschiedlichen Konzepte enthalten teilweise wiederkehrende Bausteine, dazu zählen etwa die Besprechungen ausgewiesener Literatur oder eigener stadtplanerischer Projekte.[21] In drei Gliederungen des zweiten Bandes ist beispielsweise ein Kapitel enthalten, das den Titel „Täuschungen, Vorurteile, Schlagworte" trägt – in einer Fassung findet sich noch der Zusatz „Engländerei" – in der vierten Version fehlt es jedoch. Ein Textbaustein auf dem Blatt M01 f07, der diesem Kapitel zugeordnet werden konnte, deutet – in der von Sitte gewohnten Ausdrucksweise – die Besprechung und sogleich Bewertung von rezenten Stadtplanungen an:

„Wie ungemein schwierig es ist hier für jeden Fall das Richtige zu treffen, geht aus der Anzahl verfehlter Lösungen hervor, welche allenthalben da schon

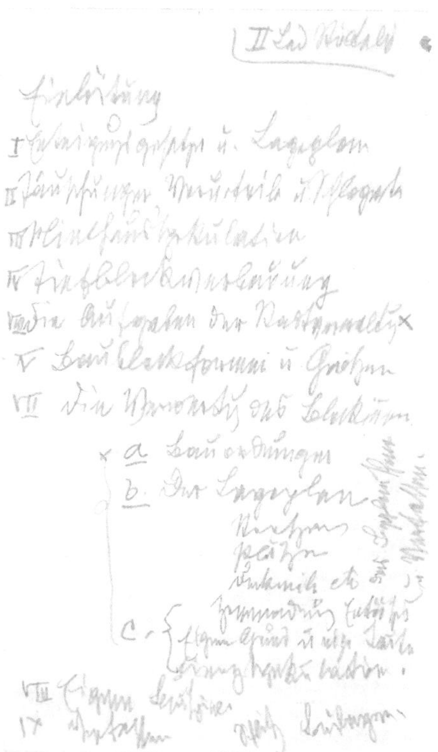

Abb. 6: Vierter Gliederungsentwurf für den Fortsetzungsband (Konvolut Knab-Stokreiter, M01 f03).

vorliegen. Aber:

‚Durch Fehler lernt man.'

Dieses Wahrwort findet hier eine schlagende Bestättigung u[nd] so scheint es zweckmäßig durch kurze Aufzählung der bereits als verfehlt erkennbaren Lösungsversuche zunächst gleichsam alle Sackgassen mit Warnungstafeln zu versehen um die Auffindung des rechten gangbaren Weges zu ermöglichen [...]."[22] (Abb. 7)

Die weitere Bearbeitung der Gliederungen und des gesamten Konvoluts wird noch zeigen ob hier konkrete Beispiele zugeordnet werden können. Auch eine zeitliche Abfolge der vier Gliederungsentwürfe ist fraglich. Die einzelnen Blätter der Sammlung sind selbst nicht datiert, eine annähernde Datierung ist vielfach nur über die enthaltenen Quellenverweise möglich.

Selten sind die Blätter auch auf der Rückseite beschriftet, auffällig darunter sind M01 f04 und M01 f07. Das erstgenannte enthält neben einem Hinweis auf das Gebäude der Wiener Secession am Karlsplatz, das hier als „Klingers Beethoventempel" bezeichnet wird, auch einen Vermerk zum Hagenbund. Mit blauem Stift ist vermerkt „Fr. Presse 1. – 5 Juli 1902 Beilage über Loslösung des Denken von der Sprache". (Abb. 5) Die Form dieses Vermerks erinnert an die handschriftlichen Korrekturen in den Manuskripten des *Städte-Bau* oder der *Baustyle*. Die Rückseite des Blattes M01 f07 enthält eine Skizze, bei der es sich um den Deckenspiegel der Marienkirche in Přivoz handeln könnte. Die ovale Form der flachen Kuppel, die auffällige Einteilung der Gewölbefelder mit Netzrippen und die angedeutete Darstellung der heute nicht mehr erhaltenen Ausgestaltung (speziell die Baldachine mit Heiligenfiguren und der Engelszyklus in den polygonalen Feldern)[23] legen diese Interpretation nahe (Abb. 7–9).

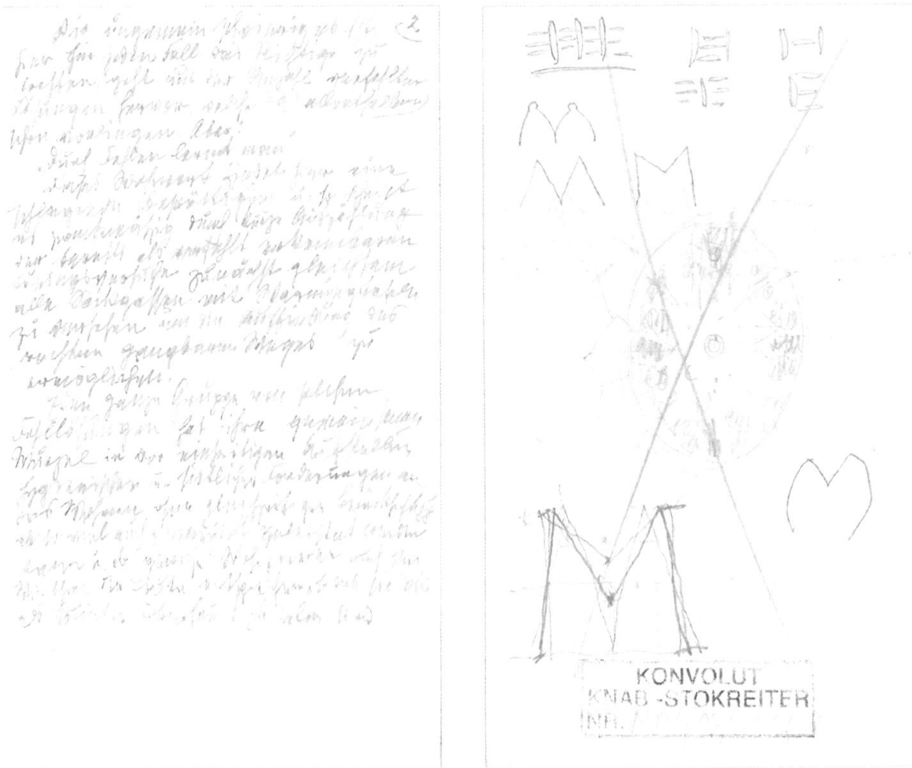

Abb. 7: Blatt mit Textbaustein passend zum Kapitel II laut Gliederung auf dem Blatt M01 f03. Auf der Rückseite eine Skizze, bei der es sich um das Gewölbe der Marienkirche in Přivoz handeln könnte (Konvolut Knab-Stokreiter, M01 f07).

In vielen Fällen konnten die angeführten Quellen konkret identifiziert werden: Namentlich sind dies – um nur einige Autoren stellvertretend zu nennen – aus geisteswissenschaftlichen Fächern der Historiker Ernst Curtius (1814–1896), aus dem Umfeld des Städtebaus und der Stadtplanung Hermann Josef Stübben (1845–1936)[24], Karl Henrici (1842–1927), Camille Martin (1877–1928), Hans Christian Nussbaum (1853–1928)[25], aus der Ökonomie bzw. Statistik Otto Ammon (1842–1916), Georg Hansen (1852–1901) oder Robert Rene Kuczynski (1876–1947)[26]. Eine weitere belegbare Quelle, in diesem Fall für Abbildungen zum Thema Platzanlagen, ist das sogenannte *Kronprinzenwerk*. Sitte vermerkt dazu: „[...] Bild aus dem Kronprinzen Werk ‚Hauptplatz in Szatmár-Németi' u(nd) ‚St.Ladislauspl: in Groß:Wardein' [...].“ Die genannten Beispiele entstammen dem damaligen Ungarn – Szatmár-Németi (= Satu Mare), Grosswardein (= Oradea) liegen heute beide in Rumänien) – und sollten die Beschreibung weitläufiger

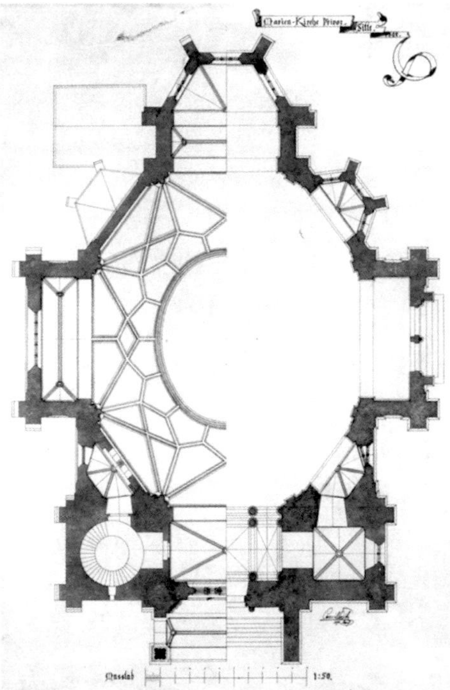

Abb. 8: Camillo Sitte, Grundriss und Gewölbeuntersicht der Marienkirche in Přivoz (1894) (© Archiv der TU Wien, SN 78/3-529)

Abb. 9: Fotografie der malerischen Ausgestaltung des Gewölbes der Marienkirche in Přivoz (© Archiv der TU Wien, SN 78-589).

Platzanlagen mit niedriger Bebauung illustrieren.[27]

Die erste Mappe des Konvoluts Knab-Stokreiter enthält auch Textbausteine, die einen Einblick in die geplante Einführung des zweiten Bandes geben, etwa die folgende sehr persönlich gehaltene Passage: „Je mehr sich gerade die ausgezeichnetsten Männer des Faches dieser ‚nouvelle ere dans l'art de batîr les villes' wie mein vortrefflicher Interpret C. Martin sagt, anschließen, desto deutlicher sehe ich ein, wie gering mein persönlicher Verdienst dabei ist, denn ich habe nur zufällig zuerst dasjenige angesprochen, was schon allenthalben gefühlt und gedacht wurde u[nd] somit zum Durchbruch reif war. Immerhin freut mich auch so, im Interesse der Sache der überraschende Erfolg."[28] (Abb. 10)

Diese Notiz ist, wenngleich nicht datiert, durch den Verweis auf Martin Camille und dessen 1902 erschienene französische Übersetzung des *Städte-Bau* zeitlich einordenbar. Gleichzeitig unterstreicht sie die Wertschätzung, die Sitte Camille Martin entgegenbrachte.

Kritischer erscheint Camillo Sittes Position Hermann Josef Stübben gegen-

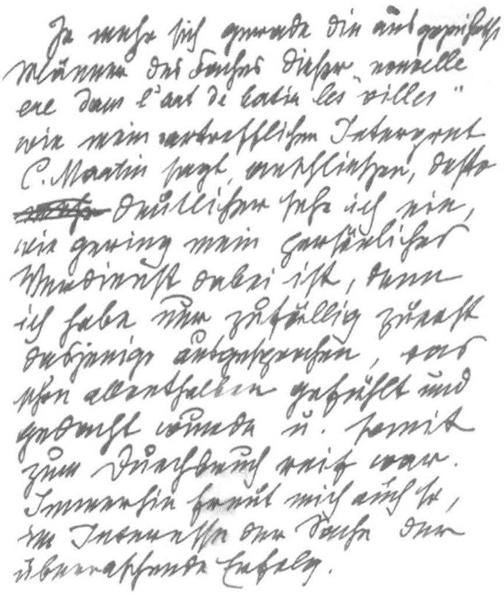

Abb. 10: Blatt mit Nennung von C[amille] Martin (Konvolut Knab-Stokreiter, M01 f10).

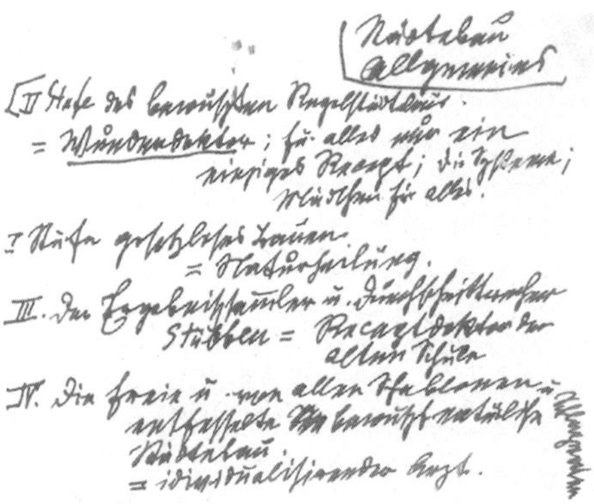

Abb. 11: Blatt mit Eintrag [Hermann Josef] Stübben, der hier als „Receptdoktor der alten Schule" bezeichnet wird (Konvolut Knab-Stokreiter, M01 f11).

über. Unter den Blättern zu Städtebau / Allgemeines findet sich in einer knapp gehaltenen Aufstellung unter Punkt „III. Der Ergebnißsammler u(nd) Durchschnittmacher" eine Erwähnung Stübbens, in der dieser als „Receptdoktor der alten Schule" bezeichnet wird (Abb. 11).[29] In welchem Zusammenhang diese Anmerkung zu lesen ist, steht noch offen.[30] Stübben wird auch noch auf weiteren Blättern der Sammlung angeführt: Hervorgehoben ist der Aufsatz „Über einige Fragen der Stadtbaukunst" in der *Deutschen Bauzeitung* von 1891, in dem Stübben auf Karl Henricis Kritik an seinen Entwürfen reagiert und dazu auch die Lösungsansätze für Straßenkreuzungen von Sitte anspricht.[31] Wie und in welcher Form Sitte diesen Vermerk in seinen zweiten Band einarbeiten wollte, muss offenbleiben.

Ein weiteres dieser wenigen Beispiele mit einem konkreten Bezug auf Camillo Sittes ersten Band des *Städte-Bau* selbst – das Blatt M01 f15 – betrifft den Vortrag „Baukunst und Bildwirkung" des Münchner Architekten Karl Hocheder, der 1903 in der *Süddeutschen Bauzeitung* veröffentlicht wurde. Hocheder verweist in seinen Ausführungen zweimal dezidiert auf Camillo Sitte: „Den Eindruck des Gewordenen machen auch die bekannten Platzgruppen in den aus dem Mittelalter und der Renaissance herübergeretteten Stadtgebieten, auf welche Camillo Sitte zuerst aufmerksam gemacht hat. Diese Platzgruppen finden sich am häufigsten um Kirchen herum.“[32] Und weiter: „Die von Sitte besonders hervorgehobene Anlage um den Dom zu Salzburg [...] setzt sich aus drei bestimmt geschiedenen Plätzen zusammen, von denen Residenzplatz [...] und Domplatz [...] eine Vorstellung von der räumlichen Wirkung geben. Ein grosser Teil von Salzburg ist überhaupt nichts anderes als eine Anzahl von wie Kettenglieder aneinandergereihter Plätze, deren Durchschreiten wahrhaften Genuss bereitet.“[33]

Anhand dieses Blattes lässt sich die Arbeitsweise sehr anschaulich demonstrieren: Sitte fasst die für ihn relevanten Stellen kompakt zusammen und wechselt zwischen Zitat und Interpretation des Textes. Die herausgehobenen Passagen des Vortrags von Hocheder behandeln einerseits die Herauslösung historischer Baudenkmäler – in diesem Fall anhand des Kölner Doms im Zeitraum von 1800 bis 1900 – und damit das Verschwinden historisch gewachsener, geschlossener Platzfolgen „mit hoch gesteigertem malerischen Zauber“.[34] Andererseits wird der Verlust ästhetischer Qualitäten im Städtebau durch die Fokussierung auf die Objektplanung und der damit einhergehenden „Loslösung des Objektes aus dem Zusammenhang mit seiner Umgebung“[35] verwiesen. Ein Thema, mit dem sich Sitte laufend beschäftigte und dessen Umkehrung er in seinem Entwurf für die Umgestaltung der Wiener Ringstraße – speziell des Votivkirchenplatzes – anstrebte.[36]

Das Konvolut Knab-Stokreiter enthält zwar kein fertig ausformuliertes Manuskript, die hier besprochenen Blätter ermöglichen jedoch, in Hinsicht auf die bisher identifizierten Quellenverweise, eine ansatzweise Rekonstruktion des Folgebandes *Der Städtebau nach wissenschaftlichen und sozialen Grundsätzen*. Die noch laufende Bearbeitung könnte hier weitere Erkenntnisse erbringen.

1 HENRICI, Karl, *Camillo Sitte. † 16. November 1903,* in: Der Städtebau Jg. 1 (1904) Heft 3, 33–34.

2 BACH, Theodor, *Kamillo Sitte. Rede gehalten anläßlich der Enthüllung des auf dem Ehrengrabe an Zentralfriedhofe errichteten Denkmales am 17. April 1905 von Chefarchitekt Theodor Bach*, in: Zeitschrift des österr. Ingenieur- und Architektvereines (=ZÖIAV) Jg. 57 (1905) Nr. 19, 298.

3 STOKREITER, Franz, *Siegfried Sitte – Leben und Werk*, in SITTE, Siegfried, Das Wirtschaftsbild. Beiträge zu Städtebau und Raumplanung Band 24, Institut für Städtebau und Raumplanung (Hg.), Wien 1997, iii–xiv.

4 BACH 1905, 298.

5 MÖNNINGER, Michael, *Leben und Werk Camillo Sittes*, in: SEMSROTH, Klaus / MÖNNINGER, Michael / CRASEMANN COLLINS, Christiane, Camillo Sitte. Schriften zu Kunsttheorie und Kunstgeschichte (Camillo Sitte Gesamtausgabe Bd. 5), Wien-Köln-Weimar (Böhlau) 2010, 27–46, hier 31.

6 Zu Erfassung und Inhalt der Kassetten siehe KUBIN, Stefan, *Der Zweite Camillo Sitte*, in: Christoph Luchsinger – Die Vermessung der Stadt, Wien 2019, 52–55.

7 Vgl. ibidem und KUBIN, Stefan / PSENNER, Angelika *Camillo and Siegfried Sitte – a father-son relationship in urban planning theory*, in: ISUF Annual Conference Proceedings of the XXVII International Seminar an Urban Form: Urban Form and the Sustainable and Prosperous City. Glasgow 2022, 79–87.

8 Die ehemalige Bibliothekarin des Instituts, Roswitha Lacina führte die archivarische Ersterfassung des Konvoluts durch und legte die Bezeichnung „Knab-Stokreiter" fest.

9 siehe Anm. 4.

10 Eine Herausgabe der kommentierten Transkription des Konvoluts ist im Rahmen der kumulativen Dissertation Stefan Kubins für 2024 geplant.

11 Siehe SEMSROTH, Klaus / MÖNNINGER, Michael / CRASEMANN COLLINS, Christiane, Camillo Sitte. Schriften zu Pädagogik und Schulwesen (Camillo Sitte Gesamtausgabe Bd. 4), Wien-Köln-Weimar (Böhlau) 2008.

12 Die aus unterschiedlichen Beständen wieder zusammengeführte Sitte-Bibliothek befindet sich heute an der Bibliothek der TU Wien und ist über den Online-Katalog abrufbar. https://www.tuwien.at/bibliothek (15. Juli 2023).

13 https://anno.onb.ac.at/cgi-content/anno?aid=dib&datum=1896&zoom=33 (15. Juli 2023).

14 Die von Camillo Sitte als vorbildhaft dargestellte Rekonstruktion der Burg Kreuzenstein wurde 1898 publiziert. Im Nachlass der Architektenfamilie Sitte finden sich handschriftliche Vorarbeiten zu dem Text, die den Entstehungsprozess dokumentieren. Siehe SITTE, Camillo, *Aus der Burg Kreuzenstein (1898)*, in: SEMSROTH, Klaus / MÖNNINGER, Michael / CRASEMANN COLLINS, Christiane, Camillo Sitte. Entwürfe und städteauliche Projekte (Camillo-Sitte-Gesamtausgabe Bd. 2), Wien-Köln-Weimar (Böhlau) 2010, 476–510.

15 Vgl. MÖNNINGER, Michael, *Reichenberg (1895–1901)*, in: SEMSROTH, Klaus / MÖNNINGER, Michael / CRASEMANN COLLINS, Christiane, Camillo Sitte. Entwürfe und städteauliche Projekte (Camillo-Sitte-Gesamtausgabe Bd. 6), Wien-Köln-Weimar (Böhlau) 2014, 428–447; SITTE, Camillo, *Erklärungen zu dem Lageplan für Reichenberg (1901)*, in: ibidem, 455–483.

16 SITTE, Camillo, *Grundsätze zur Reform des Zeichenunterrichts (1899)*, in: SEMSROTH, Klaus / MÖNNINGER, Michael / CRASEMANN COLLINS, Christiane,

Camillo Sitte. Schriften zu Pädagogik und Schulwesen (Camillo Sitte Gesamtausgabe Bd. 4), Wien-Köln-Weimar (Böhlau) 2008, 426–441.

17 Ibidem, 429.

18 LACINA, Roswitha, Katalog des Nachlasswerkes der Architekten Franz Sitte, Camillo Sitte, Siegfried Sitte, (Hg.) Institut für Städtebau und Raumplanung, TU Wien, Wien 1979.

19 SITTE, Camillo, *Vorträge über Geschichte der Baustyle (1883-1884)*, in: SEMSROTH, Klaus / MÖNNINGER, Michael / CRASEMANN COLLINS, Christiane, Camillo Sitte. Schriften zu Kunsttheorie und Kunstgeschichte (Camillo Sitte Gesamtausgabe Bd. 5), Wien-Köln-Weimar (Böhlau) 2010, 151–313.

20 Die von Lacina festgelegte Zuordnung der Blätter zu Camillo Sitte muss in einigen Fällen revidiert werden. Die inhaltliche Analyse und der Vergleich mit Schriftproben haben erwiesen, dass bei einzelnen Blätter Siegfried Sitte als Verfasser anzunehmen ist.

21 Vgl. KUBIN 2019 und KUBIN / PSENNER 2021.

22 Konvolut Knab-Stokreiter, M01 f07.

23 Zur Baugeschichte der Marienkirche in Přivoz siehe SCHWARZ, Mario *Přivoz/ Oderfurth (Mähren), Marienkirche (1894–1899)*, in: SEMSROTH, Klaus / MÖNNINGER, Michael / CRASEMANN COLLINS, Christiane, Camillo Sitte. Entwürfe und städteauliche Projekte (Camillo-Sitte-Gesamtausgabe Bd. 6), Wien-Köln-Weimar (Böhlau) 2014, 137–162; zur malerischen Ausstattung der Marienkirche siehe ZEESE, Andreas, Malerische Kirchenausstattung II, in: ibidem, 730–738. Jüngst: Strakoš, Martin / Rosová, Romana, Architekt Camillo Sitte [1843-1903] : a jeho tvorba na Ostravsku, Ostrava (Národní památkový ústav) 2022, 85–101.

24 Hier besonders STÜBBEN, Hermann Josef, *Über einige Fragen der Stadtbaukunst*, in: Deutsche Bauzeitung (=DBZ) 25 (1891), 122–128 und 150–155; Und ders., *Der Stadterweiterungsplan und seine Durchführung*, in: Neue Untersuchungen über die Wohnungsfrage in Deutschland und im Ausland. Verein für Socialpolitik (Hg.). Erster Band: Deutschland und Österreich, 1. Band 2. Abt., Leipzig 1901 (=Schriften des Vereins für Socialpolitik XCV), 113–186.

25 Hier besonders NUSSBAUM, Hans Christian, Leitfaden der Hygiene für Techniker, Verwaltungsbeamte und Studierende dieser Fächer, München / Berlin (Oldenbourg) 1902.

26 Hier besonders KUCZYNSKI, Robert René, Der Zug nach der Stadt : statistische Studien über Vorgänge der Bevölkerungsbewegung im Deutschen Reiche, Stuttgart (Cotta) 1897.

27 Konvolut Knab-Stokreiter, M01 f30. Siehe RUDOLF (Österreich, Erzherzog), Die österreichisch-ungarische Monarchie in Wort und Bild. Ungarn (Bd. 2), Wien (k.k. Hof- und Staatsdruckerei) 1891. Das komplette Kronprinzenwerk war in der Sitte Bibliothek in mehrfacher Ausführung enthalten.

28 Konvolut Knab-Stokreiter, M01 f10.

29 Konvolut Knab-Stokreiter, M01 f11.

30 Vgl. MÖNNINGER, Michael, *Die Zeitschrift „Der Städtebau“*, in: SEMSROTH, Klaus / MÖNNINGER, Michael / CRASEMANN COLLINS, Christiane, Camillo Sitte. Entwürfe und städteauliche Projekte (Camillo-Sitte-Gesamtausgabe Bd. 2), Wien-Köln-Weimar (Böhlau) 2010, 81–89.

31 Konvolut Knab-Stokreiter, M04 f05. Vgl. STÜBBEN 1891, 122–128, 150–155.

32 HOCHEDER, Karl, *Baukunst und Bildwirkung*, in: Süddeutsche Bauzeitung, Jg. 13 (1903), Nr. 14, 108.

33 HOCHEDER, Karl, *Baukunst und Bildwirkung*, in: Süddeutsche Bauzeitung,

Jg. 13 (1903), Nr. 15, 113.

34 Konvolut Knab-Stokreiter, M01 f15.

35 Ibidem.

36 Siehe SITTE, Camillo *Kapitel XII Beispiel einer Stadtregulierung nach künstlerischen Grundsätzen*, in: ders., Der Städte-Bau nach seinen künstlerischen Grundsätzen, Wien (Graeser) 1889, 154–174.

Funktional-ästhetische Ansprüche an das *Stadtparterre* – oder – das Parterre als Seismograph für die Schönheit der Stadt?

Angelika Psenner

„Wir haben festgestellt, daß die Menschen in den Städten jetzt vor allem Raum für gesundes und für persönliches Leben brauchen. [...] wir [brauchen] Städte, die den Bewohnern ausreichenden und geeigneten Raum geben, um sich menschlich nahe zu kommen und zu verstehen ..." Roland Rainer, Städtebauliche Prosa. 1948, 197

„Zierbäume sind standsicher aufzustellen und in gefälliger Form zu erhalten" – dieses wiederkehrende Zitat findet sich als formulierte Auflage in sogenannten Platzzinsgenehmigungen, die von Seiten der Wiener Stadtverwaltung in dieser Form vornehmlich in den 1980er und 1990er Jahren ausgestellt wurden. Dokumente dieser Art, welche im Rahmen des unter der Leitung der Autorin, an der TU Wien in den Jahren 2015-2020 durchgeführten Forschungsprojekts „*Stadtparterre*, Wien" ausgehoben wurden, belegen die durch die Stadt verwaltete und geleitete Gestaltung des Parterres. Das Zitat führte zur vorliegenden Abhandlung zweier Fragestellungen: Kann das Parterre als Seismograph für die Schönheit der Stadt bewertet werden? Und, wenn ja, welche funktional-ästhetischen Ansprüche müssen aus stadtplanerischer Sicht – folglich – an das *Stadtparterre*[1] gestellt werden?

Die sozio-architektonische Erhebung „Wahrnehmung im urbanen öffentlichen Raum"[2] belegt, dass der städtische Raum, den eine Straße und ihre Bebauung umschreiben Wahrnehmung und Handeln der StraßenbenutzerInnen maßgeblich beeinflusst.[3] Sie dokumentiert außerdem, dass speziell die Perzeption von Erdgeschoß und Straßenraum im Vordergrund stehen, wenn es darum geht das *Bild der Stadt* zu konstituieren. Damit können wir uns im weiteren Textverlauf der Diskussion der Frage nach den zu stellenden funktional-ästhetischen Ansprüchen zuwenden.

Die eingangs angeführte aktuelle Studie beschäftigte sich mit der Erforschung des Wiener *Stadtparterres*; wobei in erster Linie die historische, mikrostrukturelle Situation dem *aktuellen* baulichen und nutzungstechnischen Zustand gegenübergestellt wurde. Über diese morphologische Herangehensweise erfasst die Vergleichsstudie Veränderungen über eine Zeitspanne von einem Jahrhundert

Abb. 1: Glasergasse, oben: aktuelle Aufnahme (© Psenner); unten: um 1910 (Foto: Birgit und Peter Kainz, Wien Museum - Inv.-Nr. 203.019).

– um sie letztendlich in Bezug auf ihre stadtsystemischen Auswirkungen zu analysieren (Abb. 1).

Fakten zur städtebaulichen Grundstruktur Wiens

Nach wie vor rekurriert ein beträchtlicher Teil der Bebauung Wiens auf die Gründerzeit – jene sieben bauentwicklungsintensiven Jahrzehnte zwischen 1848 und 1918, in denen die Stadt von ursprünglich ca. 430.000 BewohnerInnen[4] auf über 2,2 Millionen anwuchs und dabei zweimal durch geleitete Stadterweiterungsmaßnahmen die Stadtumfriedungen sprengte. Aus diesem Umstand erklärt sich, weshalb der Forschungsansatz in vorwiegend gründerzeitlichen Arealen verortet wurde. Um ein wichtiges Hauptsubstrat der Stadt zu erfassen wurde außerdem ein Hauptaugenmerk auf die einfache, durchschnittliche *Nebenstraße* gelegt. Folglich wird es an dieser Stelle notwendig die (besonderen) strukturellen Eigenschaften des gründerzeitlichen *Stadtparterres* Wiens zu umreißen:

1. Dichte Bebauung

Da sich Wien im 19. Jahrhundert in einer geologisch prekären Situation, nämlich eingeengt zwischen den Hügeln des Wienerwaldes und der unwirtlichen Sumpflandschaft der Donauauen und damit also auf engem Raum entwickelte, weist die gründerzeitliche Rasterstruktur besondere Merkmale auf: Es handelt sich hier um ein, im Europäischen Vergleich,[5] besonders engmaschiges Rastermodell mit einem dichten Verbauungsgewebe und außerordentlich schmalen Straßenzügen. Die in der Gründerzeit geltenden Bauvorschriften führten zu kritischen Straßenquerschnitten von 9 bis 16 Metern Breite mit einer maximal zulässigen Gebäudehöhe von 25 Metern.[6] Die daraus resultierenden ungünstigen Licht- und Belüftungsverhältnisse in den unteren Geschoßen werden hofseitig zumeist noch übertroffen durch den Umstand, dass die hochgradig ausgebauten Parzellen lediglich rudimentäre Innenhöfe aufweisen.[7]

Neben der durchwegs schwierigen Belichtungssituation, weisen die schmalen Gassenschluchten außerdem wenig Platz für die vielzähligen Anforderungen auf, welche heutzutage an städtischen Straßenraum gestellt werden.[8] Vor allem Wiens Gehsteige sind mit durchschnittlich 1,70 – 2,20 Metern durchwegs zu gering bemessen, sodass der im aktuellen Stadtentwicklungsplan STEP2025 vorgegebene Auftrag „Der öffentliche Raum soll Alltagsbewegung fördern, Kommunikation und Begegnung unterstützen, Verweilen und Aufenthalt ermöglichen“ kaum erfüllt werden kann.

2. Einfaches, flexibles Raummodell (Faktor für nutzungsoffene Architektur – Stadthaus)

Wiens Stadthäuser des 19. Jahrhunderts weisen durchwegs ein sehr klares und einfaches Raummodell auf, das auf einem simplen statischen System beruht: die horizontalen Kräfte werden in erster Linie über zwei Hausfassaden und die Mittelmauer abgeleitet, sodass die raumteilenden aussteifenden Zwischenmauern im Prinzip flexibel gesetzt und verändert werden können. Deshalb können im gründerzeitlichen Haus Räume fast nach Belieben und unter geringem technischen Aufwand zusammengelegt oder auch wieder getrennt werden. Dadurch eignen sich die Gebäude für unterschiedliche Nutzungsformen.

3. Große Raumhöhen (Faktor für nutzungsoffene Architektur – Stadthaus)

Zusammen mit dem flexiblen Raummodell bilden die durchwegs großzügigen Raumhöhen (wir messen in unserem Forschungsfeld, welches dzt. 1 km an diversen Straßenzügen umfasst, Raumhöhen zwischen 3,20 und 4 Metern; im Erdgeschoss auch bis zu 5 Metern) die Grundlage für eine nutzungsoffene Architektur. Damit stellen diese gründerzeitlichen Zinshäuser den Inbegriff eines wahren Stadthauses

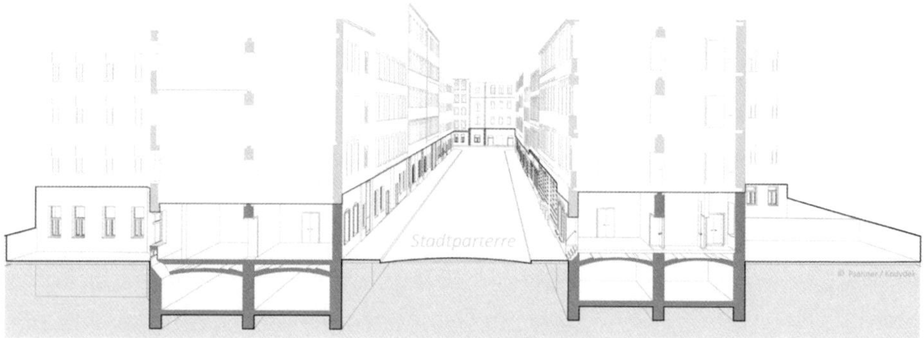

Abb. 2: UPM: Stadtparterre 3D-Schnittdarstellung (© Kodydek/Psenner).

dar, welches verschiedensten Nutzungen offen steht. Von Anbeginn wurde in diesen Häusern stets gewohnt und gearbeitet und nach wie vor finden wir hier hochdifferenzierte Nutzungen, wie Apartments, Hotels, Büros, produzierendes Gewerbe, diverse Arztpraxen, sowie Anwaltskanzleien, Restaurants, Bars, Kinosäle, Kletterhallen, Tanzstudios, kleine Läden ebenso wie großflächige Supermärkte, usw.

4. Dünne Population

Während um 1901 in Wien eine „Dichtigkeit des Zusammenwohnens" bzw. eine Prokopfwohnflächenzahl von gerade mal 4m2 erreicht wurde,[9] werden heute per BewohnerIn im Durchschnitt 34m2 Wohnfläche gerechnet.[10] Sodass umso mehr für Wien gilt, was Daniel Fuhrhop in Bezug auf die jüngere Entwicklung deutscher Städte schreibt: „Weil heute dreimal mehr Wohnfläche auf eine Person entfällt als noch vor sechzig Jahren, wohnen in denselben Häusern heute nur noch ein Drittel so viele Personen wie früher. Entsprechend weniger Menschen kaufen ein oder gehen aus, so dass allein deswegen die Bäcker, Obsthändler und Kneipen drum herum aufgeben und sich nach den Wohnungen auch die Straßen leeren."[11]

5. Hohe Leerstandsrate im Erdgeschoß

Wien zählt seit den späten 1990er Jahren nun wieder zu den kontinuierlich wachsenden Städten Europas. Dennoch wird, trotz zunehmendem Raumbedürfnis stadtweit eine hohe Leerstandsrate im Erdgeschoss verzeichnet – eine Sinnwidrigkeit, die derzeit im zentralen Focus von Stadtforschung und Stadtverwaltung steht. Die Leerstands- und Unternutzungsproblematik wird dabei zumeist aus einer wirtschaftspolitischen Perspektive heraus analysiert: Krise des Einzelhandels, Globalisierung, Verlagerung des Verkaufs auf Online-Unternehmen, Franchising, Konsumentenverhalten; ein Wirtschaftssystem, das in erster Linie auf Wachstum,

d. h. auf Produktions- und Umsatzsteigerung aufbaut; Immobilienwirtschaft, Vermietungsstrukturen und herrschendes Mietrecht, die einer einfachen Nutzung von Raum entgegenzuwirken scheinen.

Aus Sicht der Stadtstrukturforschung sind jedoch die stadtstrukturellen Kriterien besonders relevant: die baulich-strukturellen Eigenschaften des Wiener Erdgeschoßes (s. oben); die Gesetzeslage (Bauordnung, Straßenverkehrsordnung, ...) und – wie die Studie gezeigt hat – unser aktuelles Mobilitätsverhalten.

Herangehensweise

Unter Wiederaufnahme einer, ob der aktuellen 3D Stadtmodelle in Vergessenheit geratenen morphologischen Analysemethodik, der sog. Zusammenhängenden Grundrissaufnahme[12] wurde ein dreidimensionales Darstellungsverfahren (Urban Parterre Modelling UPM[13]) entwickelt, welches es erlaubt die tatsächlichen (räumlichen) Zusammenhänge zwischen Bebauungsstruktur, EG-Nutzung und Nutzung des Straßenraums sichtbar zu machen und damit die funktional-ästhetische Ausdeutung des *Stadtparterres* selbst zu studieren (Abb. 2).

Straßenraum

Die UPM erlaubt nun endlich eine ganzheitliche Perspektive und damit auch die objektive Darstellung einer regulativen Misslage: Straße wird derzeit gemäß der geltenden StVO als Verkehrsraum gesehen und ist dem motorisierten Individualverkehr vorbehalten – verkehrsfremde immobile Aufenthalts-Nutzung ist nicht vorgesehen. Diese monostrukturale Form der Nutzung von Straßenraum ist zwar aus historischer Sicht nachvollziehbar[14], sie genügt jedoch nicht dem öffentlichen Charakter des Kulturgutes „Stadtraum", sie verfehlt die gewünschte ästhetisch-positive Wirkung und widerspricht letztendlich sogar der generellen Forderung nach Gleichberechtigung. Dies wird dann besonders deutlich, wenn wir uns Bilder von Megastädten wie Tokio vor Augen führen, deren Straßen, trotz enormem Verkehrsaufkommen nicht als Verkehrswege sondern vielmehr "als gelebter Raum"[15] wahrgenommen werden, oder wenn wir an großzügig bemessene Gehsteige in NYC (mind. 4m) und Barcelona bzw. Valencia (5m) denken (Abb. 3 und Abb. 4).

Das *Stadtparterre* stellt – wie Christoph Luchsinger schreibt –„räumlich gesehen die konkrete Verknüpfung aller Stadtebenen her." Der einfach und direkt zugängliche Gehsteig ist dabei der wichtigste Aufenthaltsort im öffentlichen Raum,

Abb. 3: Straße „als gelebter Raum“ und das Problem des ruhenden Verkehrs: Wien – Tokio (© Psenner).

Abb. 4: Wiens enge Gehsteige versus großzügige sidewalks in Valencia und Manhattan, NYC (© Psenner, bzw. Bild NYC: https://sidewalkcity.files.wordpress.com/2010/10/cimg0043-near-little-brazil.jpg (05.07.2023)).

der Ort, an dem Menschen aufeinandertreffen, wo sie einander begegnen oder einfach nur beobachten können. Es ist nicht zuletzt auch ein Ort, an dem Minderheiten und Mehrheiten einer diversifizierten Gesellschaft sich interaktiv integrieren können. Also sollte es möglich sein, diesen seinen vielfältigen Funktionen entsprechend geräumigen (!) städtischen Ort auf unterschiedlichste Art und Weise zu bespielen. Ab einer Gehsteig-Mindestbreite von 4 m wird urbanes Stadtleben gefördert, denn eine geeignete Gehsteigbreite ist Voraussetzung, um sich auch in Gruppen aufhalten zu können – *social gathering* führt dann wiederum dazu, dass öffentlicher Raum vorteilhaft wahrgenommen werden kann.[16]

Jedoch ist der Gehsteig laut StVO „integraler Bestandteil der Straße“ und als solcher dem Verkehr vorbehalten. Die Benützung von Gehsteigen „zu anderen Zwecken als zu solchen des Straßenverkehrs“ ist dementsprechend bewilligungspflichtig. Laut §78 (StVO) war es bis vor Kurzem außerdem ausdrücklich verboten „den Fußgängerverkehr durch unbegründetes Stehenbleiben zu behindern“.[17]

Unter solchen legislativen Voraussetzungen bleibt das im STEP formulierte Ziel öffentlichem Raum Aufenthaltscharakter zu verliehen, verständlicherweise weiterhin unerreichbar.

Während in anderen Millionenstädten (Tokio, Barcelona) das Parkieren im öffentlichen Raum nicht oder nur begrenzt erlaubt ist, können private Fahrzeuge in Wien – im Prinzip seit der Einführung der NS StVO im Jahr 1938[18] – grundsätzlich überall, gegen eine geringe Gebühr (oft aber auch kostenfrei) im öffentlichen Raum abgestellt werden; lediglich mancherorts gelten kleinere Einschränkungen dieses mittlerweile als „Grundrecht" betrachteten Missstandes.

Bebauung: Erdgeschoß und Hof

Die kleinteilige, exakte Darstellung der UPM erlaubt erstmalig eine echte nutzungsstrukturelle Analyse der städtebaulichen Situation: aufgrund von Gewerbegenehmigungen und Platzzinsvorgaben kann die historische Nutzungsstruktur erhoben und den aktuellen Nutzungen gegenübergestellt werden. Diese lange Liste an unterschiedlichen gewerblichen – zumeist produktionsorientierten – Nutzungen zeugt von einer großen und reichen Varianz, die dazu beiträgt, dass das gründerzeitliche *Stadtparterre* als außerordentlich belebt angenommen werden darf. Diese Annahme wird durch unzählige historische, sowohl bildliche als auch literarische Dokumente belegt und bestätigt. Das damals existente Angebot geht also weit über den heute geforderten Einzelhandel hinaus. Es versteht sich, dass das aktuell in der Stadtforschung rege diskutierte Thema der „Produktiven Stadt" hier nur am Rande Erwähnung finden kann (Abb. 5 und Abb. 6).

In gründerzeitlichen Einreichplänen bezeichnet der Begriff „Gewölbe"[19] Räume, die der Straße direkt zugewandt sind: sie weisen Gassentüren, also direkte Verbindungen zum öffentlichen Raum auf, nach hinten schließen sie oft an kleine Küchen bzw. sogenannte Magazine an; damit dienten sie als Minimaleinheiten zum Wohnen *und* Arbeiten. Unsere Studien belegen den – ursprünglich – durchwegs *halböffentlichen* Nutzungscharakter[20] dieses essentiellen Teils des Wiener *Stadtparterres* und erklären die Raumeinheiten damit zum, für das Funktionieren von öffentlichem Raum, entscheidenden Faktor. Aufgrund der hohen BesucherInnenfrequenz bewirkte die spezielle, dem Straßenraum zugewandte, offene Nutzungsweise, dass die Fassade als *Permeable* fungierte: sie ermöglichte einen übergreifenden Austausch zwischen öffentlichen und halböffentlichen Sphären. Genau darin erkennen wir nun einen grundlegenden Maßstab für die positive Perzeption des

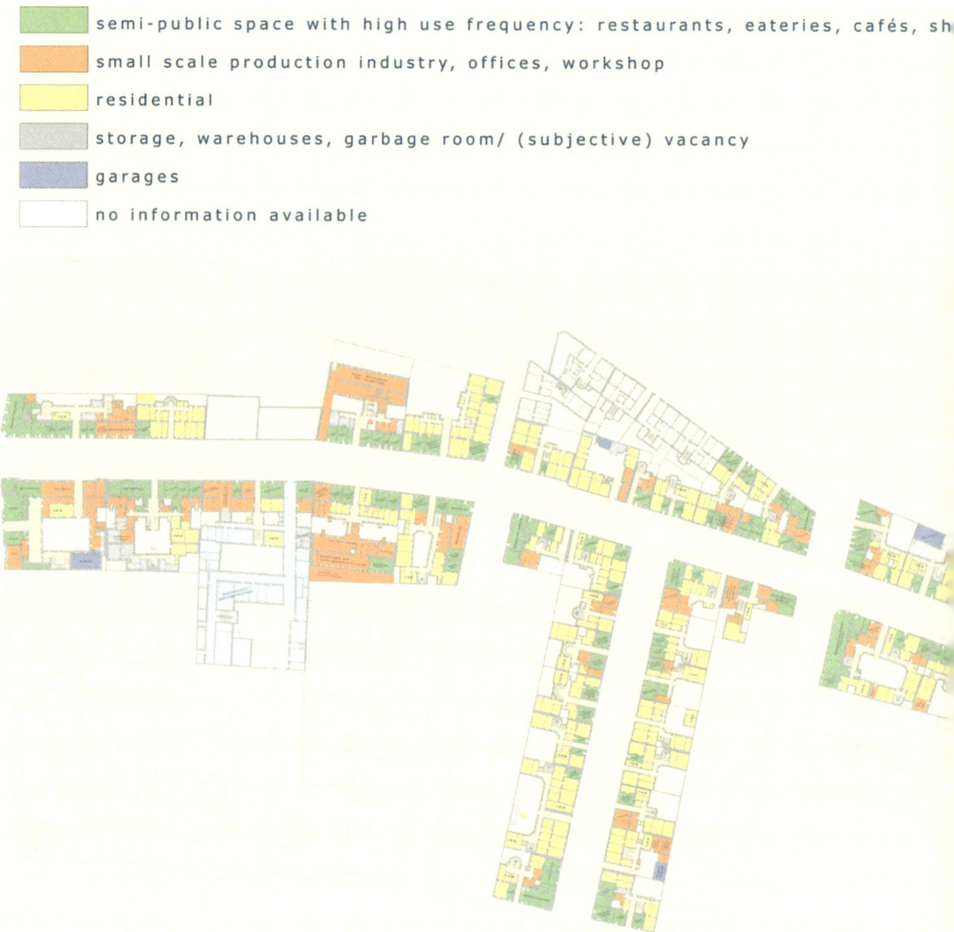

Stadtparterres (Abb. 7 und Abb. 8).

Aus der Darstellungs- und Analysemöglichkeit der UPA-Methode geht nun jedoch ein deutlicher Rückgang der halböffentlichen Nutzungen im Erdgeschoß (diese sind in den Abb. 5 und 6 mit der Farbe Grün markiert) und zugleich eine drastische Verminderung der Durchlässigkeit der EG-Fassade hervor. Während das historische *Stadtparterre* als einheitliche, in sich verbundene Struktur funktionierte (s. Abb. 7), ist die ursprüngliche Permeabilität der EG-Fassade und der Austausch zwischen den verschiedenen Zonen heute nicht mehr gegeben (Abb. 8). Derzeit zerlegen uneinsichtige Barrieren (zumeist unternutzte oder strukturfremde Bereiche, wie Garage, Lager mit ihren zugemauerten Fensteröffnungen; Großeinheiten von Supermärkten mit verklebten Fensterscheiben) das *Stadtparterre* und brechen es

Abb. 5: UPM; Nutzungsstrukturplan Situation um 1910 (© Psenner).

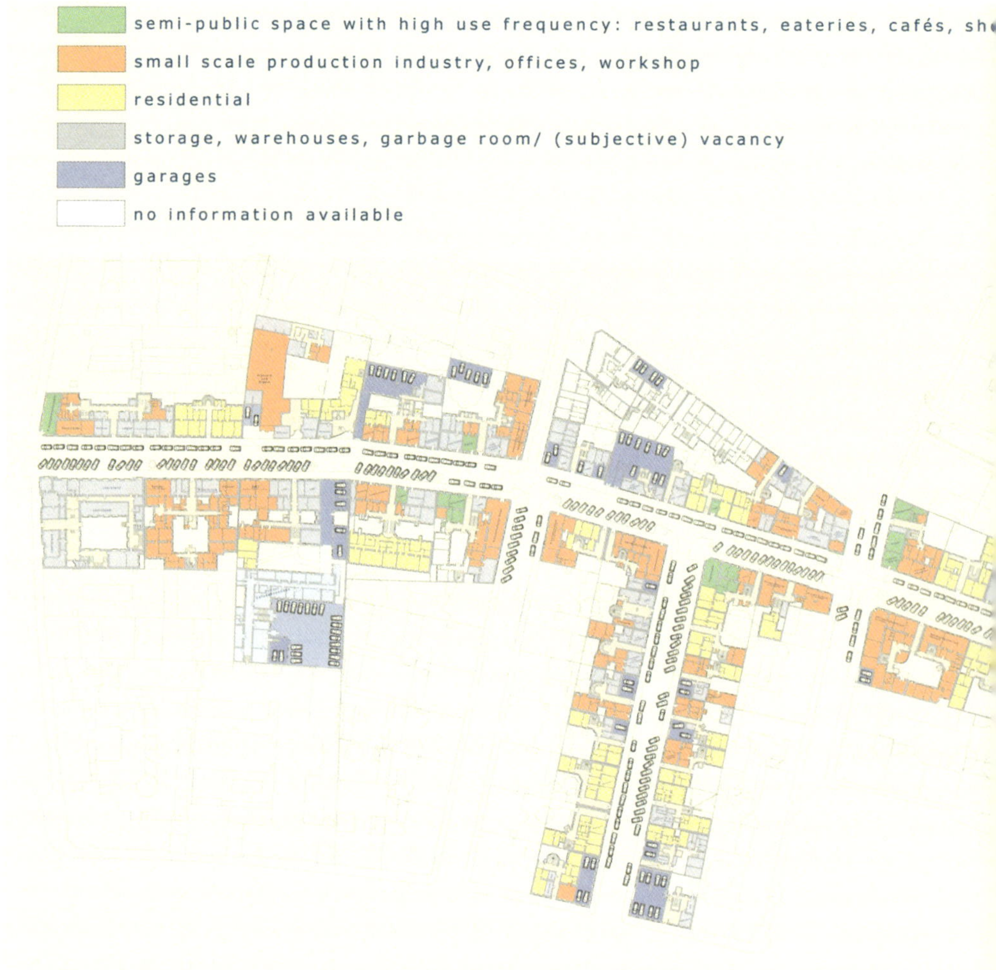

in einzelne, unzusammenhängende Teilabschnitte.

Es ist also notwendig den Permeabilitätszustand von Um- oder Neubauten zu prüfen: Die visuelle Durchlässigkeit muss sowohl bei Tag als auch bei Nacht (Thema: Sicherheitsgefühl und indirekte Beleuchtung des öffentlichen Raums durch Gassenfenster und Vitrinen) von einer gewissen Qualität sein. Dieser Umstand weist mit einem Mal den *Einbau von EG-Garagen oder Lagerräumen* als widersinnig aus.[21] Ebenso müssen reine Fixverglasungen im Erdgeschoß – welche derzeit aus Kostengründen gerne Anwendung finden, die jedoch ein Öffnen und Verbinden unmöglich machen – in Frage gestellt werden. Die reale Durchlässigkeit soll sichergestellt sein: halböffentliche oder auch private Nutzungen des Parterres können auf

Abb. 6: UPM; Nutzungsstrukturplan Situation um 2017 (© Psenner).

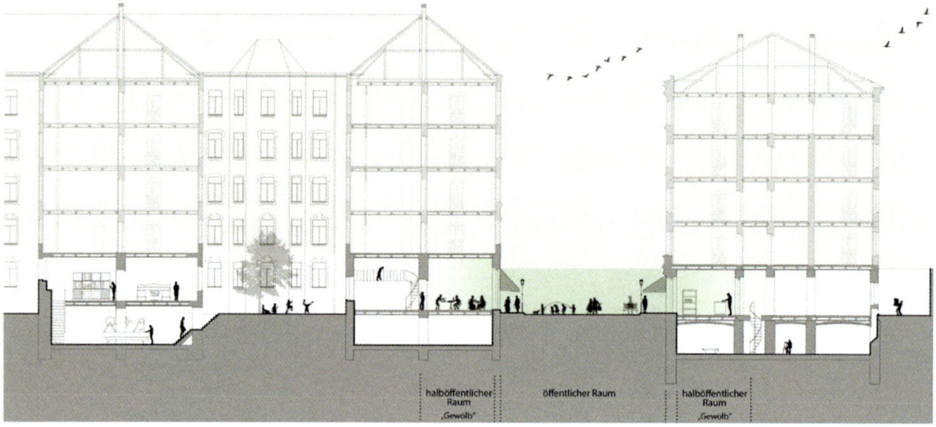

Abb. 7: UPM, Schnitt Situation um 1910 (© Kodydek / Psenner).

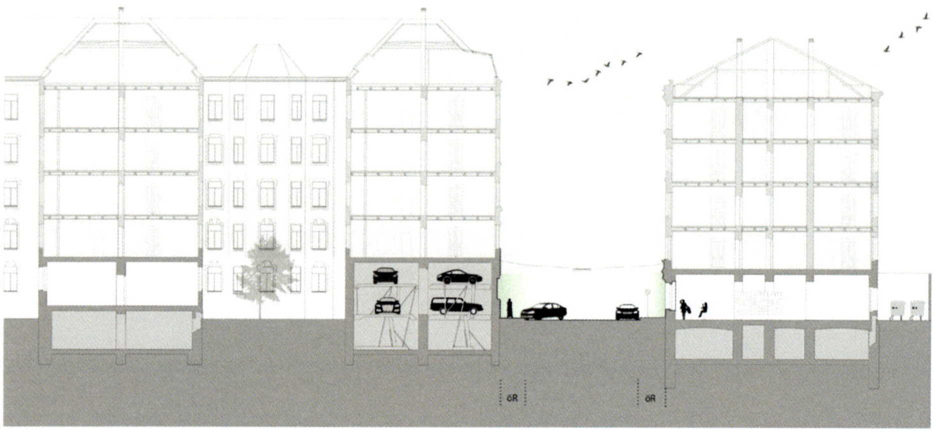

Abb. 8: UPM, Schnitt Situation 2017 (© Kodydek / Psenner).

die Straße hinauswachsen und umgekehrt bleiben die Räumlichkeiten zugänglich für den „public flow“. Damit wird eine Grundvoraussetzung für ein ansprechendes, belebtes *Stadtparterre* geschaffen (Abb. 9 und Abb. 10).

Die sensible Übergangszone zwischen Innen und Außen benötigt Raum, der ein Inszenieren des Austausches zwischen Halböffentlich und Öffentlich zulässt. Zudem wird für die wärmere Jahreszeit unter den gegebenen klimatischen Voraussetzungen (Klimawandel) eine entsprechende Verschattung des Gehsteiges wichtiger. Eine Neuinterpretation der „Wiener Sonnenschutzplache“ und des „Portals“, welche einst genau diese Dienste individuell und flexibel erfüllten, wäre anzudenken.

Abb. 9: Geschlossene EG-Fassaden (© Psenner).

Abb. 10: Permeabilität der EG-Fassade, Sonnenschutzplache, Portal (© Psenner).

Conclusio

Auf Grundlage der UPM lassen sich architektonische und nutzungstechnische Veränderungen des historischen *Stadtparterres* feststellen und analysieren. Ebenso werden Änderungen in der Fassadengestaltung, betreffend Gebäudeöffnungen und der damit einhergehenden Fassaden-Permeabilität erfasst, sodass Art und Qualität der Verbindungen zwischen gebautem Raum, Hof und Straße klassifiziert werden können. Schlussendlich gewinnen wir anhand dieses systemischen, ganzheitlichen Zugangs Einsicht in die funktionalen Zusammenhänge der derzeitigen Nutzungslage. Daraus lassen sich allgemein gültige Aussagen betreffend Wiener *Stadtparterre* ableiten, welche schlussendlich in eine entsprechende (ästhetische) Evaluation der urbanen Raumkonstellationen eingespielt werden können. Schlussendlich sei an dieser Stelle noch ein Hinweis auf eine weiterführende, diese Thematik ausführlich behandelnde Literatur gegeben: PSENNER, 2023: *Stadtparterre. Erdgeschoss, Straße, Hof und deren Übergänge.*

1. Das *Stadtparterre*-Konzept erfasst die Parterrezone einer Stadt als Ganzes: umbaute und nicht umbaute Areale, also Straße, Erdgeschoß und Hof werden als Einheit behandelt, sodass Interrelationen zum Vorschein treten – denn im realen Stadtraum stehen die Potenziale der Erdgeschoßnutzung in direkter Abhängigkeit zur Konstitution des korrelierenden Straßenraums.
2. Vgl. PSENNER, Angelika (2014A), *Visualität der Stadt als Wahrnehmungs- und Bewertungsressource*, in: WARNKE, Ingo H. / BUSSE, Beatrix, Place-Making in urbanen Diskursen – Interdisziplinäre Beiträge zur Stadtforschung. (Diskursmuster – Discourse Patterns; 7), Boston/Berlin (de Gruyter) 2014, 91-119. Der Originalbericht zur Studie selbst erschien bereits im Jahr 2004: PSENNER, Angelika, Wahrnehmung im urbanen öffentlichen Raum. Ein Feldforschungsprojekt in der Praterstraße, Wien/Leopoldstadt. Wien (turia und kant) 2004.
3. Studien zur Wahrnehmung von urbanem öffentlichen Raum eröffnen folgende Aspekte: Vor dem Hintergrund der gesellschaftlichen Normierungen und über unsere alltäglichen Erlebnisse und Erfahrungen innerhalb dieser Gesellschaft entwickeln wir eine sozialisierte und symbolisierte Art der (Raum)Wahrnehmung. Dieses individuell erarbeitete – jedoch in Abhängigkeit zum sozialen Umfeld stehende – Wahrnehmungsgerüst hilft uns, mit dem großen Angebot an Information umzugehen.
4. Die Zahl bezieht sich auf Innere Stadt und Vorstädte bzw. das Stadtgebiet zum Zeitpunkt der Zählung. Vgl. WEIGL, Andreas, Bevölkerungsgeschichte Wiens, unter: https://www.wien.gv.at/wiki/index.php?title=Bevölkerungsgeschichte (29.10.2017).
5. Z. B. Berlin oder Barcelona, aber auch im Verhältnis zur der als besonders dicht bebaut geltenden Lower East Side in NYC Barcelona: Straßenbreite von 20 m; Berlin: Gebäudehöhe durfte Straßenbreite nicht überschreiten; NYC: streets mit 18 m Breite. .
6. Entsprechend der Bauordnungsnovellierung von 1870 und zumindest in den inneren Bezirken, wo laut Bauzonenplan vom 1893 eine Bebauung mit „Parterre und vier Stockwerken, eventuell das Parterre unterteilt" (MAYREDER 1905, 72) vorgesehen war. MAYREDER, Karl, *Stadtentwicklung*, in: KORTZ, Paul / ÖSTERREICHISCHER INGENIEUR- UND ARCHITEKTENVEREIN (hg.), Wien am Anfang des XX. Jahrhunderts: ein Führer in technischer und künstlerischer Richtung. Wien (Gerlach & Wiedling) 1905, 49-79.
7. Erst die Bauordnung von 1883 wies die Vorgabe auf, dass zumindest 15 % der Parzelle unbebaut bleiben sollten, wobei jedoch auch die marginalen Licht- und Luftschachte der unbebauten Fläche zugerechnet wurden.
8. Straßen müssen nicht nur Platz für fließenden und Parkraum für ruhenden Verkehr bieten, sondern darüber hinaus auch zu-Fuß-gehenden und Rad-fahrenden StraßennutzerInnen dienen. Straßenraum muss die Bedürfnisse für Bewegung und Aufenthalt bestmöglich erfüllen.
9. PSENNER 2014C, 12. PSENNER, Angelika, Das Wiener Gründerzeit-Parterre: Eine analytische Bestandsaufnahme. Pilotstudie (Abschlussbericht der Studie). Wien (TU Wien, Dept. for Urban Design) 2014.
10. Wien in Zahlen 2017, 7. Magistrat der Stadt Wien, MA 23, Statistik: Wien in Zahlen 2017.
11. FUHRHOP, Daniel, Verbietet das Bauen! Eine Streitschrift. München (oekom) 2015, 160.
12. Die ZGA stellt „eine systematische Aufnahme der Bausubstanz" dar, die „das gesamte Baugefüge [der Stadt] gleichmäßig beschreibt." „Die Methode geht zurück auf Untersuchungen zum Verhältnis zwischen Stadtmorphologie und Haustypologie, wie sie Saverio Muratori in Venedig und Gianfranco Caniggia in Florenz und Como [...] durchgeführt haben." PETERS, Margareta,

Elektronische Erfassung eines Industriequartiers: zusammenhängende Grundrissaufnahme in Zürich, ein Experiment, in: Schweizer Ingenieur und Architekt, Vol.117, 1999, 779–784, hier 779. Vgl. auch: MURATORI, Saverio, Studi per un operante storia urbana di Venezia. Roma (Istituto Poligrafico e Zecca dello Stato, Librerario dello Stato) 1960; HOFER, Paul / SCHNEBLI, Dolf / RUEGG, Arthur (hg.), Materialien zur Studie Bern. 4. Jahreskurs 1974/1975. Lehrstuhl Prof. Dolf Schnebli (Architektonisches Entwerfen) mit Lehrstuhl Prof. Paul Hofer (Geschichte des Städtebaues). Zürich (ETH Zürich Architekturabteilung) 1974; MALFROY, Sylvain / CANIGGIA, Gianfranco, Die morphologische Betrachtungsweise von Stadt und Territorium. Zurich (ETH, Dept. History of Urban Design) 1986; PSENNER 2014C, 30–32.

13. In vorangegangenen deutschsprachigen Texten haben wir auch den Begriff „Zusammenhängende Parterreaufnahme" ZPA verwendet; um den internationalen Wissenstransfer zu unterstützen haben wir uns mittlerweile jedoch auf die Verwendung des einheitlichen Begriffs UPM verständigt.

14. Vgl. PSENNER, Angelika (2014B): *Don't Even Think Of Parking Here. Wiener Straßenraum: Verhandlung von Nutzungsrechten und Nutzungsansprüchen*, in: WARNKE, Ingo H. / BUSSE, Beatrix, Place-Making in urbanen Diskursen – Interdisziplinäre Beiträge zur Stadtforschung. (Diskursmuster – Discourse Patterns; 7), Boston/Berlin (de Gruyter) 2014, 121–147.

15. Vgl. KRUSCHE, Jürgen / ROOST, Frank / DEPT. FÜR ARCHITEKTUR ETH ZÜRICH, Tokyo. Die Straße als gelebter Raum. Baden, Schweiz (Lars Müller Publishers) 2010 und PSENNER, Angelika, *Street Life! It's the Only Life I Know. Street Life, and there's a Thousand Parts to Play*, in: SCHENK, M. / POPOVICH, V.V. / ZEILE, P. / ELISEI, P. / BEYER, C., (hg.), REAL CORP 2015, PLAN TOGETHER – RIGHT NOW – OVERALL. From Vision to Reality for Vibrant Cities and Regions, Wien, 2015, 579–590, hier 582.

16. Vgl. PSENNER 2004, 131-133;

17. PSENNER 2014B, 137

18. Ibidem, 130–131

19. Der Begriff „Gewölbe" begründet sich aus der Vorgabe der Wiener Bauordnung von 1829, welche für die Deckenkonstruktion über dem Erdgeschoß „der Feuersicherheit wegen" – aber auch aus Gründen der statischen Festigkeit – ein Gewölbe vorschrieb. Obwohl in den späteren Bauordnungen (1859 bzw. 1868) hierfür nur mehr „massive Decken" verlangt wurden, hatte sich das Gewölbe im allgemeinen Sprachgebrauch als Terminus konsolidiert sodass z. B. der Historiker Manfred Schenekl darin eine urtypische oftmals belegte Wiener Begrifflichkeit sieht, welche sowohl das Verkaufslokal als auch die Werkstätte umschreibt.

20. In der Städtebau-Theorie beschreibt der Terminus „halböffentlich" eine für die Allgemeinheit offene, jedoch zeitlich beschränkte und über sozial definierte Interaktionen geregelte Zugänglichkeit von Räumen, welche sich eigentlich in privatem Besitz befinden – es sind Räume innerhalb von privaten Einheiten, die eine gewollte, jedoch geordnete und gelenkte BesucherInnenfrequenz aufweisen. Halböffentliche Nutzungen sind z. B. Geschäfte, Praxen, Kaffeehäuser, Gastwirtschaften und dergleichen.

21. Vgl. PSENNER, Angelika, *Parterre. Wechselwirkung zwischen Erdgeschoss und Straßenraum in Wien*, in: IWI Kulturverein zur Förderung der Interdisziplinarität (hg.), dérive Nr. 18/2005, 2005, 8-11 und PSENNER, Angelika, *Funktionen des „Ebenerds" – „Stadtparterre" reloaded*, in: Österreichische Gesellschaft für Architektur ÖGFA (hg.), UmBau. Basel (Birkhäuser) 2017, 70–83.

Polarisierung des Städtebaus.
Die Architektur der Stadt in Zeiten des Neoliberalismus[1]

Vladimir Vukovic

In der neueren Entwicklungsgeschichte des Städtebaus konnten wir in den letzten Jahrzehnten zweierlei Tendenzen feststellen: Auf der einen Seite erfolgte durch den Verlust des Bezuges zur dreidimensionalen Umweltgestaltung eine Abstraktion des Städtebaus. Anstelle des Begriffes „Städtebau" wurde immer häufiger der Begriff „Stadtplanung" verwendet. Schemata und Diagramme ersetzten Gestaltungspläne. Laut Vittorio Lampugnani führte das spätestens seit den 1970er Jahren zu Isolierung und Marginalisierung des Berufes.[2] Die Situation in der heutigen Stadtplanung, die sich seit den 1980er Jahren durch den stetigen Rückzug des Staates aus öffentlichen Investitionen ergeben hatte, charakterisierte Gerd Albers als nur bedingt steuerbar.[3] Durch die immer komplexeren planerischen Zusammenhänge kam es in den 1990er Jahren sogar zu solchen Aussagen wie jener, dass die Planung in einer deregulierten Marktwirtschaft als Wissenschaft gescheitert sei.[4]

Auf der anderen Seite konnten wir beinahe zeitgleich beobachten, wie die Architektur der Stadt in vielen Teilen der Welt sukzessive zur Ansammlung einzelner Referenzobjekte wurde, von denen man erwartete, dass sie als Katalysatoren der Stadtentwicklung funktionieren sollten.[5] Mancherorts ging die Rechnung auf, wie am Beispiel des Guggenheim Museums in Bilbao (1997), aber beliebig oft lässt sich der so genannte Bilbao-Effekt nicht wiederholen, wie später einige misslungene Versuche zeigten. Dennoch betonte zuletzt Wolf Prix von Coop Himmelb(l)au die Bedeutung von den so genannten „Signature-Buildings" und fügte hinzu: „[...] denn die Gesellschaft braucht dreidimensionale Symbole."[6] Seit den 1990er Jahren wurden immer mehrere exzentrische und kostspielige Prestigeobjekte für Firmen oder Institutionen gebaut. Diese einzelnen Architekturwerke nehmen oft wenig bis keine Rücksicht auf den gegebenen Stadtkontext. Trotzdem werden ihre Autoren als international tätige und gefragte Stars gefeiert. In Bezug auf die Probleme der heutigen Stadt wurden diese Tendenzen in der Kölner Erklärung (2014) mit folgenden Worten thematisiert: „Architekten planen solitäre Einzelbauten statt den Stadtraum zu ergänzen [...] Stadtplaner planen die Organisation von

Abb. 1: Campus der Wirtschaftsuniversität Wien, Aufnahme: September 2014, (© Vukovic).

Prozessen, statt Stadträume zu entwerfen ... Niemand also plant den konkreten Stadtraum."[7] Zweifelsohne steckt der Städtebau als Disziplin heute in einer Krise, die man als „Polarisierung" des Städtebaus bezeichnen könnte. Durch folgende Beispiele werden wir versuchen, dieses Problem näher zu erläutern.

Im Jahr 2013 wurde ein viel beachtetes Großprojekt in Wien eröffnet – der neue Campus der Wirtschaftsuniversität Wien. Die Liste der beteiligten Architekten war mit klingenden Namen der internationalen Architekturszene besetzt, wie Zaha Hadid, Patrik Schumacher, Peter Cook, Hitoshi Abe und anderen. Das Library and Learning Center von Hadid Architects wurde zum Aushängeschild des neuen Universitätscampus und darüber hinaus beinahe zu einem der neuen Wahrzeichen Wiens. Auch in Bezug auf die Nachhaltigkeit dieses Gebäudes mangelte es nicht an Lob und Anerkennung: Durch die Verleihung des Blue Building Zertifikats im Jahr 2015 wurde unter anderem die „soziokulturelle und funktionale Qualität" des Gebäudes gepriesen und mit 72,60% bewertet.[8] (Interessant wäre es zu erfahren, wie die zwei Kommastellen bei der genannten Qualität zustande kamen.) Auch die Umsetzung dieses Projektes sagt leider einiges über die gängige Praxis aus: Die Hadid Architects lieferten lediglich ein 3D-Modell des Gebäudes. Den Rest der Planung erledigte das Wiener Ingenieurbüro Vasko und

Partner.[9] (Abb. 1)

Die gesamte städtebauliche Lösung des Areals wurde durch einen Wettbewerb (2007–2008) entschieden, dessen Ausschreibung einen Universitätscampus amerikanischen Typus verlangte.[10] Der pavillon-artige Gebäudekomplex entwickelte sich aber leider bis heute nicht zu einem lebendigen und integrativen Teil des bestehenden Stadtgefüges. Die Gründe dafür mögen vielfältig sein, aber Tatsache ist, dass die europäische Geschichte der Entwicklung der Stadt und der Universitäten als Bestandteil dieser Stadt eine ganz andere ist als die amerikanische. Außerdem wohnen die wenigsten Studierenden auf dem Campus, es fehlt an begleitenden Inhalten und die Nähe des Stadtzentrums wirkt sich als Konkurrenz aus. Es bleibt zu hoffen, dass der WU Campus nicht bloß als Spielwiese für Stararchitekten in Erinnerung bleibt, von denen einer in der letzten Zeit auch medial auffällig wurde. Offensichtlich fühlte sich Patrick Schumacher durch die häufige Kritik an den „Stars" und „Icons" verpflichtet, im April 2015 auf seiner Facebook-Seite seinen Ruf mit 1400 Wörtern zu verteidigen.[11] Ein Jahr später, im November 2016, auf dem World Architecture Festival in Berlin sorgte Michael Schumacher ebenfalls für Aufsehen. In Acht Punkten erläuterte er, wie er die Londoner Immobilienkrise lösen würde: von der Einschränkung der Planer bis zur Abschaffung der Sozialwohnungen und Privatisierung von allen öffentlichen Stadträumen wie Straßen, Plätzen, Parks etc.[12] Diese Rede, die als Vorgeschmack auf eine mögliche künftige neoliberale Stadtentwicklung klang, rief in den darauf folgenden Tagen spontane Bürgerproteste vor dem Londoner Büro der Hadid Architects hervor.

Aber lassen wir jetzt das Thema beiseite und werfen wir einen Blick auf die aktuellen Stadtplanungsprojekte, wo zurzeit unvergleichbar größere Bauvolumina hergestellt werden. Die Seestadt Aspern ist momentan das größte Stadterweiterungsprojekt Wiens und eines der größten Stadtentwicklungsprojekte Europas der 2010er Jahre. Der Masterplan wurde vor gut zehn Jahren (2007) durch den schwedischen Architekten Johannes Tovatt erstellt und seitdem werden die einzelnen Bauflächen mit diversen Bauten von unterschiedlichen Planern befüllt. Bis zum Jahr 2030 soll hier eine Siedlung für 20 000 Bewohner entstehen – eine neue Kleinstadt auf der „grünen Wiese". An dieser Stelle müssen wir uns an die Planstädte der Nachkriegszeit erinnern, wie Chandigarh, Brasilia oder Neu-Belgrad, die ebenfalls auf der „grünen Wiese" gebaut wurden, um im Nachhinein als negative Beispiele des CIAM-Urbanismus abgestempelt zu werden. Haben wir aus der Geschichte nichts gelernt? Nicht nur die Seestadt Aspern, sondern auch die anderen aktuellen Stadterweiterungsprojekte Wiens, wie Sonnwendviertel oder

Abb. 2 und 3: Seestadt Aspern und Sonnwendviertel. Die Frage der mangelnden urbanen Identität: Wer könnte diese Bilder mit Gewissheit zuordnen? (© Vukovic).

Nordbahnhof, leiden am Problem der urbanen Identität und sogar am Mangel von Urbanität überhaupt. Die groß angekündigten Wünsche nach belebten Erdgeschoßzonen und pulsierendem städtischem Leben in diesen neuen Stadtteilen bleiben meistens unerfüllt (Abb. 2 und 3).

Um die heutige Situation besser verstehen zu können, müssen wir ein paar Jahrzehnte zurückblicken. In den 1970er Jahren, die Vittorio Lampugnani als Wendepunkt in der Wahrnehmung und Ausübung der städtebaulichen Disziplin ansieht, sind weltweit grundlegende gesellschaftspolitische Ereignisse eingetreten. Der Wirtschaftsboom der Nachkriegsjahre, bekannt als Golden Age of Capitalism, der zu einem schnellen Wirtschaftswachstum und zur Verbesserung des Lebensstandards in den 1950er und 1960er Jahren führte, basierte im Wesentlichen auf einem ausgeglichenen Verhältnis zwischen der freien Marktwirtschaft und dem staatlich regulierten Kapitalismus. Trotzdem forderte eine Gruppe der neoliberalen Wirtschaftstheoretiker, wie Milton Friedman oder Friedrich August von Hayek, den Rückzug des Staates aus der freien Marktwirtschaft und die Deregulierung der Finanzmärkte. Obwohl ihre Theorien anfangs nicht viel Beachtung bekommen hatten, kam es in den frühen 1970er Jahren zu einer plötzlichen Trendwende: Unter Präsident Richard Nixon (1969–1974) erfolgte in den USA im August 1971 die Aufhebung der Goldbindung des US-Dollars und die Aufgabe des Systems fester Wechselkurse. Dieser Schritt verursachte bald weltweit eine ganze Reihe von ökonomischen Maßnahmen in Richtung der Liberalisierung der Finanzmärkte, die zum endgültigen Ende der auf dem Bretton-Woods-System basierten Weltökonomie führten. Das war der Beginn einer neuen Ära der neoliberalen Weltwirtschaftsordnung.

Die Hintergründe dieser Trendwende waren einerseits die stetig wachsenden Leistungsbilanzdefizite der USA als Folge der Rüstungsausgaben für den Vietnamkrieg (1965–1975). Andererseits erschütterten die Welt der frühen 1970er Jahre wichtige Ereignisse, wie das aufkommende Bewusstsein über die Knappheit der natürlichen Ressourcen,[13] die erste große weltweite Energie- und Wirtschaftskrise von 1973 und der immer größere Einfluss der politischen Linken und der Gewerkschaften. Das verunsicherte die Wirtschaftseliten, die sich veranlasst fühlten, eine „neoliberale Gegenoffensive“[14] zu starten. Durch die Regierungszeit zweier neokonservativer Politiker, Margaret Thatcher (1979–1990) in Großbritannien und Ronald Reagan (1981–1989) in den USA, wurde dieser Trend in den darauf folgenden Jahren nur noch verstärkt. Entsprechend den Vorstellungen von neoliberalen Ideologen wurden in dieser Zeit Kürzungen des Sozialstaates durchgeführt und eine „Entsolidarisierung" der Gesellschaft in Kauf genommen. Bekannt wurde die Aussage von Margaret Thatcher in einem Interview aus dem Jahr 1987: „There is no such thing as society."[15]

Interessant sind gewisse Parallelen der beschriebenen Entstehungsgeschichte der neoliberalen Weltökonomie mit der Entwicklung der Architektur und des Städtebaus. Als Reaktion auf die Ideen der CIAM (Congrès Internationaux d'Architecture Moderne), die in den Nachkriegsjahren immer noch aktuell waren, formierte sich bereits seit den späten 1950er Jahren eine Bewegung der „kritischen Moderne". In theoretischen Arbeiten von Jane Jacobs, Robert Venturi und anderen wurde in den 1960er Jahren eine Abkehr von der Moderne verlangt und eine Rückbesinnung auf die traditionellen Elemente der Architektur und Stadtplanung befürwortet. Charles Jencks verwendete später für diese Epoche den Begriff „postmoderne Architektur".[16] Nach dem Motto „alles ist Architektur"[17] befreite man sich in der Postmoderne von den strengen Regeln und sozial-utopischen Gedanken der dogmatischen Moderne – ganz im Sinne des aufkommenden wirtschaftlichen Neoliberalismus. Allerdings beschränkte sich der Städtebau jener Zeit auf das Niveau von oberflächlichen Interpretationen der Elemente der traditionellen Architektur, ohne plausible Antworten auf die Anforderungen der zeitgenössischen Stadt anbieten zu können. Um eine Alternative zur modernistischen Charta von Athen (1933) anbieten zu können, wurde im Jahr 1992 The Congress for the New Urbanism (CNU) gegründet. Einige der wenigen realisierten Beispiele stehen heute noch als Zeugen des CNU-Urbanismus: Celebration in Florida ist gegenwärtig als eine „disneyfizierte" Gated Community vorhanden, und Poundbury in Südengland ist das Ergebnis eines nostalgischen Experiments von Prince Charles und Leon Krier. Diese Siedlungen wurden nicht für den Neuen Menschen der Zukunft geplant, wie es die Ideologie der Moderne zuvor verlangt hatte, sondern für hier und jetzt, und meistens für eine bevorzugte Sozialschicht. Sie sind das bauliche Pendant zur neoliberalen politischen Ideologie.

Eine architektonische Strömung, die in der Zeit der späten Postmoderne entstanden war, ist heute noch existent und aktuell. Im Jahr 1988 wurde im renommierten Museum of Modern Art in New York die Ausstellung „Deconstructivist Architecture" eröffnet. Viele der Ausstellungsteilnehmer, wie Daniel Libeskind, Rem Koolhaas, Coop Himmelb(l)au, Zaha Hadid und andere, waren damals junge, nicht übermäßig bekannte Architekten. Zu dem Zeitpunkt hatte beispielsweise Zaha Hadid noch keine gebauten Werke vorzuweisen. Aber später, ab den 1990er Jahren avancierten die meisten aus dieser Gruppe zu regelrechten Stars der Architekturszene und ihre Bauprojekte, die in großem Maße Extravaganz und Macht symbolisierten, wurden vielerorts zur Prestigesache für die Auftraggeber. Wurde Dekonstruktivismus, dieses Überbleibsel der Postmoderne, zum führenden Baustil des globalisierten Neoliberalismus?

Gesellschaftspolitisch sind wir heutzutage an einem Punkt angelangt, an dem die wirtschaftlichen und sozialen Gegensätze offensichtlich weltweit zu groß geworden sind. Der österreichische Ökonom Stephan Schulmeister sieht in der aktuellen Entwicklung der Weltwirtschaft eine Gefahr für die Demokratie: „Am Ende dieser Sequenz ‚neoliberaler Wechselschritte' stünde die Demontage des Sozialstaats und der Demokratie."[18] Trotzdem sind heute die meisten seriösen Kritiker der Meinung, dass man den globalen Patrimonialkapitalismus nicht abschaffen sondern gerechter und wirkungsvoller regeln sollte.[19] Spätestens seit der letzten großen Weltwirtschaftskrise 2007/2008 wurde offensichtlich, dass das bisherige Wirtschaftswachstum nicht von ewiger Dauer sein kann. Wahrscheinlich müssen wir uns in den nächsten Jahrzenten auf eine so genannte Postwachstumsgesellschaft einstellen und dafür plausible soziologische und planerische Szenarien entwickeln.[20] Nur in einer demokratischen und gerechten Gesellschaft kann es eine zukunftsträchtige Stadtplanung geben und andererseits braucht eine solche Gesellschaft die entsprechende Gestaltung ihrer Umwelt.

In der nahen Zukunft muss ein Weg gefunden werden, um die anfangs angesprochene „Polarisierung" des Städtebaus überwinden zu können. Denn weder die bloße architektonische Gestaltung der so genannten „Signature-Buildings" noch eine abstrakte Stadtplanung alleine können aus der Stadt einen lebenswerten Ort machen. Das Ziel des künftigen Städtebaus muss eine Wiedervereinigung von Planung und Gestaltung sein, damit wir auch weiterhin den immer größer werdenden beruflichen Herausforderungen kompetent begegnen können.

1 Der Beitrag entstand 2017, die im Text angegebenen Zeitbezüge bilden den damaligen Stand ab.

2. Vgl.: LAMPUGNANI, Vittorio, Radikal normal, Ostfildern (Hatje Cantz) 2015, 191.

3. Vgl.: ALBERS, Gerd / VÉKEL, Julian, Stadtplanung. Eine illustrierte Einführung, Darmstadt (Primus) 2007, 30.

4. Gemeint ist die Kritik aus der Dortmunder Raumplanungsfakultät. Siehe: KRAU, Ingrid, *Vom Architekten zum Stadtplaner*, in: NERDINGER, Winfred (Hg.), Der Architekt – Geschichte und Gegenwart eines Berufsstandes, Bd. 2, München 2012, 710–725, hier: 724.

5. Siehe auch LAMPUGNANI 2015, op.cit.

6. Wolf Prix, *Interview anlässlich der Eröffnung des Museums in Shenzhen*, in: Der Standard, Wien, 9.10.2016.

7. Die Stadt zuerst! Kölner Erklärung zur Städtebau-Ausbildung, Köln, Mai 2014.

8. Die Zertifizierung erfolgte durch die Österreichische Gesellschaft für nachhaltige Immobilienwirtschaft (ÖGNI), Quelle: http://www.ogni.at/de/menu69/projekte165/ (23. September 2017).

9. Vgl.: Andrei Gheorghe, in: BOECKL, Matthias (Hg.), Der Campus der Wirtschaftsuniversität Wien, Wien (Ambra) 2014, 74–81.

10. Die Idee kam vom Vorarlberger Architekten Dietmar Eberle, der als Berater der BIG (Bundesimmobiliengesellschaft) im Vorfelde der Ausschreibung des Wettbewerbs tätig war (vgl. BOECKL 2014, 22–23).

11. Der Bericht über den Vorfall: https://archinect.com/news/article/124976094/patrik-schumacher-takes-to-facebook-in-defense-of-stars-and-icons (06. Juli 2023).

12. Die acht Punkte sind nachzulesen auf: https://www.dezeen.com/2016/11/18/patrik-schumacher-social-housing-public-space-scrapped-london-world-architecture-festival-2016 (06. Juli 2023).

13. Die weltweit erste Umweltbewegung Greenpeace wurde 1971 in Vancouver gegründet. Der Bericht des Club of Rome, *The Limits to Growth*, wurde 1972 publiziert.

14. Über diese Ereignisse schreibt ausführlich SCHULMEISTER, Stephan, *Realkapitalismus und Finanzkapitalismus – zwei Spielanordnungen und zwei Phasen des langen Zyklus*, in: KROMPHARDT, Jürgen, Weiterentwicklung der Keynes'schen Theorie und empirische Analysen, Schriften der Keynes-Gesellschaft, Bd. 7, Marburg 2013, 115–169, hier: 124.

15. Interview in: Woman's Own, UK, 23.09.1987.

16. Sein Buch *The Language of Post-Modern Architecture* erschien 1977, obwohl er den Begriff bereits einige Jahre zuvor verwendete.

17. HOLLEIN, Hans, *Alles ist Architektur*, in: Bau, Heft 1/2, Wien 1968.

18. SCHULMEISTER 2013, 120.

19. Außer Stephan Schulmeister vertritt auch Thomas Piketty diese Meinung, siehe PIKETTY, Thomas, Das Kapital im 21. Jahrhundert, München (C. H. Beck) 2014.

20. Siehe dazu KALLIS, Giorgos, *Kein Wachstum und doch gut leben*, in: Der Standard, Wien, 13.03.2015. Kallis war ebenfalls Mitherausgeber des Buches: D'ALISA, Giacomo, Degrowth: A Vocabulary for a New Era, New York [u.a.] (Routledge) 2014.

Wien und das Weltkulturerbe

Manfred Wehdorn

Abb. 1: Wien, Weltkulturerbe „Wien - Innere Stadt". Umfang gemäß der Ernennung vom 16. Dezember 2001, Rot umrandet: Kernzone; Blau umrandet: Pufferzone (© Basisplan: Magistrat der Stadt Wien, MA 41; Darstellung Weltkulturerbe: Wehdorn Architekten, Ludwig Varga).

Wien ist eine der schönsten und lebenswertesten Städte der Welt.[1] Mit Datum vom 16. Dezember 2001 wurde ihr der Status eines Weltkulturerbes zuerkannt. Diese Auszeichnung ist ein unschätzbares Kapital in wirtschaftlicher sowie in gesellschafts- und kulturpolitischer Hinsicht.

Wien ist Weltkulturerbe per se. Vermutlich erfolgte deswegen die Einreichung zur Aufnahme in die Liste des Weltkulturerbes – verglichen mit anderen historischen Stadtzentren[2] – relativ spät. Erst im Jänner des Jahres 2000 begann man mit der Aufbereitung der notwendigen Grundlagen, die am 27. Juni 2000 der UNESCO übergeben wurden.[3] Die Aufnahme in die Weltkulturerbeliste erfolgte schließlich aufgrund dreier Kriterien[4]:

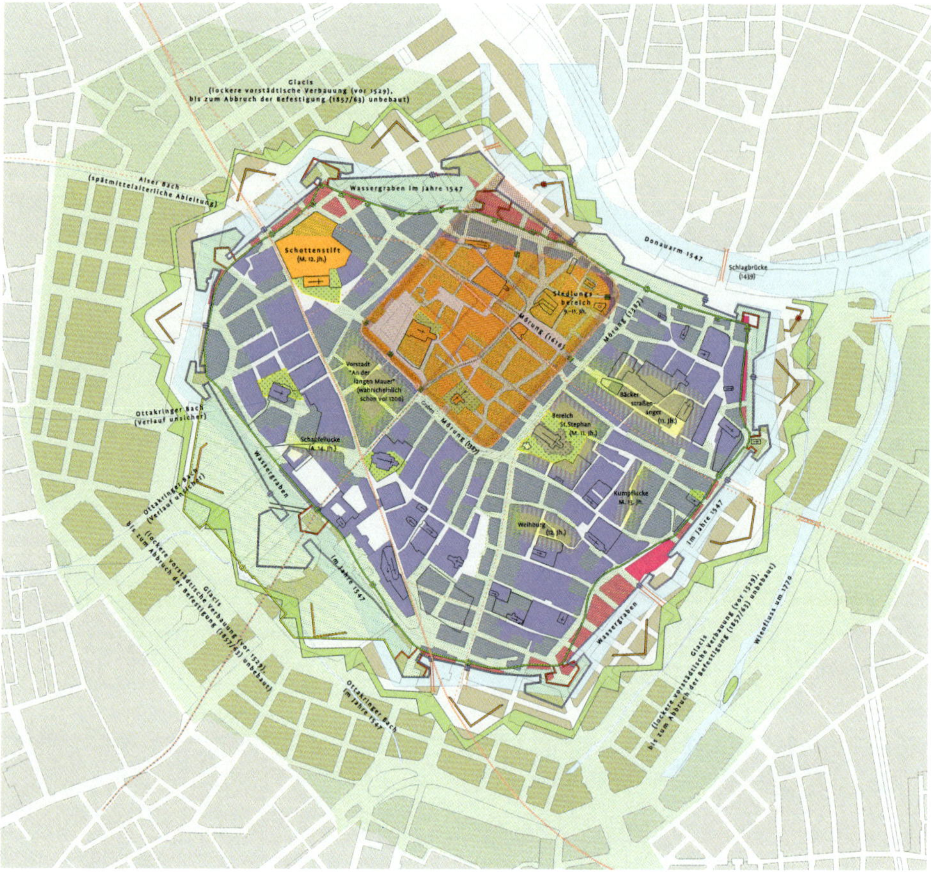

Abb. 2: Bauphasenplan für das historische Stadtzentrum von Wien: Vom Römerlager zur europäischen Metropole (© Wehdorn Architekten, Ludwig Varga).

römische Lagermauer mit Torturm
römische Altstraßen
früh- bzw. hochmittelalterliches Tor
früh- bzw. hochmittelalterliche Altstraßen
babenbergische Stadtmauer (errichtet um 1200)
Tor mit Turm/Turm
Stadtmauer (errichtet ab 1530)
Bastion bzw. Bastei im Jahre 1547
Mauer der Stadterweiterung (1817/24)
Legionslager Vindobona (1.–1. Hälfte 5. Jahrhundert)
Kernsiedlungsgebiet bis 12. Jahrhundert
Siedlungszonen 9.–12. Jahrhundert
Erweiterungsgebiet nach 1200/ab 1530
Stadterweiterung nach Stadtmauerabbruch (1857/63)
Bedeutende sakrale und profane Baulichkeiten
Friedhöfe 11.–13. Jh., aufgelassen bis spätestens 1785
Straßen- und Bauregulierungen des 19. Jahrhunderts

- Die städtebaulichen und architektonischen Qualitäten des historischen Zentrums von Wien sind überragende Zeugnisse eines fortwährenden Wandels von Werten während des zweiten Jahrtausends.
- Drei Hauptperioden europäischer Kultur und politischer Entwicklung – Mittelalter, Barock und Gründerzeit – werden in außergewöhnlicher Form durch das städtebauliche und architektonische Erbe des historischen Zentrums von Wien dargestellt.
- Seit dem 16. Jahrhundert ist Wien weltweit als die musikalische Hauptstadt Europas anerkannt.

  Das nominierte historische Stadtzentrum von Wien umschließt eine Kernzone von ca. 3,7 km^2 mit etwa 1.600 Objekten und eine Pufferzone von ca. 4,6 km^2 mit annähernd 2.950 Objekten.[5]

  Aus stadthistorischer Sicht umfasst das Kerngebiet (Abb. 2):
- die mittelalterliche Kernsubstanz, das heißt den Nukleus der Stadt, der seinerseits auf die römische Stadtstruktur aufbaut;
- die großen Bauführungen der Barockzeit mit den von Zentrum kranzartig ausstrahlenden Stadtachsen, die heute noch von den ehemaligen Sommerresidenzen mit ihren Gartenanlage geprägt sind und drittens
- die städtebauliche Neustrukturierung der Stadt in der Gründerzeit mit den weltberühmten Bauten der beginnenden Moderne.

  Die, das eigentliche historische Stadtzentrum umgebende Pufferzone umfasst im Westen, Süden und Osten Teile der ehemaligen Vorstädte Landstraße, Alte und Neue Wieden, Schaumburgergrund, Magdalenengrund, Windmühle, Laimgrube, Mariahilf, Spittelberg, St. Ulrich, Neubau, Josefstadt, Alservorstadt und Roßau. Im Norden wird die Pufferzone durch die rechtsseitige Ufermauer der Donaukanalregulierung aus der Zeit um 1900 begrenzt (Abb. 1).

Die Begründungen, mit welchen die Aufnahme Wiens auf die Welterbeliste erfolgte, unterstreichen den Wert der „historisch gewachsenen Stadt" mit all ihren kulturellen Facetten, welche den sogenannten „outstanding universal value" bilden. Dies bedeutet auch, dass die über Jahrhunderte baulich gewachsene Stadt nicht gleichsam unter einen Glassturz gestellt werden kann, sondern sich weiterentwickeln muss, um lebendiges Zentrum einer prosperierenden Stadt zu bleiben.

Aus dieser andauernden Entwicklung entstehen aber auch die Probleme der rezenten Stadtplanung. Bereits unmittelbar nach der Ernennung zum Weltkulturerbe war durch das damalige Projekt „Wien-Mitte" mit vier hochragenden, rund 90 Meter hohen Türmen[6] das Prädikat „Weltkulturerbe" ernsthaft gefährdet (Abb. 3).

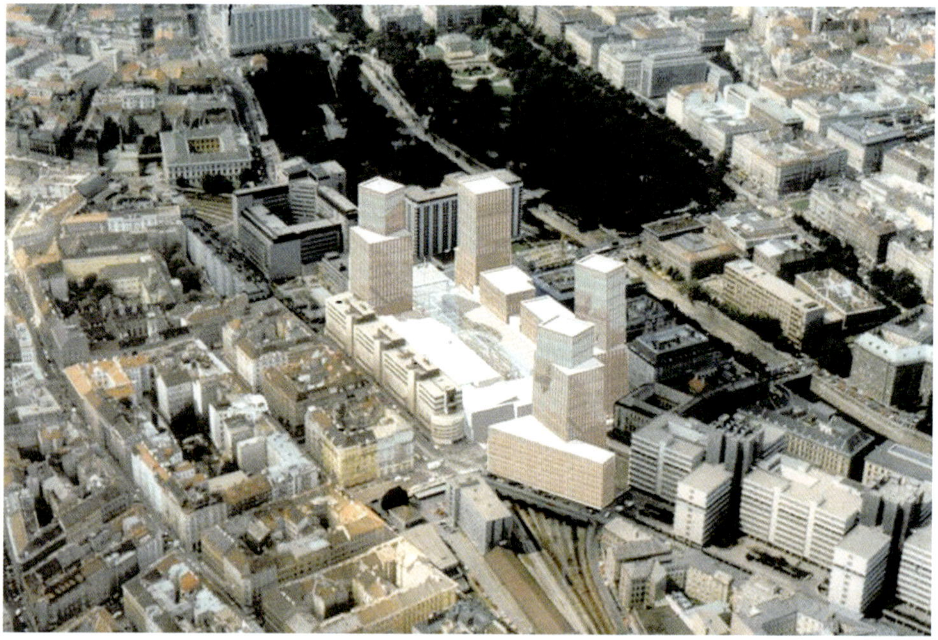

Abb. 3: Wien Mitte, das ursprüngliche Projekt mit vier hochragenden Türmen. Architekten Wien Mitte (Ortner & Ortner, Neumann + Steiner, Lintl + Lintl), (Luftbild: ©beyer.co.at).

Abb. 4: Wien Mitte, überarbeitetes Projekt nach den Entwürfen von Henke und Schreieck Architekten (Luftbild: ©beyer.co.at).

Erst als die Stadt Wien – trotz eines bestehenden Rechtsauspruchs des Bauträgers – entschied, das Projekt nicht in der geplanten Form zu realisieren (Abb. 4), war das Problem gelöst und die Urkunde wurde mit fast zweijähriger Verspätung der Stadt Wien überreicht.[7]

Ein weiterer Kritikpunkt der UNESCO war die Dachlandschaft Wiens, die in der Vergangenheit durch qualitätslose Ausbauten in großen Bereichen zerstört worden ist. Nur der Objektivität halber soll im gegebenen Zusammenhang aber festgehalten werden, dass in Wien im Gegensatz zu Prag, Salzburg oder Graz kein unmittelbarer Sichtbezug von einer natürlichen Erhebung aus besteht. Kahlenberg oder Leopoldsberg sind rund 8 km Luftlinie vom Stadtzentrum entfernt. Die Störung der historischen Dachlandschaft in Wien wird aber besonders von einzelnen Wahrzeichen aus, wie St. Stephan, dem Riesenrad usw., immer wieder schmerzlich empfunden (Abb. 5).

Entscheidender Grund für den Ausbau der historischen Dächer ist, dass im Verkauf für Dachgeschoßwohnungen innerhalb des historischen Zentrum von Wien mehr als € 20.000,-- pro Quadratmeter erzielt werden, einzelne Luxusapartments nähern sich einem Quadratmeterpreis von € 40.000,00! Es ist verständlich, dass bei diesen hohen Gewinnchargen die Developer um jeden Quadratmeter Nutzfläche kämpfen. Dachausbauten und Aufstockungen des historischen Bestandes haben sich daher in Wien trotz aller Gegensteuerung und Bemühungen von Bundesdenkmalamt und Stadtplanung seit der Ernennung zum Weltkulturerbe eher verstärkt.

Der allgemeine, bis Beginn des Jahres 2023 zu beobachtende Bauboom wurde generell durch den wirtschaftlichen Aufwärtstrend Österreichs gefördert, nicht zuletzt durch das starke Wachstum Wiens. Zum Zeitpunkt des Symposiums (2017) hatte Wien 1.868 Millionen Einwohner, in wenigen Jahren wird die Stadt auf über zwei Millionen Einwohner gewachsen sein.[8] Der übermächtige wirtschaftliche Druck, der damit auf der Stadt lastet, ist jedenfalls verständlich.

Der Wunsch zusätzliche Flächen in der Stadt zu gewinnen, verdichtet sich bei Projekten am Rande der Kernzone bzw. im Bereich der Pufferzone. Hinzu kommt, dass im Norden des Stadtzentrums gegen den Donaukanal hin im Rahmen der Schaffung des Weltkulturerbes de facto keine Pufferzone errichtet werden konnte, weil in diesem Bereich – ebenso wie im Osten entlang des Wienflusses – die Zerstörungen des Zweiten Weltkrieges so groß waren, dass bereits in den Nachkriegsjahren in diesen Stadtbereichen höhere Bauten entstanden (Abb. 6). Die Bauten dieser ersten „Hochhauszone“, die zweifellos qualitätslos waren, wur-

Abb. 5: Wien, Blick über die Dachlandschaft von Sankt Stephan aus (Luftbild: © Christian Chinna).

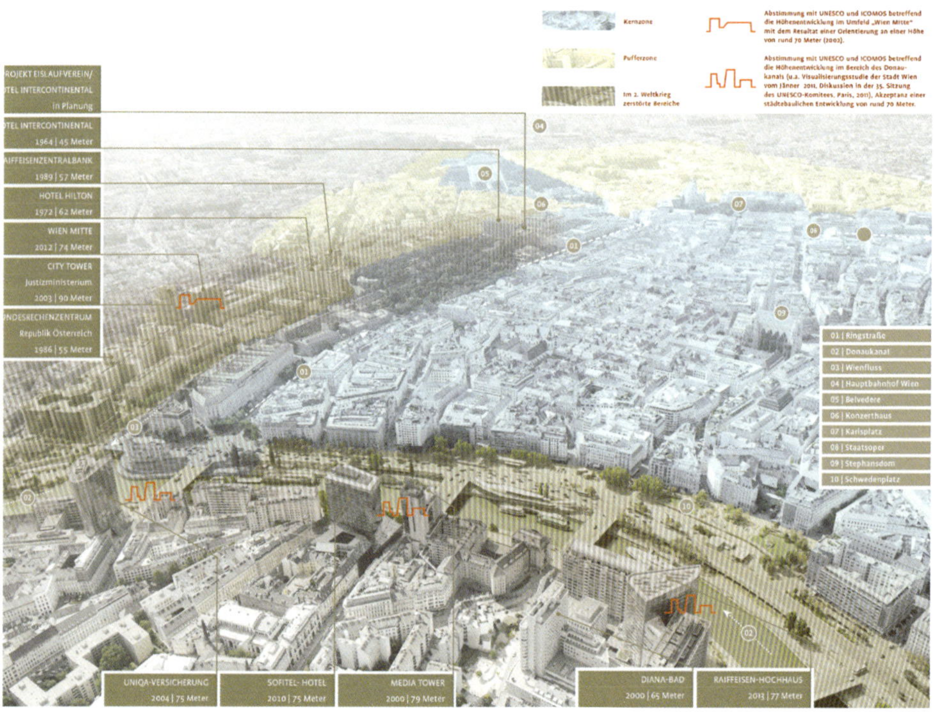

Abb. 6:Wien, Hochhäuser entlang von Donaukanal und Wienfluss (Luftbild: © Magistrat der Stadt Wien, MA 42; Darstellung: Schreiner, Kastler. Büro für Kommunikation GmbH und Wehdorn Architekten sowie MA 19).

den sukzessive in den folgenden Jahren erneuert, wobei – dem Zug der Zeit folgend – die Häuser immer höher wurden: Das heutige „IBM-Hochhaus“ entstand schon 1967 (Architekt Georg Lippert) und maß nur 48m (2001 umgebaut und mit einem Dachaufbau nach Plänen von Rudolf Prohazka versehen). In chronologischer Reihenfolge entstanden im Jahr 2000 das „Bürohochhaus Dianabad“ mit 65m Höhe (HD-Architekten) und der „Media Tower“ mit 79m (Hans Hollein). Es folgten 2004 der „UNIQA Tower“ (Neumann & Partner), 2010 der „Design-Tower“ (Jean Nouvel), beide 75m hoch. Das zuletzt in diesem Bereich gebaute Objekt, das 2013 seiner Nutzung übergeben wurde, das „Raiffeisen-Hochhaus“, misst bereits 77m (Architekten Dieter Hayde, Ernst Maurer, Radovan Tajder).[9]

Grundsätzlich positiv ist zu sehen, dass ein vermehrtes Interesse einer breiten Öffentlichkeit an der Erhaltung des historischen Erbes besteht. Faktum ist, dass derzeit in Wien kaum ein größeres Umbau- oder gar Neubauprojekt nicht durch Einsprüche der Anrainer oder anderer Organisationen blockiert wird.

Von den aktuellen Beispielen ist es vor allem das Neubauprojekt „Hotel Inter-Continental/Wiener Eislaufverein“, das seit 2012 von einer privaten Investorengruppe verfolgt wird und von Beginn an ernsthaft den Status Wiens als Weltkulturerbe gefährdete. Nach einem kooperativen ExpertInnenverfahren, in dem die städtebaulichen Grundlagen für die Neugestaltung geschaffen wurden, folgte ein internationaler Architektur- und Freiraumgestaltungswettbewerb, aus dem der Entwurf des brasilianischen Architekten Isay Weinfeld als Siegerprojekt hervorging (Abb. 7). Von Anfang an wurde das Projekt, vor allem der nach einer ersten Reduzierung noch immer ca. 66m hohe Wohnturm, von der Öffentlichkeit sowie von Architekt_innen und Stadtplaner_innen heftigst kritisiert.[10] Das Welterbekomitee setzte schlussendlich in seiner Sitzung im Juli 2017, das historische Zentrum von Wien auf die sogenannte „Rote Liste“, das heißt auf die Liste der gefährdeten Welterbestätten[11] und setzte der Stadt eine Frist zur Lösung des Problems bis Ende Februar 2018. Weitere Umplanungen und Einsprüche folgten. Nunmehr, fünf Jahre später, im Juli 2023, ist das Schicksal des Projektes noch immer nicht entschieden, Wien nach wie vor auf der „Roten Liste“ der UNESCO ...

Die Gefahr für das „historische“ Wien besteht – abgesehen von der in den Raum gestellten Aberkennung des Welterbestatus - nicht zuletzt in den Folgewirkungen der Bewilligung eines solchen Projektes seitens der verantwortlichen Politiker. Als warnendes Beispiel sei auf die geplante Aufstockung des Wien Museums verwiesen: Der 1954-1959 nach Plänen des Architekten Oswald Haerdtl errichtete Museumsbau benötigt dringendst zusätzliche Flächen, die an Ort und

Abb. 7: Wien, Visualisierungen des geplanten Bauvorhabens auf dem Areal Hotel Inter-Continental Wien/Wiener Eislaufverein. Der Kampf um die Erhaltung der Schönheit der Stadt, oder: drei Szenenbilder einer städtebaulichen Tragödie.
Oben: Visualisierung nach dem Siegerprojekt von Architekt Isay Weinfeld, 2014, Wohnturm mit ca. 73m Höhe (Luftbild: © MA 18, Visualisierung: © Wertinvest).
Mitte: Projektstand Dezember 2019 („Heumarkt.Neu.Plan B"), ohne Wohnturm, Erhöhung und Vergrößerung der Hotelscheibe; neue Höhe 66,5m, neue Länge der Hotelscheibe, statt im Bestand 90m auf annähernd 97m (© Wertinvest, Architekt Isay Weinfeld; Quelle: Architekt Sebastian Murr).
Unten: Projektstand Juni 2023, „Wohnturm" mit neuerlich reduzierter Höhe von 56,6m Hotelscheibe vergrößert und verlängert, de facto T-förmiges Erscheinungsbild (© Wertinvest).

Stelle de facto nur durch eine Aufstockung geschaffen werden können. Nach entsprechenden Vorstudien erfolgte 2015 ein internationaler Architekturwettbewerb aus dem ein Entwurf des österreichischen Architektenteams Winkler + Ruck und Ferdinand Certov als Siegerprojekt hervorging. Das Projekt, das durch seine Klarheit und Einfachheit überzeugte, wurde als das wichtigste Museumsbauvorhaben der Stadt Wien seit vielen Jahrzehnten[12] bezeichnet. Auch in diesem Fall erhob sich zwar Kritik, schlimmer war jedoch die Beispielwirkung, weil umgehend auch für das benachbarte „Winterthur-Haus", das Bürogebäude einer großen Versicherungsanstalt, das Projekt einer Aufstockung dieses Gebäudes um zwei Geschoße vorgelegt wurde. Bildet das Wien Museum eine Art Kopfgebäude im Bauensemble

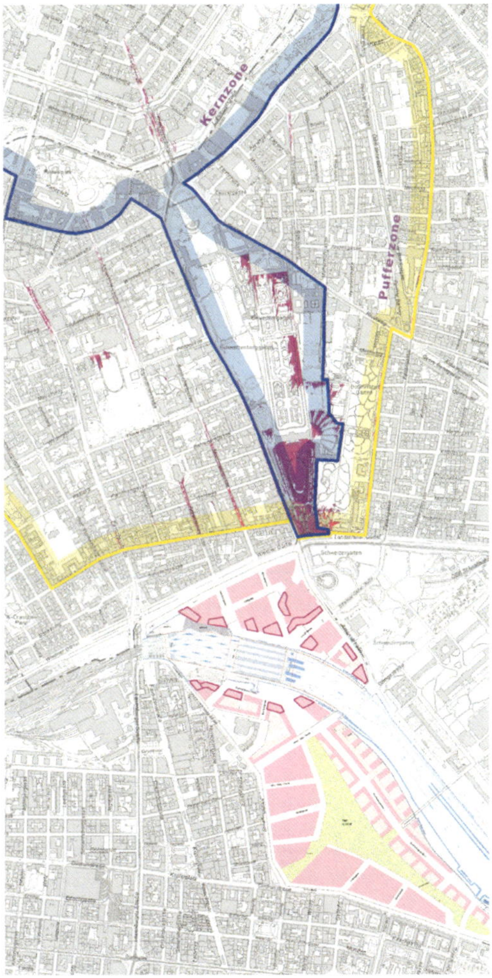

Abb. 8: Wien, Hauptbahnhof, „Visual Impact Study" für die Sichtbeziehungen zu den geplanten Hochhäusern im Bereich des neuen Hauptbahnhofes. Grundrissliche Darstellung der Zonen, von welchen aus die Hochhäuser im Bereich des neuen Hauptbahnhofes vom Belvederepark aus zu sehen sind.

des Karlsplatzes, liegt das Winterthurgebäude unmittelbar neben der Karlskirche, wodurch eine Aufstockung aus der Sicht der Stadterhaltung mit Recht kritisch zu hinterfragen ist.

Die Stadt Wien bemüht sich zweifellos objektiv beurteilbare Kriterien für solche einschneidende Veränderungen im Wiener Stadtbild zu schaffen. Als eines von vielen Beispielen ist die Prüfung der visuellen Auswirkungen der geplanten Hochhäuser im neuen Hauptbahnhofareal anzuführen. Da das Areal in unmittelbarer Nähe der Schloßanlage Belvedere liegt, das Teil des UNESCO Welterbes ist, wurde vor der Realisierung des Gesamtprojektes für alle höheren Objekte eine Sichtbarkeitsanalyse (Visual Impact Study[13]) erarbeitet, um die bedeutenden

Abb. 9: Visualisierung der Eingriffe (rote Linie) gegen die Nordseite des Schloßes Belvedere (© Magistrat der Stadt Wien, MA 41 in Zusammenarbeit mit MA 19 und Wehdorn Architekten). Die Visualisierung zeigte, dass zwischen Oberem und Unterem Belvedere die Hochhausbauten des Hauptbahnhofes aus dem Parkbereich nicht zu sehen sind.

Abb. 10: Wien, großer Innenhof des MuseumsQuartiers während einer Abendveranstaltung (© Wehdorn Architekten).

barocken Blickbeziehungen zwischen dem Oberen und Unteren Belvedere nicht durch die geplanten Hochbauten zu stören (Abb. 8).

In Zusammenarbeit mit der Magistratsabteilung 41 – Stadtvermessung Wien wurde ein neues System, zwischenzeitlich selbstverständlich geworden, entwickelt, in dem zunächst flächendeckend gezeigt wurde, in welchen Stadtbereichen die geplanten Neubauten überhaupt in Erscheinung treten würden.

In einem zweiten Schritt wurden dann die üblichen Visualisierungen erarbeitet, um die visuellen Auswirkungen auf den jeweiligen Standort prüfen zu können. Im gegenständlichen Fall wurden die Höhen für die Neubauten auch tatsächlich so abgemindert, dass diese vom Belvederegarten aus nicht sichtbar sind (Abb. 9).

Die angeführten Beispiele zeigen einmal mehr, dass die Erarbeitung wissenschaftlicher Grundlagen für Probleme der Stadterhaltung nur eine Seite der „Medaille" ist, deren stadtpolitische Interpretation aber eine andere …

Angeführt muss aber auch werden, dass den genannten Problemprojekten auch realisierte und in Planung befindliche Neubauten innerhalb des Weltkulturerbeareals gegenüber stehen, deren architektonische Qualitäten außer Diskussion stehen. Erinnert darf an das Projekt „MuseumsQuartier" in den Hofstallungen von Fischer von Erlach werden, das anfangs ebenfalls höchst umstritten war[14]. Nach seiner Eröffnung im Juni 2001 wurde es zu einem der wichtigsten Zentren des kulturellen Lebens in Wien, das heute mehr als 2,5 Millionen Besucher pro Jahr anzieht (Abb. 10). Einmal mehr sind es nicht nur die Architektur und die Veranstaltungen, es ist vielmehr der Freiraum, den sich die Jugend – nicht zuletzt dank der genialen „Enzi" – Sitzmöbel[15] des Architektenteams Anna Popelka und Georg Poduschka – anzueignen verstand.

Die mehr oder minder zur gleichen Zeit durchgeführte Sanierung und Neunutzung der vier Gasometer in Wien – Simmering für Geschäfts-, Büro- und Wohnzwecke, nach Plänen der Architekturbüros von Jean Nouvel, Coop Himmelb(l)au, Manfred Wehdorn und Wilhelm Holzbauer realisiert, gilt weltweit geradezu als Vorzeigeprojekt für die Revitalisierung industrieller und technischer Bauten.[16]

Weitere Beispiele im Areal des Weltkulturerbes, die zwischenzeitlich allgemein als positiv anerkannt werden, sind beispielhaft das 2002/2003 nach Plänen von Henke und Schreieck errichtetet Haus „k47" am Franz-Josefs-Kai oder die Schiffsanlegestation „Twin-City-Liner" 2009/2010, nach Plänen der Architekten Fasch & Fuchs errichtet, anzuführen.[17]

Eine ganze Reihe anderer städtebaulicher Projekte, deren Realisierung noch bevor steht, zeigt, wie sehr sich die involvierten Architekten, Stadtplaner und Politiker um die Erhaltung „der Schönheit der Stadt" bemühen.

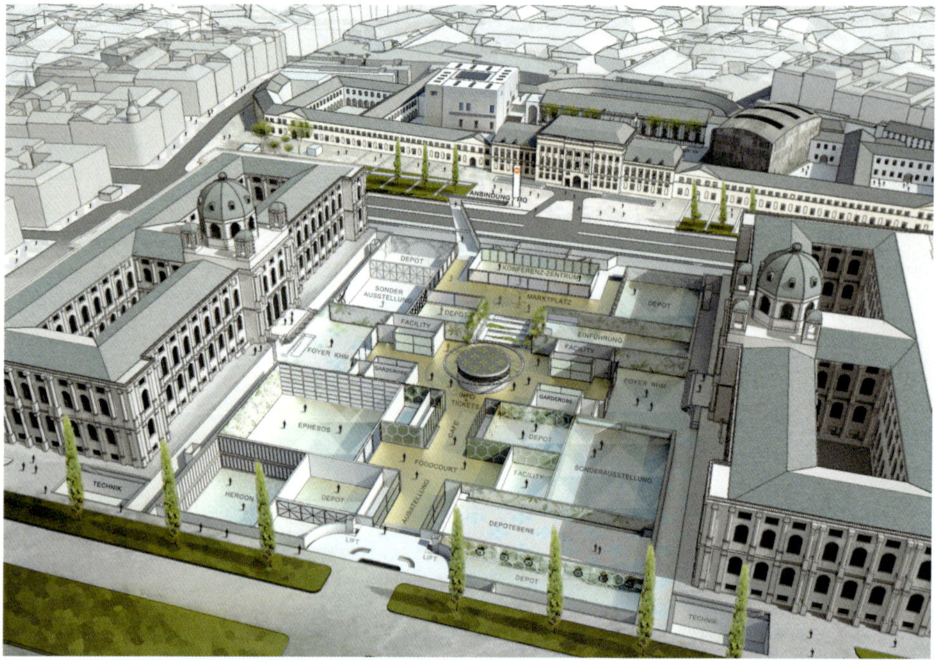

Abb. 11: Wien, Projekt eines Museum-Forums unter dem Maria-Theresien-Platz (© Wehdorn Architekten).

Abb. 12: Wien, Projekt einer Garage für das Wiener Kongresszentrum in der Hofburg und eines Bücherspeichers für die österreichische Nationalbibliothek unter dem Heldenplatz (© Wehdorn Architekten).

Drei Projekte aus dem Arbeitsbereich des Autors seien in diesem Zusammenhang angeführt:

Museums-Forum Maria Theresien Platz[18]

Ziel des Projektes ist es – dem Pariser Vorbild des Louvre folgend – das Kunsthistorische, das Naturhistorische Museum und das MuseumsQuartier unterirdisch zu einer großen Museumsinsel zusammen zu schließen. Auf einer Fläche von ca. 20.000 m^2 soll eine attraktive Besucherfläche im Sinne einer „Drehscheibe", nicht nur zwischen den Museen, sondern auch in Hinblick auf das „Tourismuszentrum" Hofburg bzw. der „Museumsmeile" der Wiener Innenstadt geschaffen werden (Abb. 11).

Das Projekt geht selbstverständlich von der Erhaltung des historischen Gartenkonzeptes aus, die Zugänge zum Foyer fügen sich in die Gartenanlage ein. Eine künstlerische Intervention setzt sowohl gegen die Oberfläche wie in den Forumsraum hinein eine deutliche Signet-Wirkung: Die Intervention von Waltraud Cooper, die integrierender Bestandteil des Gesamtkonzeptes ist, sieht farbige Glaskuben vor, die bei Tag Licht in den unterirdischen Raum bringen, bei Nacht umgekehrt, das heißt die künstliche Beleuchtung des Museums-Forums, strahlt farbig nach oben.

Das Projekt, das 2012 entstand, wird nach wie vor von allen beteiligten Museen verfolgt; seine Realisierung scheiterte zunächst an der Finanzierung.

Hofburg-Garage und Bücherspeicher unter dem Heldenplatz[19]

Jede Wienbesucherin, jeder Wienbesucher bemerkt, dass der Heldenplatz heute - als einer der schönsten Plätze Wiens - zu einem Parkplatz für rund 350 PKWs degradiert ist. Die Burghauptmannschaft Wien beauftragte daher Wehdorn Architekten, die Möglichkeit einer Tiefgarage unterhalb des Platzraumes und gleichzeitig den Bau eines Bücherspeichers für ca. 4 Millionen Schriften, der bereits seit Jahren von der österreichischen Nationalbibliothek gefordert wurde, zu prüfen.

Grundgedanke der Planung war es, eine zweigeschoßige unterirdische Garage unmittelbar an den Festsaaltrakt der Neuen Burg, in dem das Wiener Kongresszentrum situiert ist, heranzurücken und in Richtung Burgtor bzw. Ringstraße den geforderten Bücherspeicher zu errichten, der damit auf kürzestem Wege mit der

Abb. 13: Wien, Projekt eines Vorplatzes für die Universität Wien (© Wehdorn Architekten).

Nationalbibliothek im segmentbogenförmigen Trakt der Neuen Burg verbunden werden kann (Abb. 12).

Seitens der Burghauptmannschaft wurden bereits erste Probeschürfungen durchgeführt, um die Funderwartungen aus archäologischer Sicht – der Bauplatz liegt im Bereich der ehemaligen Bastei – zu verifizieren. Die Realisierung des Projektes verzögerte sich zunächst ebenfalls aus Gründen der Finanzierung, dann infolge der Nutzung der Hofburg und provisorischer Bauten am Heldenplatz als Ausweichquartiere in der Zeit der Restaurierung des Wiener Parlaments. Die Restaurierung des Parlaments konnte mit Ende 2022 abgeschlossen werden, die provisorischen Bauten am Heldenplatz sind im Abbau begriffen. Man kann gespannt sein, wie sich das Projekt der unterirdischen Garage als Beitrag zur Schönheit der Stadt weiterentwickeln wird …

Vorplatz Universität Wien[20]

Beim Bau der Universität Wien, 1877-1884 nach Plänen des Architekten Heinrich Ferstel errichtet, wurde gezielt kein Vorplatz geschaffen, weil man Stu-

Abb. 14: Wien, Blick in die Kärntner Straße 1962 und 2014
(© 1962 Votava; 2014 Christian Chinna).

dentenansammlungen in diesem Bereich verhindern wollte. Vor den Alleebäumen der Ringstraße liegt derzeit die Zufahrts- und Anlieferstraße, die von den Radfahrern mitbenutzt wird und zusätzlich eine Parkspur besitzt – „Leben“ kann sich jedenfalls heute vor der Universität nicht entfalten.

Im Sinne der Öffnung der Universität nach außen ist es das Ziel der Planung, die von der Universität Wien beauftragt wurde, einen attraktiven Vorplatz zu schaffen, der zur Kommunikation und zum Verweilen einlädt (Abb. 13). Wesentlich ist es auch, den achsialen Zugang zur Universität wieder herzustellen. Die Nebenfahrbahn wird als Straße aufgelassen, die Zu- und Abfahrt wird über versenkbare Poller geregelt.

Der gebäudeseitige Grasstreifen wird durch Baumscheiben ersetzt, um auch optisch eine Durchlässigkeit zu gewährleisten. Zwischen den Bäumen, die selbstverständlich erhalten bleiben, werden Sitzmöbel aus Stahlbeton aufgestellt, die im Grundriss an Formen von Chromosomen angelehnt sind. Die Schaffung einer einheitlichen Steinoberfläche ist ebenfalls eine Grundvoraussetzung, um den Platzraum optisch zu schließen.

Die notwendigen infrastrukturellen Einrichtungen werden in einer „Info-" und einer „Gastro-Box" zusammengefasst, deren Außenseiten als Screens für Informationen dienen können.

Um „Leben rund um die Uhr" zu ermöglichen, muss auch ein entsprechendes Beleuchtungskonzept Teil der Aufgabenstellung sein. Das erarbeitete Lichtkonzept ist unaufdringlich; es unterstreicht die plastische Wirkung der Architektur und attraktiviert auch den heute eher dunklen Bereich an der Ringstraße. Damit ist die neue Lichtführung auch Bestandteil eines Sicherheitskonzeptes. Trotz großer Begeisterung des Rektorats der Universität Wien und der Studierenden verlor sich das Projekt, wie viele andere auch, im undurchsichtigen Dschungel der Bürokratie und des Geldmangels im universitären Bereich schlechthin ...

Resumée

Das Universitätsprojekt ist nur eines der schicksalhaften Projekte in Wien. Viel Positives, das in dieser Stadt bereits geschehen ist, haben wir aber auch schon wieder vergessen: Wer denkt etwa heute noch daran, dass die Kärntner Straße bis 1974 mit zwei Park- und zwei Fahrspuren eine der stärksten Verkehrsadern der Stadt war (Abb. 14)? Seit dem beginnenden zwanzigsten Jahrhundert, seit dem die Bedeutung der Stadtlandschaft[21] in der Denkmalpflege erkannt worden war, haben sich bedeutende Wissenschafter, Kunsthistoriker und Architekten, von Max Dvorák[22] über Hans Sedlmayr[23] bis Eduard F. Sekler[24] Sorge um die „Demolierung der Schönheit" in Österreich gemacht. Durchaus erfreulich ist, dass Stadtbildpflege in allerjüngster Zeit in vermehrtem Ausmaß zum Diskussionspunkt einer breiten Öffentlichkeit wurde. Man spricht wieder über Architektur. Die Diskussionen zeigen, dass „Weltkulturerbe" Verantwortung tragen heißt: Verantwortung gegenüber dem historischen Erbe aber auch einer zukunftsorientierten Stadtplanung gegenüber.

1. Wien liegt seit vielen Jahren in internationalen Studien und Rankings weltweit im Spitzenfeld der Städte mit der höchsten Lebensqualität, siehe: https://wien.gv.at/politik/international/vergleich (01. August 2023). Die jährlich durchgeführte Vergleichsstudie der Beratungsgesellschaft Mercer setzte Wien 2023 zum zehnten Mal an die Spitze der lebenswertesten Großstädte der Welt (quality-of-living-ranking, siehe https://www.mercer.at). Die hochangesehene britische Wochenzeitung „The Economist" reihte Wien 2023 in punkto Lebensqualität ebenfalls (zum vierten Mal) weltweit auf den ersten Platz, siehe: https://www.wien.info/StadtderZukunft (01. August 2023).

2. Die sogenannte Welterbekonvention wurde zwar bereits 1972 geschaffen (den genauen Text der Konvention siehe u.a.: Übereinkommen zum Schutz des Kultur- und Naturerbes der Welt samt österreichischer Erklärung, BGBl. 29. Stk./1993), die Liste des Welterbes aber erst 1978 mit zwölf Welterbestätten eröffnet (zu den Denkmälern der UNESCO – Liste des Welterbes siehe u.a.: Bertelsmann Lexikon Verlag (Hg.), Schätze der Welt. Erbe der Menschheit, München 1999). Die Welterbeliste umfasst aktuell 1.154 Stätten aus 167 Ländern, siehe: https:\\unesco.at/kultur/welterbe/diewelterbeliste (01. August 2023).

3. Eine detaillierte Dokumentation zur Einreichung des historischen Zentrums von Wien auf die Welterbeliste findet sich in: WEHDORN, Manfred ‚Wien. Das historische Zentrum: Weltkulturerbe der UNESCO/Vienna. The Historical Centre: UNESCO World Heritage Site, Wien-New York 2004.

4. International Council on Monuments and Sites (ICOMOS), Evaluation of Cultural Properties, 25th ordinary Session (25th–30th June 2001) in Paris 2001, 5–7.

5. Trotz der scheinbaren Größe des Welterbeareals „Wien-Innere Stadt" betragen Fläche und Objektanzahl nur etwa 2% der Fläche bzw. der Häuseranzahl von Wien.

6. Zum Projekt „Wien-Mitte" und den Planungsvarianten siehe u.a.: ORTNER & ORTNER (Hrsg.) Baukunst vom Tag / Architecture out of the Ordinary, Köln 2010, 302–313.

7. Das Dekret wurde am 11. Oktober 2013 übergeben. Siehe hierzu: Manfred Wehdorn zit. Anm. 2, 27.

8. MAGISTRAT DER STADT WIEN, MA 18 – Stadtentwicklung Stadtplanung (Hg), Wien 2025. Im Dialog Stadt entwickeln, Wien 2014A, 11–12.

9. Vgl. hierzu: MAGISTRAT DER STADT WIEN, MA 19 – Architektur und Stadtgestaltung (Hg), Wien-Innere Stadt. Weltkulturerbe und lebendiges Zentrum / The Historic Centre of Vienna. World Cultural Heritage and Vibrant Hub, Wien 2014B, 46–47.

10. Zur Projektgeschichte siehe u.a.: HUEBER, Friedmund, *Die Ringstraßenzone und deren schändliche Verfremdung*, in: Steine Sprechen. Zeitschrift der österreichischen Gesellschaft für Denkmal- und Ortsbildpflege, Nr. 147/148, Wien 2014, 3-18; NEUWIRTH, Franz, *UNESCO-Welterbestätte „Historisches Zentrum von Wien"*, in: Steine Sprechen, Nr. 149/150, Wien 2016, 5–11; LIST, Wolfgang / PYKA, Piotr, *Zur Unvereinbarkeit des Projekts „Hotel InterContinental / Wiener Eislaufverein…"*, in: Steine Sprechen, Nr. 149/150, Wien 2016, 12–16.

11. Die Rote Liste ist das Instrument der UNESCO, um die Staaten und die Welt aufmerksam zu machen, dass der außergewöhnliche universelle Wert einer Stätte für die Menschheit in Gefahr ist. https://www.unesco.at/presse/artikel/article/unesco-draft-decision-

welterbestaette-wien-soll-auf-die-rote-liste-gesetzt-werden/ (05 Juli 2023).

12. Feststellung des Kulturstadtrat Andreas Mailath-Pokorny im Rahmen einer Pressekonferenz zum Architekturwettbewerb. Siehe: Wien Museum Neu (Hg), Pressekonferenz 20.11.2015, Ergebnis Architekturwettbewerb Präsentation Siegerprojekt, 2015.

13. MAGISTRATSDIREKTION DER STADT WIEN, Geschäftsbereich Bauten und Technik, Stadtbaudirektion, Gruppe Planung (Hg), Visualisierungsstudie für die UNESCO Welterbestätten „Historisches Stadtzentrum von Wien" sowie „Schloss und Parkanlage Schönbrunn". Untersuchung möglicher Auswirkungen der Projekte „Hauptbahnhof Wien" und „Kometgründe" auf den Outstanding Universal Value (OUV) auf Basis der Empfehlungen des UNESCO-Komitees lt. dessen 33. Sitzung im Juni 2009 in Sevilla (Entscheidungen 33 COM 7B.89 und 33.COM 7B.90), Wien 2010.

14. Zum ursprünglichen Entwurf der Architekten Ortner & Ortner siehe u.a.: LAND OBERÖSTERREICH / OÖ. LANDESMUSEUM (Hg.), *MuseumsQuartier Wien. Wien 1990*, in: Ortner & Ortner Baukunst (Kataloge des OÖ. Landesmuseums, Neue Folge Nr. 67), Linz 1993, 186-193.
Zur weiteren Entwicklung und zum überarbeiteten städtebaulichen Projekt siehe u.a.: PLANEN-BAUEN-WOHNEN (Hg.), Wehdorn Architekten, Wien 2014, 54–55. Vgl. auch: GOTTFRIED, Margaret, Das Wiener Kaiserforum. Utopien zwischen Hofburg und Museumsquartier, Wien 2001.

15. Die „Enzi" – Sitzmöbel bekamen ihren Namen nach einer Mitarbeiterin der ersten Stunde, Daniela Enzi, die 2011 interimistisch auch die MuseumsQuartier Errichtungs- und Betriebsgesellschaft (E&B GmbH) leitete. Zwischenzeitlich ist Daniela Enzi Geschäftsführerin im Bereich Hotelmanagement der Firma Wertinvest, die auch das umstrittene Bauvorhaben auf dem Areal Hotel Inter-Continental/Wiener Eislaufverein als Developerin verfolgt.

16. Die Literatur zum Revitalisierungsprojekt Gasometer Wien ist zwischenzeitlich – ebenso wie jene zum MuseumsQuartier – beinahe unüberschaubar geworden, es finden sich Beiträge in annähernd allen Fachzeitschriften der Welt. Als authentische Beiträge seien ohne Anspruch auf Vollständigkeit zitiert: CASAVECCHIA, Massimiliano / CIPRIANI, Luca / UNIVERSITA DI BOLOGNA (Hg.), Manfred Wehdorn. Architekt, Bologna 2012, 75–86; PLANEN-BAUEN-WOHNEN 2014, 16–17; WWFF – WIENER WIRTSCHAFTSFÖRDERUNGSFONDS (Hg.), Gasometer Simmering. gestern-heute-morgen. Ein Revitalisierungsprojekt, Ausstellungskatalog, Wien 1996.

17. Zu den Projekten siehe u.a.: MAGISTRAT DER STADT WIEN 2014B, 27-29.

18. WEHDORN ARCHITEKTEN / WERNER CONSULT ZT GMBH, Machbarkeitsstudie Museums-Forum Maria Theresien Platz, Wien 2002; siehe hierzu auch: PLANEN-BAUEN-WOHNEN 2014, 75.

19. WEHDORN ARCHITEKTEN / ROSINAK & PARTNER ZT GMBH, Machbarkeitsstudie Hofburg-Garage und Bücherspeicher, Wien 2012.

20. WEHDORN ARCHITEKTEN, Machbarkeitsstudie Universität Wien, Wien 2014.

21. Zum Begriff der Stadtlandschaft hat nicht zuletzt das sogenannten „Wiener Memorandum" wesentlich beigetragen. Siehe hierzu: STADT WIEN (Hg), World Heritage and Contemporary Architecture. Managing the Historic Urban Landscape. Welterbe und zeitgenössische Architektur. Vom Umgang mit der historischen Stadtlandschaft, Wien 2005. BANDERIN,

Francesco / OERS, Ron van, The Historic Urban Landscape. Managing Heritage in an Urban Century, Oxford (Wiley-Blackwell) 2012.
22. DVORÁK, Max, Katechismus der Denkmalpflege, Wien (Schroll) 1918.
23. SEDLMAYR, Hans, Die demolierte Schönheit. Ein Aufruf zur Rettung der Altstadt Salzburgs, Salzburg (Müller) 1965.
24. SEKLER, Eduard F. , *Stadtbildveränderungen und Baukultur*, in: Steine Sprechen, Nr. 134, Wien 2007, 5–6.

Anhang
Abstracts
Kurzbiographien

Capitti, Cesare,
The Beauty of ancient Cities

The piece of work I am going to discuss with you today deals with the relationship between humanistic philosophy and urban design.
I have recently discussed this topic in two books, "*Governo del territorio e dottrina sociale della Chiesa in architettura, urbanistica, ambiente e paesaggio*" (2013) and "*Città della speranza*" (2016), both published by Qanat.
As a premise, we have to say that we are living in a time of radical changes which are affecting all of the area of human interest, even urban desing; as a result, the historical identity of European Continent seemed to be deeply shaken. So what I think is that, because of this overwhealming scenario, retrieving the idea of beauty, harmony and decorum became essential.
In my books I tried to underline the fact that old european cities are beautiful because of their buildings, which were built according to strong humanistic criteria; nowadays, in the framework of an unstoppable process of globalization, the dominant thought refuses and denies humanistic values while embraces the dictatorship of relativism. In my opinion, this latter (the relativism) is the main cause of the modern anthropological crisis.
The anthropological crisis has a dramatic impact on the people, on families and last but not least on cities, and it is the main cause of the loss of historical and cultural identities. Therefore, it is urgent to give beauty, harmony and decorum back to cities; we have to reaffirm and celebrate God in everyday life to find a sense of humanity again. I believe this goal can be reached by reconsidering the contemporary urban design.
Many modern cities all over the world are affected by the so called "*Shrinkage phonomenon*"; *Shrinking cities* are those dense urban center that experienced significant population loss in a short period of time. I think that in these cities, solidarity and humanistic values must be seriously implemented because a change is possible only if we change our perspective and our approach to life and humankind dignity.
so, in conclusion, I strongly believe that the new generation's task is the "rehabilitation" of of the idea of city such a place where humanbeings perform and express themselves because, as a Schlar once said "*a city cannot exist without a memory, without tradition and ruthless*" (Pietro Barcellona, *La parola perduta. Tra Polis greca e cyberspazio*, 2007, Dedalo).

Garms, Jörg,
The Beauty of the city in eighteenth century Travel Literature

Travel literature of the 18th century is a relatively uniform genre, in spite of different languages, origin of the authors, literary forms and chronology, at least as far as architecture and urbanism are concerned, which anyhow rarely are in the centre of interest. This situation is favoured by its highly conventional nature and by copying, as well as the fact that Italy is the main destination of the Grand Tour.
The word "beautiful" is used quite frequently (seldom its contrary); yet it generally concerns partial aspects or is used as a summarizing judgement for towns of minor importance. In the last case an amalgamation of the following aesthetic categories can be observed: beautiful – large – rich – densely populated.
Furthermore I'll treat the particular aspects such as exterior and interior, tracing and paving of streets, cleanliness, houses and

palaces, walls and promenades, as well as single towns and opposite opinions.
The rational spirit of enlightenment can be felt as determining all over, whilst an organic understanding of urbanism is still missing.

Gauthiez, Bernard,
1395–1680: Two Projects to Embellish the City, Lyon

In 1395, a visit was made of the central areas of the city of Lyon, then a middle size city in France, with 10-15,000 inhabitants. The scope was to clear the streets of all encroachments, but soon it became clear that the beauty of the city was involved, and the project was accordingly extended.
In 1680, a new visit was made of all streets in the city, in order to rectify their lines and regularize their width. The "Règlement general d'alignement" (general street-line by-law) written afterwards developed in a full urban project.
In both occurrences, the texts were building upon previous practices, which is well documented before 1680.
The paper will examine the circumstances of the visits and the way they were embodying, in the texts that ensued, a vision of the beauty in the city space, and the technical solutions adopted to achieve this goal. It will also deal with the signification of beauty. Although in 1680 the text draws from well-known baroque architectural techniques, in 1395 beauty had a somewhat different meaning. But, in this cases, at Lyons, the 1395 ordnance probably nourished the reflection on the 1680 project. In these remarkable example of planning thought, it is clear that beauty cannot be separated from political and jurisdictional considerations.

Giannetti, Anna,
"Beautifying" a city. Building a beautiful city. The Great Project of Antonio Niccolini for Naples 1810-1848

During the first half of the Nineteenth century the need to give an aesthetic form to the complex phase of transformation of ancient capitals in modern cities found a new precarious balance in the shift from adornment, meaning the transformation for parts, to the plan, understood as the action on the set.
The starting point was beauty, considered as a aesthetic dimension, to which was entrusted the task to erase the ugliness of the fragments and the urban fabric, once noble, that suddenly revealed their old age.
In this sense, the case of Naples is exemplary: to be the royal palace with its annexes the subject of a project whose drafts have occurred from 1810 to 1848; to affect what had become the hinge between the old walled city and the new grown towards Chiaia and hilly zone, so the city streets suddenly became obsolete as a whole; but at the same time exceptional: to draft it had been the architect of the Royal household, Antonio Niccolini, arrived in Naples as a talented scenographer of the *Real Teatro di San Carlo* and then moving from painter of scenes to be an architect of royalties and a building entrepreneur; finally, because the ugly building bequeathed from viceregal age was immersed in what continued to be the "world's most beautiful scenery."
The problem of the relationship between Architecture and Nature was thus crucial, as in many other situations in those decades, but atypical for the undisputed beauty of city views. Thus it changed in the various drafts passing by the contrast between the balanced and stately beauty of the work of man, *handsome*, and the natural, *beautiful*, until, on the fateful threshold '48, reducing the

aesthetic value of both, familiarly graceful in giving life to an *ordinary* spectacle staged for all citizens. At the same time, the royal commission, from the Napoleon's family and then Bourbon, had gone to the middle-class, working Niccolini a vast speculative operation to fund the enterprise.

Hub, Berthold,
Filarete's Sforzinda*: The Beauty of the Cosmos and the Order of the City*

Following the economic and demographic crisis of the fourteenth century, no large-scale urban development took place in the existing cities, nor was a single new city founded. In the field of theory, however – in Alberti, Filarete and Francesco di Giorgio Martini – city planning undoubtedly ranked first in the list of architectural tasks. In addition, the descriptions of city planning given in fifteenth-century architectural treatises are always based on the idea of newly founded cities, as it is only in this ideal case that the design of the city lies in the sole responsibility of the architect.
The most interesting example is undoubtedly provided by Filarete, who in his *Libro architettonico* (written in Milan between 1460 and 1464) not only mentions and calls for the planning, foundation and construction of a new city as representing the highest goal for both the commissioning patron and the architect, but also describes a city of this type in detail. The city is to be named *Sforzinda* after its patron, Francesco Sforza, and the port associated with the city is to be named Plusiapolis ('Rich City').
While earlier commentators have seen in *Sforzinda*'s groundplan, formed by two superimposed squares within a circle, the last reflection of the gothic tradition to build 'ad quadratum', more recent scholars interpreted the figure as the result of the application or demonstration of the new exact, 'scientific' design of the Renaissance and the first example of a geometrically ordered ideal urban design. In this sense Filarete's groundplan is referred to in all major serveys on the history of architecture or urbanism. Most recently, Ulrich Gehmann (University of Karlsruhe) has generated a 3D model of *Sforzinda* for the current Venice Biennale exhibition ("Time Space Existence", Palazzo Mora), where it appears as an early example of an "ideal space".
However, Filarete's designs for individual buildings and institutions do not provide enough information for a whole city to be reconstructed. As already the diagram of the groundplan, so the individual building designs do not represent models to be implemented in urban development practice, but rather have the function of rhetorical figures within a literary manifesto, which propagates the indispensable avant-garde of the architect and his architecture for the project of the Renaissance.
The paper discusses the 'order' of *Sforzinda* in general and the 'order' of its groundplan in particular in the light of Filarete's cosmological understanding of geometry and asks whether an old, traditional or a new, modern notion of beauty was implied.

Hueber, Friedmund,
The urban room in Roman Antiquity

As introduction we will remind that in antiquity, beginning in Hellenistic time with the change from the democratic Greek polis to the imperial towns, with urban planning the way to analyse and look at built structures changed completely. While the Greeks saw their buildings as three dimensional objects, introduced by Hellenistic palaces and temple areas, in Roman imperial time the urban areas and the architecture were seen as a

lot of boxlike rooms in a special hierarchic order. The "One-family-house-settlements" of farming citizens became cities consisting of streets and squares in the form of rooms like boxes. The walls of these rooms where built by the facades of a row of buildings, which had to contact each other to create these walls uninterrupted.
At founding or extension of cities for creating easier orientation and equivalent properties the area was divided by a rectangular system of streets, which was named by Hippodamos, a state's theoretic and city planner of Miletus in 5th Cent. BC. Some of those so created properties were used for official purposes and situated by city hygienic, strategy, traffic and acoustic points of view. In that way one didn't serve the optical beauty of the city only.
The "semantic" and "syntax" of the Greek architecture was transferred and developed to a special morphology for the imperial city planning with an obligate canon.
Using the "semiotic" of the rooms and their axes, with optical refinements like curvature, accentuation, sham-perspectives and special viewpoints, veduta of highest aesthetical effect were created. Colonnades and endless rows of statues of honour gave the room creating walls of streets and places diaphanie. Only for outstanding functions it was allowed to exceed the general provided heights (normally approx. 21 m) of the facades.
Panoramic views didn't fit the canon. Colonnades and gates framing the view put it in relation with the viewer. By own research results from Ephesus, Aphrodisias and Rome, City designing during Roman imperium will be displayed as it still exists in Italian historical cities and by city construction in South- and Middle Europe between 15th and 19th century.
Certainly, than as well as today, there were a lot of slums created, where wild growth because of greed for profit crushed the accommodations.

Hnilica, Sonja,
The Beauty of the Structure.
Esthetic implications of the interpretation of cities in the Sixties

During the Sixties it was quite difficult for architects to talk about beauty at all. The term was discredited. Strong ambitions of giving form might be denounced even as fascist, as well as any reference to classical architecture, especially in post war Germany. When ideas of gestalt theory were introduced to the discourse, this opened up new ways to think about form and perception. The concept of the "megaform" (Großform) even combined findings of gestalt theory with classical esthetics.
On the other hand, cities were conceptualized as "complex systems" according to the system theory introduced shortly before. The German architects Richard Dietrich and Helmut Schulitz rejected the traditional self-conception of architects as designers. They developed building systems to be assembled by their inhabitants, expecting them to grow and shrink like living organisms. To give some (but no rigid) order to such processes, was the aim of the so-called structuralists. They wanted to create "urban structures", that corresponded to social structures. Kenzo Tange and others developed the concept of the "megastrucure".
Although architects initially turned to systems theory more for political reasons, they soon found beauty in complex systems as well. Those complex geomentries that had been regarded as disorder before the invention of chaos theory.
The relevance of gestalt theory and system theory as an inspiration for the discussion on beauty has not been very well studied so

far. I am going to argue that esthetic issues were much more important in the debate on architecture and urban design of the 1960ies than we normally think. In some cases they were introduced by the back door.

Karner, Markus,
A comparison between Camillo Sitte's "picturesque" and Gernot Böhme's "atmosphere"

This work is a comparison between Camillo Sitte's (pre-)modern concept of "picturesque" and Gernot Böhme's postmodern concept of "atmosphere" in aesthetics of perception and production to rediscuss the question of beauty in urban design. It revealed a similarity in defining the beauty and which paradigms are used for the production of beauty: landscape painting and stage design. While Sitte remains in the visual perception, Böhme is referring to perception of the body, which is based on a broader concept than visuality.
The sub-concept of "physiognomy" is referring to the visual character of the physical object and the definition of pithiness within the "physiognomy" is similar to the "picturesque" of Sitte.
The analyses of three public places in Vienna (Mateottiplatz, Johann-Nepomuk-Berger- Platz, WU-Campus) show, that the theoretical insights of the comparison can be used as an analyzing-tool for the practice of urban design.

Kruml, Milos,
Cityscape archaeology in beautiful and important cities with beautiful and important landmarks

The study of the visual impact of cities in the fields of art history, monument conservation and urban planning is burdened by various prejudices and limitations of competence. At the same time, the cityscape is littered with incomprehensibly situated high-rise buildings. In the specialist literature as well as in his own archaeological urban image research, Milos Kruml seeks answers to the following questions: Were there and are there approaches of understanding between future-oriented urban development planning, albeit committed to retrospection, and the protection of monuments, where the active design as well as aesthetic effect of monuments and monument ensembles are excluded? Which objects and which structures have been recognised as having an impact on the cityscape, as being significant and also particularly effective aesthetically? In the overview of the earlier specialist literature, Hugo Hassinger is mentioned for the time being as the founder of townscape research. Almost at the same time, members of the Club for Old Prague initiated systematic historical building research, which initially led to the legal definition of "monument reserves". Karl Kühn discovered the distinctive "components of the cityscape" in Prague, Vienna and Bratislava that correspond to the designation "beautiful old city". In Austria, research into old towns in the post-war period was based on the plans drawn up by Adalbert Klaar, with the appearance of façades clearly depicted by means of markings. An important methodological influence was the study Image of the City by urban planner Kevin Lynch. The technical terms "Paths, Edges, Districts, Nodes, Landmarks" defined by him in "Mentalmaps" of large US cities were even applied in monument research in Austria. From the historical literature, the special value of the almost forgotten books by Johann Willebrandt and Thomas Aquinas is highlighted. Both explained the duties and goals - including aesthetic ones - of urban

designers. Thomas emphasised the choice of beautiful landscape at the foundation and the overall design of public objects "joined together into unity" to ensure the health and satisfaction of the city's inhabitants and its future importance and beauty.
Milos Kruml cites the city of Bratislava as an example of his own archaeological cityscape research. The significance and beauty of the capital of Slovakia is still substantially shaped by the basic features from the time of its transformation around 1300. The Baroque expansion of the city and also the most important dominant feature of the more recent urban development also respects, even repeats, the layout pattern of the old city centre.
Milos Kruml finds the answers to the questions posed above in the elimination of prejudices and limitations of competence in the fields of urban planning and monument protection, in joint, consistent stratigraphic townscape research and, as a consequence, in binding respect for the historical townscape structures. In urban planning or urban development, not only the practised "updating" of the street structure, but also the carrying forward of the significant historical structure of the city dominants, the landmarks that determine the cityscape, is a matter for reflection.

Kubin, Stefan,
City Planning according to its Scientific and Social Principles. Insights into Camillo Sitte's lost second volume

In 1997, two original cassettes from Camillo Sitte's original collection – among other documents – arrived at the Institute, which are the subject of Stefan Kubin's research as the so-called "Konvolut Knab-Stokreiter". This paper discusses the most recent results of this debate. For example, it was possible to prove that the materials are the basis for the continuation of the book *City Planning According to Artistic Principles* by Camillo Sitte. This announced sequel with the title *City Planning according to its Scientific and Social Principles* was never published after Sitte's sudden death in 1903 and has since been considered lost.
The - or rather - the different concepts of the work planned by Camillo Sitte cover a broad spectrum of topics that depict numerous aspects of recent urban planning.
The "Konvolut Knab-Stokreiter" contains a loose collection of notes, concise text modules or text fragments that open up some room for interpretation. Included are photographs, newspaper clippings, folding plans and hand sketches, all arranged thematically in small folding folders. The individual sheets of the collection are not dated themselves; in many cases, approximate dating is only possible via the source references they contain.
In some cases, sources could be specifically identified: for example, the historian Ernst Curtius (1814–1896), the architects Josef Stübben (1845–1936), Karl Henrici (1842–1927), Camille Martin (1877–1928) and Hans Christian Nussbaum (1853–1928). Otto Ammon (1842–1916), Georg Hansen (1852–1901) and Robert Rene Kuczynski (1876–1947) belong to the field of economics and statistics.
In addition to the fragmentary framework for the continuation volume of *City Planning According to Artistic Principles*, the real special feature of the "Konvolut Knab-Stokreiter" is the opportunity to gain insight into a very early stage of Camillo Sitte's text production, which is only partially preserved in his other publications.
On the basis of selected sheets, this working method of Camillo Sitte can be demonstrated: he summarises the passages relevant to him, alternating between quotation and interpretation of the texts.

Although the "Konvolut Knab-Stokreiter" does not contain a fully formulated manuscript, the sheets discussed here allow – with regard to the source references identified so far and the editing still in progress – a rudimentary reconstruction of the subsequent volume *City Planning according to its Scientific and Social Principles.*

Schwarz, Mario,
Myopia versus Overall View.
John Ruskin and Camillo Sitte in their perception of urban beauty

John Ruskin (1819-1900), poet, painter, art critic, art historian and social philosopher, was one of he most renowned authorities in cultural history in Great Britain in the middle oft he 19th century. His publications in complete are compromising 38 volumes. Already at the age of thirty he published the well-connoted book "The Seven Lamps of Architecture", in which he gave ethic definitions for artistic building. In 1835, just before beginning to study art history at Oxford, he became aware of the architectural beauties of Venice, calling her "Paradise among the Cities". More and more he felt anxious about the decay of this city, an empathy, which gave him motivation for a large-scale research work, that resulted in his publication "The Stones of Venice" in 3 volumes (1851).

Being fascinated by the architecture of Venice, at the same time he despised her population, the Venetians, taking them responsible for the city's decay. Even more he disdained the Habsburg government in Venice (1815-1866), which he saw under a negative prejudice, following the public meaning in England, that considered it oppressive. On cultural level this criticism certainly was unjustified: Instead the Austrians restituted to Venice the famous bronze quadriga (1815), which had been sequestrated and brought to Paris by Napoleon; they also cared for the restoration of the dome of San Marco, the Doge's Palace and many churches, spending great amounts of money.

For the documentation of Venice's architectural heritage, Ruskin began his researches taking measures, producing drawings and water colors and even used the recent photographic means of "daguerrotypes". Ruskin followed the method to document the monuments "stone by stone" and "touch by touch", which means, a myopic and haptic way to investigate all details. Almost under obsession to compilate material Ruskin studied profiles, categorized window designs, façades and capitals, to conclude general lines by the method of a "membrologia". During his researches Ruskin found out that his concept to classify the monuments due to their stylistic character proved not to be sufficient. He detected something which he never had aspected: In the whole city of Venice he did not find one single monument, built before the 16th century, that had not undergone several changements in different styles. So the style of this city in general would be the "pasticcio".

Ruskin also detected another phenomenon of aesthetical reception: At the surfaces of the façades he found different qualities of sculptural elaboration. Details in upper parts of the façades generally were sculptured more carelessly, which was not to be realized by the observer from below. Thus the observer from his distant point-of-view remained satisfied, because he had the impression that the whole decoration was equally elaborated in perfect quality. Ruskin considered this effect comparable to the perception oft impressionist painters. In his late paintings Ruskin changed his own, primarly naturalistic style to a more dynamic mode, even in studies of his beloved Venice.

But until the end Ruskin did not give up his myopic perception. Among all the many illustrations in the "Stones of Venice" there is only one overall presentation of a building – it is the bird view of the Doge's Palace.
On the contrary Camillo Sitte, from the beginning on, in all his urbanistic observations and researches tried to get a wide angle overview, which allowed him to achieve new and different deductions on the aesthetic perception of urban structures.

Serra Desfilis, Amadeo,
Shaping the beauty and magnificence of cities in the Crown of Aragon (14th to 15th centuries) and the case of Valencia domus mercatorum known as Lonja

In 14th and 15th centuries, cities in the Crown of Aragon suffered a huge transformation in their architectural environment. Public building became a characteristic element of urban identity and prestige for each town, being shaped according to an ideal of magnificence inspired either by court or by contemporary political thought. The study of this public architecture, its peculiar sense of decor and the joint interventions in infrastructures and town planning promoted by local governments offers a special interest. The building or renewal of the seats of power, of commercial spaces and public services required great investments and technical knowledge to turn ideas into architectural projects, material buildings and a new sense order in town landscape.
This paper studies the case of Merchants' Hall also known as Silk Exchange (*Lonja de Mercaderes* or *Lonja de la seda*), built in Valencia between 1483 and 1548, and the plan of renewal of the surrounding Market square, after the great fire of 1447. We will consider archival sources, ancient city plans, and public inscriptions around the Merchants' Hall in order to assess the impact of this project in the ideal of the beauty and magnificence of the city of Valencia as one of the main centres of late medieval Crown of Aragon.

Psenner, Angelika,
Functional-aesthetic demands on the Stadtparterre - *or - the Urban Parterre as a seismograph for the beauty of the city?*

In an urban context everyday social exchange, whether intentional or incidental essentially depends on a varied use of the ground-floor level¾which, in spatial terms, is the plane that physically connects *all* urban levels. It is indeed an inherent quality of the city that all routes intersect and connect, converge and ramify on the ground floor level, and obviously the city's charm and beauty basically depend on the functional and aesthetic condition of that urban sphere. However, Vienna's *urban parterre* is in a precarious condition: on the one hand, ground floors are not being put to adequate use (problem of vacancies, under- and miss-use), on the other, the street space is basically mono-functional, being for the most part reserved for car parking and as a traffic surface. This fact appears all the more abstruse against the background of Vienna's rapid population growth and the concomitant housing shortage. The need for additional living space cannot be met by drawing on the city's reserves of undeveloped land; therefore, urban space will have to be regained in built-up neighborhoods. To be able to do so, it is necessary to be aware of the nature, quality and use-structure of this sensitive zone.
As the potentials of ground floor use and the structure of the correlating public street space are directly and closely related, the *Stadtparterre* concept includes both: built-up

and non-built-up areas, covering the *street* as well as the adjacent *houses* and *courtyards*. Thus street, ground floor and courtyard are treated as entity, so that interrelations are coming to light, problematic situations can be identified and treated in a broader context.
This is where the here presented study takes its starting point, namely, from giving visibility to the spatial connections of the base zone and their functional engagement. A differentiated 3D representation visualizes the historical status: the at that time spatial relations of ground floor, street and courtyard spaces as well as basement floors—by furthermore comparing it to the actual situation today. The issue here is the sensual and holistic perception of the *Stadtparterre*; a reinterpretation on the basis of structures that only become visible in the spatial model, by revealing patterns of everyday life that are as unexpected as they are topical and exemplary for the future.
First and foremost, though, the point here is to acknowledge the significance of the *Stadtparterre* for the (aesthetical) functioning of a city—a fact that has somewhat fallen into oblivion lately.

Vukovic, Vladimir,
The Architecture of the City in Times of Neoliberalism

Today, in times of growing contradictions, urban development is more than ever dependent upon the social and economic affairs of society. Since the 1980s a steady decline in public investment has caused the end of predominantly state-controlled city planning. The increasingly complex correlations in the globalised world economy often have led to statements on the insufficiency of urban planning. The awareness of the limits of economic growth has been established most recently at the last major world financial crisis in 2008. This raises the question of future urban development and the role of planners in a so-called 'degrowth' society. Through the examination of some contemporary examples of city planning projects in Vienna, the current problems will be discussed and possible scenarios for further developments will be outlined. An attempt is being made to take a professional and ethical position on these questions.

Wehdorn, Manfred,
Vienna and World Cultural Heritage

Vienna is one of the most beautiful cities in the world and a vibrant hub.
The inscription of the historic centre of Vienna in the World Heritage List was announced during the 25th meeting of the World Heritage Committee in Helsinki, Finland on 13th December 2001.
To be a World Heritage Site is not only an international award, but also an extraordinary economic, social and cultural political resource.
The inscription in the World Heritage List was based on three items:
1. The urban and architectural qualities of the Historic Centre of Vienna bear outstanding witness to a continuing interchange of values throughout the second millennium.
2. Three key periods of European cultural and political development – the Middle Ages, the Baroque period, and the Gründerzeit – are exceptionally well illustrated by the urban and architectural heritage of the Historic Centre of Vienna.
3. Since the 16th century Vienna has been universally acknowledged to be the musical capital of Europe.
The nominated Historic Centre of Vienna encloses the Inner City as well as the

Schwarzenberg and Belvedere palaces and the monastery of the Salesian Sisters on the so-called Rennweg. It comprises a core zone of around 3.7 km^2 and features around 1,600 objects and a buffer zone covering approx. 4.6 km^2 and approx. 2,950 objects. However, the total amount of surface and objects still only represents less than 2% of the city area and the number of buildings in Vienna.
The reasons for Vienna being added to the World Heritage List underscore the value of the "city which has grown up over time" and all of its cultural facets. However, this also means that the city, cannot be protected under a bell jar, so to speak, but must be allowed to continue to develop in order to remain the living centre of a prosperous city. Nonetheless, this continuous development is also the cause of the problems in recent town planning. Immediately after the city was nominated, the contemporaneous "Vienna centre" project with its four lofty, approximately 90-metre-high towers seriously endangered the World Heritage Site title. This is also why the official certificate was only awarded after a two year delay.
What reasons still exist that endanger "the beauty of the city"? They are to be found precisely in this "beauty", which has no doubt contributed to the fact that for over ten years Vienna has been considered one of the top three cities to live in in the world, even if the quality of a city is not determined by its architecture alone, but also by many other factors such as the ecology, green spaces, social structure and safety. The problems are also caused by the growth forecast for the city: within a couple of years Vienna will have grown from its current population of 1,9 million inhabitants to over 2 million. The consequences include an overwhelming economic pressure, which will be fuelled still further by ever increasing rents and income from sales.
Likewise, at the time when the inner city was proposed as a World Heritage Site, Vienna's roofscape came in for heavy criticism. Understandably, since then loft extensions and additions of storeys to the historic building stock have continued to increase in number despite the countermeasures and efforts from the Austrian Federal Monuments Office and town planning offices. It should, in principle, be seen as positive that greater interest in preserving the historic heritage has been spread to a wider public. It is a fact that hardly any new-built project is blocked by opposition from the local residents or Non-Governmental Organisations.
A current example in this respect is the new-built project to plans by the internationally renowned architect Isay Weinfeld on the Hotel Intercontinental and Wiener Eislaufverein site. This contrasts with already completed new-built projects within the World Heritage Site for which the architectural quality is now deemed beyond discussion, such as "k47", built on Franz Josefs Kai in 2002/2003 to plans by Henke und Schreieck, or the "Twin City Liner" shipping berth, built in 2009/2010 to plans by the architects Fasch & Fuchs.
The one hundred years anniversary of the Ringstraße has led to several projects in this special area of Vienna. In this context three projects of Wehdorn Architekten which hopefully will be realised during the next years must be mentioned:

- The project of a garage under the Heldenplatz,
- The project of a "Museumsforum" under the Maria-Theresien-Platz which will connect all surrounding Museums,
- The creation of a square in front of the University of Vienna.

What, however, is entirely positive is that architecture as an integral component of the city's beauty has become a discussion point among a wider public. People are once again talking about architecture. The discussions show that the title World Heritage Site entails responsibility: responsibility in respect of the historic heritage, but also with regard to future-oriented town planning.

Zeese, Andreas,
The city as a "first-rate work of art" - the Viennese discourse on the beauty of the city prior to and in the context of Camillo Sitte - Foundation Stone of a specific Viennese School of Town Planning?

Up to now, the question of urban beauty is a central topos in the professional discourse of architects and urbanists. Amazingly, it is answered in a quite similar way by personalities of different architectural attitudes, as, for instance, a comparison of correlating statements by Daniel Libeskind or Hans Kollhoff witnesses. Furthermore, forums dealing with questions of urban morphology have been established during the last years amongst german-speaking planners (e.g. Dortmunder Konferenzen zur Schönheit und Lebensfähigkeit der Stadt).
A predecessor of these approaches can be seen in the oeuvre of Camillo Sitte who, by publishing his book "Der Städte-Bau" in 1889, created the basis for a morphological view of the urban environment and for a reorientation of the practice of town planning. Although his publication was innovative, Sitte could rely on numerous impulses received in his hometown Vienna since the end of the 1850s. These included reflections outlined in view of Vienna's dynamic urban development by prominent personalities in the sphere of architecture and art history.
This widespread discourse on issues towards the shape of the city – including also economical and social aspects – had particularly been initiated by Sitte's teachers Rudolf von Eitelberger and Heinrich Ferstel in the course of the formation of Vienna's "Ring" boulevard. An important forum for these discussions was set up by the Österreichischer Ingenieur- und Architekten-Verein (Austrian engineers' and architects' society) – an organisation which had analysed the bases of the "beauty of the city" since the 1870s in various memorandums and hence had raised the well-shaped city to the rank of a "first-rate work of art".
Beginning with Eitelberger and Ferstel, the paper will present this Viennese discourse and its ideas towards the "grammar" of the beautiful city (streets, public squares, gardens etc.).
This discourse can be seen as the foundation stone of an own *Viennese School of Town Planning* marked by a specific emphasis on "Beauty" in the urban fabric – and comprising eminent personalities like Camillo Sitte as well as Otto Wagner as two different sprouts pursueing – they in turn – different creative approaches.

Capitti, Cesare

Der Architekt Cesare A. Capitti geboren 1951 in Librizzi, schloss sein Studium 1976 in Palermo ab.
Er leitete die Stadtplanung der Regionaldirektion für Land und Umwelt Arbeitsgruppen, die sich mit städtebaulichen Problemen in der Provinz Messina, den Provinzen Ragusa und Syrakus befassten. Von 1994 bis 2004 war er Mitglied der Kommission für die Restaurierung der Gemeinde Ragusa, die vom Regionalrat für Land und Umwelt für die Restaurierung und Wiederherstellung historischer Zentren eingesetzt wurde. Er hat Forschungstätigkeiten für das Nationale Institut für Stadtplanung (INU), für den Nationalen Verband der historischen und künstlerischen Zentren (ANCSA), für Berufsverbände und für öffentliche Einrichtungen durchgeführt.
Cesare A. Capitti unterrichtete an der Fakultät für Architektur der Universität Palermo und ist Referent bei nationalen und internationalen Workshops und Konferenzen. Autor von wissenschaftlichen Veröffentlichungen und Sachbüchern zur Stadtplanung.

Garms, Jörg

Geboren 1936 in Theuma (Sachsen), Volksschule ebendort und in Schardenberg (Oberösterreich), Gymnasium in Wien III. Studium der Kunstgeschichte in Wien und Paris. 1962–2001 mit Unterbrechungen am Österr. Historischen Institut in Rom tätig. Ab 1975 nach Habilitation Lehre an der Universität Wien, 1962–1968 Université de Montréal, 1976/1977 Université de Straßburg; 1983 Senior Fellow am Center for Advanced Studies in the Visual Arts an der National Gallery, Washington. Mitglied des Istituto di Studi Romani, des Gruppo dei Romanisti und der Accademia Nazionale di San Luca. Einschlägige Forschungsgebiete: Europäische Architektur des 18. Jahrhunderts, Grand Tour und Künstlerreisen nach Italien

Gauthiez, Bernard

Architect, PhD in History, Habilitated in urban planning.
Trained as an architect, then town planner, at the Ecole des Hautes Etudes en Sciences Sociales, and at the University of Paris-IV Sorbonne, I successively held positions at the Ministry of Equipment, at the School of architecture of Lyon, at the Ministry of Culture in Paris, and since 2005 as professor at the University Jean-Moulin Lyon 3. My research focuses on the transformation of the space of cities, its design and its realization. Understanding urban morphology as it appeared in the past and explaining the urban landscape today led me to study notably Rouen, Lyon, the Piazza Navona district in Rome, and various aspects of the history of town planning, especially in the Middle Ages in Normandy, in the 19th century, and during reconstruction in France after 1918. This work has led to numerous publications, articles and books, such as Espace urbain, vocabulaire et morphologie, Paris (Monum) 2004, The production of urban space, Lyon 1500–1900, Berlin/Boston (De Gruyter) 2020, or *The history of urban morphology*, in: Urban morphology, 2004.

Giannetti, Anna

Lives and works in Naples where she graduated in 1979 from the Faculty of Architecture. Since 2001, she has been a full professor and teaches History of Contemporary Architecture and History of the Garden and Landscape at Luigi Vanvitelli University.

She served as Department Dean from 2008 to 2012. She has taught seminars and courses at various European universities. From 2013 to 2017, she participated in and coordinated workshops between universities UC-Louvain-LOCI, UGent, ENSA Strasbourg, ENSA Marseille, and ALBA-Beyrouth. In 2022 and 2023 she won BIP with UCLouvain-LOCI and Universidad de Granada. In 2020 she won a project of the Spanish government's Ministerio de la Ciencia e Innovación with the Universities of Granada, Madrid and Lisbon.
She has published volumes and essays on English and French architecture of the 1920s, on the history of the Neapolitan garden, on the public park in Europe, on life and works of architect Antonio Niccolini, on monastic architecture and female patronage, on the Renaissance Naples and on the history of the kitchen and domestic space.

Hnilica, Sonja

Sonja Hnilica (Prof.Dr.-Ing. habil.) ist Professorin für Baugeschichte und Architekturtheorie an der TU Dresden. Hnilica studierte Architektur und promovierte an der TU Wien, wo sie mit den Herausgebern des vorliegenden Bandes an der Camillo Sitte Edition arbeitete. Es folgten wissenschaftliche Mitarbeit und Habilitation an der TU Dortmund, Vertretungsprofessuren (TU Dortmund, Universität Heidelberg) sowie eine Professur an der TH Lübeck. Hnilica publiziert zur Architektur- und Städtebaugeschichte des 19. bis 21. Jahrhunderts und wirkt als Ausstellungskuratorin. Zuletzt erschienen u.a.: Der Glaube an das Große in der Architektur der Moderne. Großstrukturen der 1960er und 1970er Jahre (Zürich, Park Books 2018); Identifications of the Postmodern. City, Form and Identity (Wolkenkuckucksheim 41, hg. mit Riklef Rambow 2021); Identifications of the Postmodern. Representations and Discourses (Wolkenkuckucksheim 42, hg. mit Riklef Rambow 2022); „Experiments with Mega stuctures and Building Systems. University Building in the Federal Republic of Germany in the 1960s and 1970s" (Architectural Histories 1, 2022, https://doi.org/10.16995/ah.8309).

Hub, Berthold

Berthold Hub studierte Theologie, Philosophie und Kunstgeschichte in Wien, Madrid und Tübingen und promovierte mit einer Arbeit zu dem Thema „Die Perspektive der Antike. Archäologie einer symbolischen Form" (Frankfurt a. M. 2008). Nach einem Stipendium am Kunsthistorischen Institut in Florenz und Assistenzen an der ETH Zürich und der Universität Wien 2017 habilitierte er sich ebendort mit der Qualifikationsschrift „Filarete: Der Architekt der Renaissance als Demiurg und Pädagoge" (Wien 2020). Derzeit ist er Gastprofessor für Architekturgeschichte und Architekturtheorie an der Berliner Hochschule für Technik und Privatdozent an der ETH Zürich und am Institut für Kunstgeschichte der Universität Wien. Forschungen und Publikationen zur antiken Ästhetik, zur Kulturgeschichte des Blicks, zur Architektur und Architekturtheorie der italienischen Frührenaissance, zu Michelangelos Neuplatonismus, zur spanischen Architektur und Skulptur des 17. und 18. Jahrhunderts sowie zu Architektenreisen nach Italien um 1910.

Hueber, Friedmund

Geboren 1941 in Wien, absolvierte das Architekturstudium an der TH-Wien, DI
Nach Auslandspraktika in Hamburg, Stock-

holm, Haifa, Toronto promovierte er an der TU-Wien und eröffnete ein Architekturbüro. Er war Dozent an der Schule des Europarates für Handwerker im Denkmalschutz in Venedig. Nach seiner Habilitation erhielt er die Venia für Denkmalpflege und Archäologische., leitete als Fachvorstand den Studiengang Planen und Bauen im Bestand am FH-Campus Wien und wurde Professor am Raymond Lemaire International Centre for Conservation (=RLICC) und der Fakultät Letteren der KU Leuven.
Friedmund Hueber ist zertifizierter Sachverständiger für Denkmalschutz, Stadtbildpflege, Stadt- und Landesplanung, Ortbildsachverständiger für die Steiermark und war für zwei Perioden Vorsitzender des Denkmalbeirates beim Bundesdenkmalamt.
Zu seinen speziellen Arbeiten zählen: Bauforschung und Restaurierung Alte Universität in Wien und in Ephesos (Anastylose der Celsusbibliothek, des Südtores der Agora), Feldforschung zur Entwicklung der Stadtgestalt in Ephesos, Aphrodisias, Troia, Ancyra, Harran, Wien, Bad Aussee, St. Pölten.

Karner, Markus

Markus Karner, geboren in Neunkirchen/Niederösterreich, studierte Philosophie an der Universität Wien und Raumplanung an der TU Wien. Diplomarbeit über Camillo Sittes Ästhetik im Vergleich zur Atmosphärenästhetik Gernot Böhmes. Diplomarbeit in Philosophie über Ludwik Flecks Erkenntnistheorie. Seit Abschluss der Studien als Ortsplaner in Niederösterreich bei einem Raumplanungsbüro tätig.
Neben der Tätigkeit als Ortsplaner für zahlreiche Gemeinden in Niederösterreich auch an Forschungsprojekten im Kontext der örtlichen Raumordnung beteiligt. Besonderes Interesse für den Zusammenhang struktureller Rahmenbedingungen und ihren Formkräften im Hinblick auf inhaltliche Festlegungen (in der Ortsplanung). Zunehmender Schwerpunkt im Bereich von Analysen mit Hilfe geografischer Informationssysteme. Ein weiterer Schwerpunkt liegt im Zusammenspiel zwischen formaler Raumplanung und geglückten städtebaulichen Entwürfen.

Kruml, Milos

Geboren 1946 in Golčův Jenikov/Böhmen. 1971 Dipl.-Ing. an der TU Prag, anschließend Studium der Kunstgeschichte und Ästhetik an der Karlsuniversität und Beschäftigung im Prager Zentrum für Denkmal- und Naturschutz. Eigene Projekttätigkeit mit Arch. Milos Kruml sen. und Jitka Radilová. Nach 1980 Projekte für Wiener Architekturbüros und für den Altstadterhaltungsfonds. Gleichzeitig Architekturstudium an der TU Wien. 1991 Dissertation „Mittelalterliche Städte als Denkmäler". 1986–1992 wissenschaftlicher Assistent an der TU Wien. 1992–2000 Leitung des Referates Stadtbild, Schutzzonen und nach 2000 Architekturbegutachtungen im gleichnamigen Dezernat des Wiener Magistrats. Nach 1995 im Vorstand der ÖGDO. Seit 1996 Mitarbeit an grenzüberschreitenden Projekten (Interreg) und Organisation der „Architekturkonzerte" in Lyri (Gr.) zusammen mit Helena Neumann.
2000 Verleihung des "Präsident-Theodor-Körner-Preises". Wissenschaftliche Publikationen in Auswahl im Katalog der Technischen Bibliothek Wien.

Kubin, Stefan Johannes

Stefan Kubin studierte Architektur an der TU Wien. Seit 2011 lehrt er an der Technischen Universität Wien, seit 2016 auch an

der FH Kärnten und ist freiberuflich als wissenschaftlicher Redakteur tätig.
Seine Forschungs- und Lehrtätigkeit umfasst folgende Themen: Stadtgeschichte und Stadtutopien im europäischen Raum mit besonderem Blick auf Wien im 19. und frühen 20. Jahrhundert, Baukultur und Städtebau der römischen Antike und Spätantike sowie Sakralarchitektur des Mittelalters.
Seine Dissertation behandelt das Erbe der drei Generationen überspannenden Architektenfamilie Sitte. Seit 2019 ist er – als Nachfolger von Christoph Luchsinger – Vorsitzender der Camillo Sitte Gesellschaft.

Psenner, Angelika

Angelika Psenner ist Professorin für Stadtstrukturforschung an der TU Wien. Sie studierte Architektur in Wien, Paris und NYC, absolvierte ein Postgraduate in Soziologie am Institut für Höhere Studien Wien, promovierte in Städtebau und Soziologie an der TU-Wien und habilitierte 2019 mit Venia Docendi für Städtebau.
Ihre wissenschaftliche Arbeit wurde mehrfach ausgezeichnet, darunter: Elise-Richter-Förderung des Österreichischen Wissenschaftsfonds; Hochschuljubiläumsstiftungs-Preis der Stadt Wien; Forschungsstipendium des Intern. Forschungszentrums für Kulturwissenschaften; Dr.-Maria-Schaumayer-Forschungsförderungspreis und Theodor-Körner-Forschungsförderung.
Angelika Psenner lehrt und forscht u.a. zu Stadtstrukturen des 19.–21. Jahrhunderts, zu nutzungsoffenen Gebäudestrukturen, zur Wahrnehmung von Architektur und öffentlichem Raum, zu Aushandlungen von Mobilität und Ortsloyalität im urbanen Diskurs, zur Urban Food-Thematik, sowie der 15-Minuten-Stadt und schließlich beschäftigt sie sich methodisch mit City Information Modelling CIM.

Schwarz, Mario

Mario Schwarz, geb.in Wien, Studium der Architektur und der Kunstgeschichte in Wien. Dr. Phil. A.o. Universitätsprofessor am Institut für Kunstgeschichte der Universität Wien. Weitere Lehrtätigkeit: TU Wien, Universitäten Graz, Prag, Bratislava, Palermo, Rom. Über 150 Publikationen

Semsroth, Klaus

Klaus Semsroth, geboren in Deutschland studierte Architektur an der TH Wien und absolvierte anschließend das Städtebauliche Aufbaustudium an der TH München (Prof. Albers). 1970 wurde er Universitätsassistent am Institut für Städtebau, Raumplanung und Raumordnung (Prof. Wurzer) an der TH Wien, wo er 1974 promovierte und 1985 mit einer Habilitation die Lehrbefugnis für Städtebau erlangte.
Seine Lehr- und Forschungsschwerpunkte waren Städtebau, Stadt- und Dorferneuerung und Stadtgestaltung. Im Jahr 1990 übernahm Klaus Semsroth die Projektleitung für den Bau des Regierungsviertels in St. Pölten. 1984 wurde er Professor für Städtebau an der Architekturfakultät, 1997 Studiendekan und von 1998–2012 Dekan der Fakultät für Architektur und Raumplanung an der TU Wien. Ein wesentlicher Schwerpunkt war die internationale Einbindung der Forschung und Lehre der Fakultät. In dieser Zeit wurden neben zahlreichen Kooperationen weltweit, spezielle Kooperationen mit den Architekturschulen in Shanghai, Nanking, Peking und Shenzhen vereinbart.
Von 2003–2013 war er Vorsitzender der Camillo Sitte Gesellschaft. Bis 2014 gab er das sechsbändige Gesamtwerk von Camillo Sitte unter Mitwirkung internationaler Wissenschaftler gemeinsam mit Michael Mön-

ninger und Christiane Crasemann Collins heraus.
2018 wurde der internationale Wettbewerb „Asiad Athlete Hangzhou-Masterplan“ gemeinsam mit Mladen Jadric und 2019 der Wettbewerb“ Hangzhou-Watertown“ gemeinsam mit Mladen Jadric, Kai Xu und Sun Tonguy gewonnen.
Seit 1996 ist Klaus Semsroth korrespondierendes Mitglied der Akademie für Raumforschung und Landesplanung und seit 1998 korrespondierendes Mitglied der Deutschen Akademie für Städtebau und Landesplanung.

Serra Desfilis, Amadeo

Amadeo Serra Desfilis, Graduate in Geography and History MA (Universitat de Valencia), PhD in History: Art History (Università di Bologna), now is Full Professor at the Department of Art History in the Universitat de Valencia. His main research interests are late medieval and Renaissance architecture, Art of the Crown of Aragon in European context, art and cultural landscapes in the Mediterranean centres. He has studied with some detail urban planning and public works in 14th and 15th century Valencia.

Vukovic, Vladimir

Vladimir Vukovic ist Architekt und Stadtforscher. Nach dem Architekturstudium an der Universität Stuttgart promovierte er an der TU Graz. Er lehrt an der TU Wien, FH Campus Wien und FH Kärnten, lebt und arbeitet zwischen Wien und Oberösterreich. Schreibt Fachartikel für Bücher und Zeitungen. Zuletzt erschienen: Architektur zwischen den Welten. Die Architektonischen Spuren Jugoslawiens (Der Standard, Wien, 8. Mai 2023). Im Jahr 2022 war er am Kooperationsprojekt Space and Society in Time – Planning Culture in Transition des Instituts für Städtebau der TU Wien mit dem Schwerpunkt Zentral- und Südosteuropa beteiligt. Aktuell: Teilnahme an der Planung und Durchführung der Veranstaltung Salzkammergut 2024 – European Capital of Culture (Bereich Baukultur).

Wehdorn, Manfred

Architekt, Denkmalpfleger und Städtebauer. In Wien geboren, em. Vorstand des Institutes für Kunstgeschichte, Bauforschung und Denkmalpflege an der TU Wien. Zahlreiche öffentliche Ämter, weltweite Vorlesungstätigkeit, 23 Bücher, ca. 175 Publikationen in internationalen Fachzeitschriften.
Die bekanntesten Revitalisierungen, die seine Handschrift tragen, sind in Wien: Schloss Schönbrunn, MuseumsQuartier (gemeinsam mit Ortner & Ortner), Stadtpalais Liechtenstein, Redoutensaaltrakt der Hofburg, Gasometer und Spanische Hofreitschule; Im übrigen Österreich die Benediktinerstifte Admont und Melk, Schloss Hof in Niederösterreich.
Professor Wehdorn ist als Architekt auch weltweit tätig (Kulturerbe-Projekte in Italien, Tschechien, Aserbaidschan, Äthiopien und Türkei). Die Interdisziplinarität von Alt und Neu ist eines seiner hervorragenden Markenzeichen.

Zeese, Andreas

Andreas Zeese ist Architekt, Architekturhistoriker und Univ.Lektor in Wien.
Seit 2020 selbständig tätig – Andreas Zeese Architektur, Wien.
Seit 2020 Lehraufträge an den Forschungsbereichen Raumgestaltung, Wohnbau und Kunstgeschichte der TU Wien.

Seit 2014 Mitarbeit in verschiedenen Wiener Planungsbüros.
2006–2014 Assistent am Forschungsbereich Kunstgeschichte der TU Wien.
2000–2005 Studium Architektur (Diplom 2005) und Kunstgeschichte (Promotion 2010) in Berlin und Wien.
Stipendien/Preise: Ev. Studienwerk Villigst, Hans-Joachim-Pysall-Stiftung, Schinkelpreis, Fischerpreis.
In seiner Forschung widmet er sich unterschiedlichen Aspekten der Architektur und des Städtebaus vom 18. Jahrhundert bis heute. Ein zentrales Interesse gilt der Theoriebildung von Architekten und der Rolle von Bestandselementen in urbanen Planungsprozessen.
Publikationen und Vorträge u.a. zu Camillo Sitte, Theophil Hansen, Otto Wagner, Karl Friedrich Schinkel, Arthur Korn sowie zu städtebaulichen, morphologischen und typologischen Aspekten.

Stadtbildverluste

Robert Schediwy
Hochhaus und Stadtgestalt. Herausgegeben von Johann Brazda
Die Erfindung des Sicherheitslifts gehört zu den folgenreichsten Neuerungen des 19. Jahrhunderts. Die Möglichkeit, ein Grundstück mit fünfzig und mehr Geschossen zu überbauen, erhöhte schlagartig den Wert urbaner Immobilien in zentraler Lage. Bestehende Bebauung wurde allerdings entwertet, da die intensivere Nutzung tendenziell die weniger intensive verdrängt. Dieser Prozess kann, wenn er nicht unter kultureller Aufsicht stattfindet, zerstörerische Wirkungen zeitigen. Schediwy macht deutlich, wie ungebremster Geltungsdrang, Machtstreben und spekulative Exzesse traditionelles bauliches Erbe vernichten.
Bd. 6, 2020, 92 S., 19,90 €, br., ISBN 978-3-643-51028-0

LIT Verlag Berlin – Münster – Wien – Zürich – London
Auslieferung Deutschland / Österreich / Schweiz: siehe Impressumsseite